GÉOLOGIE

DE

LA BELGIQUE

PAR

Michel MOURLON

Docteur en sciences, conservateur au Musée royal d'histoire naturelle,
attaché au service du levé de la carte géologique,
membre correspondant de la Classe des sciences de l'Académie royale de Belgique.

TOME PREMIER

PARIS
SAVY, LIBRAIRE DE LA SOCIÉTÉ
GÉOLOGIQUE DE FRANCE
Boulevard Saint-Germain, 177.

BERLIN, N. W.
R. FRIEDLÄNDER & FILS
ÉDITEURS
Carlstrasse, 11.

BRUXELLES
F. HAYEZ, IMPRIMEUR DE L'ACADÉMIE ROYALE DE BELGIQUE

1880

GÉOLOGIE

DE

LA BELGIQUE

GÉOLOGIE

DE

LA BELGIQUE

PAR

Michel MOURLON

Docteur en sciences, conservateur au Musée royal d'histoire naturelle,
attaché au service du levé de la carte géologique,
membre correspondant de la classe des sciences de l'Académie royale de Belgique.

TOME PREMIER

<table>
<tr><td>PARIS
SAVY, LIBRAIRE DE LA SOCIÉTÉ
GÉOLOGIQUE DE FRANCE
Boulevard Saint-Germain, 177.</td><td>BERLIN, N. W.
R. FRIEDLÄNDER & FILS
ÉDITEURS
Carlstrasse, 11.</td></tr>
</table>

BRUXELLES

F. HAYEZ, IMPRIMEUR DE L'ACADÉMIE ROYALE DE BELGIQUE

—

1880

AVANT-PROPOS

Le public a bien voulu faire un accueil favorable à l'article
« Géologie » que j'ai publié en 1873, dans la *Patria belgica*.

Mais un article d'une centaine de pages ne pouvait présenter
qu'un résumé fort succinct de l'état de nos connaissances sur le
sol belge et une encyclopédie de trois gros volumes n'est d'ailleurs
à la portée que du petit nombre.

J'ai donc cru faire chose utile en reprenant mon travail pour
en faire l'objet d'une publication spéciale après l'avoir complété
et mis au courant des progrès si rapides des sciences géologiques
en Belgique.

La dernière édition du *Précis* de d'Omalius et le *Prodrome*
de M. Dewalque remontent déjà à 1868. L'*Esquisse géologique
du département du Nord et des contrées voisines* qu'a publiée
M. Gosselet de 1873 à 1876 dans le *Bulletin scientifique* du
département du Nord n'est pas spéciale à la Belgique.

Dans ces conditions, un ouvrage résumant fidèlement et
impartialement tout ce qui s'est publié sur la géologie de notre
pays ne paraîtra peut-être pas inutile. C'est ce qui m'a décidé à
l'entreprendre malgré les devoirs multiples de ma position au
Musée royal d'histoire naturelle et au service du levé de la Carte
géologique. J'ai cru bien faire en ne m'écartant pas de la méthode

que j'avais suivie dans l'article de la *Patria belgica*, sauf à lui donner l'extension que comportait un examen plus complet du sujet.

Pour faciliter l'étude de nos divers terrains, j'ai intercalé dans le texte de nombreuses coupes sur bois; des représentations graphiques font saisir rapidement ce que de simples descriptions, si exactes qu'elles soient, laissent obscur et indécis.

L'importance des travaux auxquels a donné lieu dans ces derniers temps l'étude des roches plutoniennes ou considérées comme telles de la Belgique et des Ardennes françaises m'a engagé à accompagner leur description de deux planches de coupes microscopiques que je dois à l'obligeance de mon savant collègue au Musée, M. Renard.

On apprécie chaque jour davantage l'importance des listes de fossiles, grâce auxquelles on peut synchroniser les terrains des divers pays. A l'exemple de d'Omalius et de M. Dewalque, j'ai accordé à ces listes une large place et, sur ma demande, leurs auteurs ont bien voulu, pour la plupart, en augmenter l'importance en accompagnant l'indication de chaque espèce de celle des sources consultées pour sa détermination.

Une Bibliographie complète, renseignant toutes les publications ayant trait à la géologie, à la paléontologie et à la lithologie de la Belgique termine cet ouvrage.

INTRODUCTION

—

HISTORIQUE

La géologie est une science dont l'origine est récente et qu'il est aisé, par conséquent, de suivre dans son développement progressif.

Les débuts et la marche de cette science dans notre pays peuvent se résumer en un court exposé historique qui aura, d'ailleurs, l'avantage de montrer les caractères les plus saillants ou, pour mieux dire, les faits fondamentaux que présentent les dépôts de notre sol. Ces faits, par leur nature même, devaient appeler l'attention des observateurs. On y verra également l'évolution de la méthode à laquelle nous devons le vaste ensemble de nos connaissances actuelles.

Les premières publications faites sur ce sujet sont celles de l'abbé Mann : elles remontent à la fin du siècle dernier. Ce savant, dont l'activité s'exerçait sur une foule d'objets divers, frappé des analogies que révèlent les terrains d'une grande partie des Pays-Bas, de l'Angleterre et de la basse Allemagne avec la disposition générale des rivages et du lit de l'Océan, reconnaît que les eaux de la mer ont dû recouvrir ces contrées bien avant les temps historiques.

Partant d'une théorie métaphysique de la terre telle que l'exposait Needham (Paris, 1769), il cherche à expliquer la retraite de ces eaux par l'hypothèse d'une éruption ignée dont l'un des principaux effets aurait été la rupture de l'isthme et le détroit du Pas-de-Calais. Il suppose aussi que la mer s'est de nouveau répandue sur nos contrées postérieurement à quelque déluge, qu'il appelle le *déluge cimbrique*, et tire cette conjecture de la présence, sur certains points, comme au Lousberg, près d'Aix-la-Chapelle et à la montagne de Saint-Pierre, près de Maestricht, de coquilles et autres débris marins fossilisés dont il méconnut la véritable signification. Ces derniers vestiges de la vie aux époques géologiques qui ont précédé la nôtre ne devaient pas tarder cependant à recevoir une interprétation plus voisine de la réalité : les travaux de Robert de Limbourg le jeune, de l'abbé de Witry. de De Launay et de F.-X. de Burtin, allaient voir le jour.

Ces recherches, n'embrassant plus un horizon aussi vaste que celles de l'abbé Mann, commencent à sortir du domaine à peu près exclusif de l'hypothèse et de la théorie pour s'attacher à l'étude directe des faits. Elles représentent, dans notre pays, le mouvement général des esprits, au XVIIIe siècle, s'affranchissant des idées purement théologiques et métaphysiques, qui seules avaient eu cours jusque-là pour interpréter les phénomènes de la nature.

Au moment même où la science prenait ainsi un de ses plus grands essors sous l'impulsion des de Saussure, des Haüy, des Dolomieu, des Lamarck, des Jussieu, des Werner, des Cuvier, des Brongniart, des Geoffroy-Saint-Hilaire, des Arago, des William Smith et de tant d'autres génies, la Belgique, on peut le dire à son honneur, fut une des premières nations où la géologie entra dans la voie rationnelle et vraiment scientifique, grâce aux travaux de d'Omalius d'Halloy, travaux mémorables dans l'histoire de la science belge.

Dans son *Essai sur la géologie du Nord de la France* l'illustre élève du grand minéralogiste Haüy reconnaît, dès 1808, que les terrains de la Belgique ne se composent que d'un petit nombre de roches dont les principales sont la *chaux carbonatée,* le *quartz* et le *schiste*. Il établit que les terrains de l'Ardenne et du Condroz sont les plus anciens qui affleurent en Belgique, et sous les dépôts plus récents du Brabant, il retrouve son terrain ardoisier de l'Ardenne dans les schistes et quartz grenus (quartzites) du fond des vallées hesbayennes.

L'idée de la succession des temps déduite de la superposition des couches se dégage nettement, dès cette époque, de ses persévérantes recherches.

C'est le fait fondamental de la géologie et l'application de la stratigraphie à l'étude de notre sol.

D'Omalius est particulièrement frappé de cette circonstance, en effet si remarquable, que les roches cohérentes de l'Ardenne et du Condroz, ainsi que celles du terrain ardoisier du Brabant, se présentent en couches fortement inclinées, souvent même verticales, tandis que les dépôts plus ou moins meubles de la moyenne et de la basse Belgique sont restés horizontaux.

C'est ce qui lui permet de faire reposer sa division des terrains, dans les régions qu'il décrit, sur l'horizontalité ou l'inclinaison des couches de ces terrains.

Les terrains inclinés sont, comme il vient d'être dit, les plus anciens, car l'inclinaison est évidemment le résultat d'un phénomène qui a agi avant la formation des couches horizontales. Et, en effet, lorsque ces deux sortes de couches sont en contact, on voit toujours les couches horizontales reposer sur les couches inclinées.

On peut donc dire que les terrains en couches inclinées s'observent dans les parties montagneuses, traversées par de profondes vallées bordées d'escarpements rapides.

Ils sont cohérents, remplis, dans certaines parties, de débris organiques différents des genres actuels et transformés en matières pierreuses et charbonneuses. Ils renferment d'abondants filons métallifères.

Les terrains en couches horizontales, au contraire, apparaissent là où le pays devient plat et n'est accidenté que par des collines en pentes douces.

Ils renferment également des êtres organisés, mais ceux-ci ont, en général, moins changé de nature et se rapprochent beaucoup plus, quand ils ne leur sont pas tout à fait identiques, des espèces qui existent actuellement. Au lieu d'être cohérents, comme les précédents, les terrains horizontaux sont tendres et ne contiennent que peu ou point de filons métallifères.

Les *terrains inclinés* sont divisés en deux groupes, suivant qu'ils ne renferment que peu ou point de débris organiques ou qu'ils sont fossilifères.

Dans le premier cas, ils sont formés principalement de quartzites et d'ardoises qui, par leur importance économique et leur abondance à ce niveau, ont fait donner par d'Omalius à ces terrains peu ou point fossilifères, le nom de *terrain ardoisier*.

Dans le second groupe viennent se ranger les roches qui renferment des débris d'animaux et de végétaux, souvent fort abondants, et qui, par cela même, sont postérieurs aux ardoises. Elles constituent le terrain auquel d'Omalius avait d'abord donné le nom de *bituminifère*, mais qu'il changea plus tard, dans son édition de 1828, en celui d'*anthraxifère*, M. Bouësnel ayant fait observer, en 1811, que la chaux carbonatée, si abondante dans ce terrain, doit sa couleur à du charbon et non à du bitume.

Les autres roches du terrain anthraxifère sont: le quartz, qui se présente sous la forme de pierre de sable (grès) avec argile (psammite) et le schiste, qui est argileux.

Entre les ardoises et le terrain anthraxifère, d'Omalius reconnaît l'existence d'une *chaîne intermédiaire* formée de brèches (poudingues), de quartzites, de grès, de schistes et de roches rouges. Il reconnaît l'analogue de cette chaîne dans le Condroz, ce que de nouvelles observations sont venues confirmer dans ces derniers temps.

Il définit la configuration de nos bassins houillers et rattache tout l'ensemble de nos terrains inclinés aux « terrains de transition des auteurs allemands » qu'on appelle aujourd'hui terrains primaires ou palæozoïques.

Il étudie le terrain trappéen (porphyres) de Quenast et de Lessines sans le confondre avec le « terrain primitif » qu'il reconnaît ne pas exister dans nos régions.

Enfin les différentes couches dont se composent les terrains de cet ensemble de régions ne se succèdent pas uniformément et ne représentent pas, à beaucoup près, « la régularité des cercles concentriques d'un arbre dicotylédone. »

Telle couche bien développée en de certains points, peut faire défaut sur d'autres points. C'est là, comme le fait remarquer M. Dupont dans sa biographie de d'Omalius (1876), « la répartition lacunaire des terrains posée en principe et que toute carte géologique met en lumière. »

Les *terrains horizontaux* sont, à leur tour, divisés par d'Omalius en plusieurs grands groupes : le plus ancien est le *grès rouge* (triasique) auquel succèdent l'*ancien calcaire horizontal* (jurassique), la *craie*, le *tuffeau de Maestricht*, le *calcaire grossier* (éocène moyen des environs de Bruxelles) et enfin le *grès blanc* (éocène inférieur) que d'Omalius regarde comme supérieur aux groupes précédents.

En 1822, après avoir parcouru la France, l'Illyrie et une partie de l'Allemagne, d'Omalius se trouve en mesure de publier la première carte géologique de toute la vaste agglomération qui avait constitué l'empire français. (*Ann. des mines,* 1re série, t. VII, p. 354.)

Dans l'intervalle des deux publications dont il vient d'être parlé, l'Institut de France avait reçu de lui, le 16 août 1813, un autre mémoire, *Sur l'étendue géographique des terrains des environs de Paris,* qui ne fut inséré que trois ans après dans les *Annales des mines* (t. Ier, p. 231). Non-seulement il y modifiait sensiblement les vues de Cuvier et de Brongniart sur les dépôts tertiaires du bassin de Paris, mais il y saisissait surtout avec une rare justesse de coup d'œil, comme l'a si bien fait observer d'Archiac, le fait capital de la disposition concentrique générale des dépôts tertiaires du Nord de la France, fait qui n'avait point encore attiré l'attention auparavant.

C'est encore d'Omalius que l'on voit avec Cuvier, Brongniart, de Férussac, etc., constituer ce que le savant historien de la géologie appelle le *parti avancé,* et soutenir l'existence des anciens lacs en se fondant sur les alternances des dépôts marins et d'eau douce, alors que Faujas, Brard, de la Métherie, etc., représentant le *parti de la résistance*, s'efforçaient de soutenir la thèse contraire (d'Archiac, 1866).

A une époque beaucoup plus rapprochée de nous, en 1841, dans une note sur les dépôts de sable, d'argile, de minerais de fer et de phtanite, qui se trouvent fréquemment intercalés entre les couches inclinées de nos terrains primaires, d'Omalius montre quels sont, d'après lui, les rapports de ces dépôts meubles avec les matières métallifères des filons. Il en déduit qu'ils ont été éjaculés, comme celles-ci, de l'intérieur de la terre et les compare au phénomène des *geysers* de l'Islande (1841). Il suppose aussi que la plupart des calcaires ont été amenés à la surface par des sources minérales, puis déposés en couches par les eaux : théorie qu'il voit bientôt appliquée dans les Alpes pour l'explication des grandes masses de dolomie.

Dans l'histoire de la géologie, d'Omalius occupe donc une place absolument éminente et nous devions cet hommage au vénéré maître dont le nom fait autorité depuis le commencement de ce siècle, et qui, pendant sa longue et glorieuse carrière, n'a pas cessé un instant de prendre une part active aux progrès de la science.

En 1816, l'Académie fondée par Marie-Thérèse venait d'être reconstituée.

Ce corps savant mit successivement au concours la description géologique de chacune de nos provinces : le Hainaut fut publié par Drapiez, en 1823; la province de Namur, par Cauchy, en 1825 ; le Luxembourg, par MM. Steininger et Engelspach-Larivière, en 1828; la province de Liége, par Dumont et Davreux, en 1832; enfin celle de Brabant, par Galeotti, en 1837.

L'Académie couronna également en 1826, le Mémoire de M. Ant. Belpaire sur les changements que nos côtes ont subis depuis la conquête de César jusqu'à nos jours. (*Mém. cour.*, t. VI, 1827.)

C'est à cette occasion que parut le célèbre Mémoire de

Dumont qui apportait le principal complément aux travaux de d'Omalius, et ouvrit, on peut le dire, une ère nouvelle pour la géologie de notre pays.

Dès 1830, le jeune savant liégeois établissait la coordination stratigraphique des divers dépôts calcaires, schisteux et quartzeux des terrains anthraxifères, et donnait la démonstration de leurs enchevêtrements en les attribuant aux dislocations du sol. Il reconnaissait le véritable rôle des plis synclinaux et anticlinaux dans ces terrains.

Il montrait l'allure générale des couches de ces terrains et les suivait au milieu des dislocations les plus profondes.

Dès lors il devenait possible d'établir l'âge relatif des principaux groupes de couches de nos terrains anthraxifères qui renferment plusieurs des sources de la richesse nationale.

En 1835, guidant la Société géologique de France dans la vallée de la Meuse, il décrit la coupe de Fumay à Gembloux; et les découvertes qu'il avait faites cinq ans auparavant deviennent, dès lors, des faits acquis à la science.

Un arrêté royal du 31 mai 1836, décrétant l'exécution de la Carte géologique de la Belgique, chargeait l'éminent stratigraphe d'en exécuter le levé dans les provinces méridionales formées presque exclusivement des terrains primaires; l'année suivante un autre arrêté royal du 25 septembre étendit cette mission à l'ensemble du royaume.

Treize ans après, en 1849, Dumont avait accompli sa mission et bientôt le pays se trouva en possession d'une Carte géologique qu'on peut considérer comme un des plus grands monuments scientifiques qui se soient exécutés en Belgique.

Pendant que Dumont réunissait avec une sagacité et une énergie sans égales, les matériaux de sa carte, il rendait successivement compte à l'Académie des progrès de son œuvre.

La carte connue sous le nom de *Carte du sol* en neuf feuilles et à l'échelle du 160.000ᵉ fut la première à paraître. Pour la basse et la moyenne Belgique elle figure le sol superficiel, mais pour l'autre partie du pays les terrains primaires qui l'occupent presque exclusivement, y sont représentés avec leurs raccordements théoriques.

La carte dite *Carte du sous-sol,* également en neuf feuilles et à la même échelle du 160.000e, vint ensuite; elle avait pour but d'expliquer et d'interpréter la première; à cet effet, les contours des terrains y sont tracés comme si le pays était dépouillé des deux nappes juxtaposées de sable campinien et de limon hesbayen.

Pour ne pas introduire d'éléments hypothétiques dans la légende de ses cartes, Dumont eut l'idée de créer une nomenclature locale.

Il s'agissait, dès lors, d'établir les raccordements de nos terrains ainsi dénommés avec ceux de l'étranger. C'est ce que fit Dumont en exécutant d'abord sa *Carte de la Belgique et des contrées voisines* en une feuille et à l'échelle du 800.000e, qui, par la petitesse de l'échelle, remplit aussi le rôle de carte d'assemblage; puis sa *Carte de l'Europe* pour laquelle il fit de grands voyages, réunit, en les compulsant, tous les documents publiés sur la géologie européenne et obtint de plusieurs géologues des renseignements inédits.

Parmi les autres publications de Dumont qu'on trouvera renseignées dans la bibliographie ci-après, il en est une qui mérite une mention toute spéciale. C'est celle sur les terrains ardennais et rhénan formant deux grands Mémoires in-4°, qui furent publiés par l'Académie en 1848 et en 1849 et qui devaient former, suivant l'expression de d'Omalius, les deux premiers chapitres de l'explication de la Carte géologique.

Malheureusement les autres parties restèrent manuscrites pendant plus de vingt ans, jusqu'au moment où le Gouvernement confia leur publication au Musée royal d'histoire naturelle.

Parmi les nombreux manuscrits délaissés par Dumont, il en est une partie qui est peu connue et qui cependant montre toute l'étendue du plan que leur auteur s'était tracé. C'est la *Statistique géologique du royaume* par laquelle il voulait couronner sa brillante et féconde carrière.

L'Établissement géographique, fondé et dirigé par Ph. Van der Maelen, venait de doter le pays d'une carte à l'échelle du 20.000ᵉ. Dumont s'empressa d'utiliser ce beau travail en reportant sur les deux cent cinquante feuilles dont il se compose, les numéros correspondant à ses notes de voyage, ainsi qu'un grand nombre d'autres annotations géologiques.

La feuille de Spa, Theux et Pepinster fut seule publiée.

Le 28 février 1857, leur illustre auteur mourait à peine âgé de quarante-huit ans, sans avoir pu réaliser complétement le plan gigantesque qu'il s'était tracé.

Pendant que Dumont élaborait son célèbre *Mémoire sur la constitution géologique de la province de Liége*, Schmerling explorait, le premier, les cavités naturelles si nombreuses dans les rochers calcaires de cette région. Après y avoir recueilli des restes du squelette humain, notamment le célèbre crâne d'Engis, ainsi que des silex et des ossements d'animaux appartenant la plupart à des espèces éteintes, il démontra le premier la contemporanéité de l'homme et de ces animaux.

C'était faire remonter l'existence de l'homme sur la terre à une date de beaucoup antérieure à celle admise jusque-là. Malheureusement, les idées de Cuvier, si nettement et si éloquemment exprimées dans son *Discours sur les révolutions du globe*, semblaient alors ne pouvoir même être discutées, et le résultat des pénibles recherches auxquelles Schmerling avait sacrifié sa fortune et sa santé, ne rencontra que l'indifférence ou l'opposition de ses contemporains.

Aujourd'hui que d'autres travaux sont venus confirmer, en les complétant, les idées de cet infatigable explorateur, on peut dire, avec M. Éd. Dupont, « qu'en publiant ses *Recherches sur les ossements fossiles découverts dans les cavernes de la province de Liége*, Schmerling s'est posé comme l'un des fondateurs de l'ethnographie ancienne et comme l'un des plus remarquables ostéologistes de la faune quaternaire. »

Après l'œuvre de Schmerling qui fut reprise plus tard par

Spring dans ses recherches sur la caverne de Chauvaux et par
M. Éd. Dupont dans ses remarquables études sur les dépôts quaternaires des cavernes et des vallées de la province de Namur,
vinrent les travaux de nos éminents paléontologistes MM. de
Koninck et Nyst.

Après avoir donné en 1838, la description conchyliologique
partielle de l'argile de Boom, M. de Koninck décrivait l'ensemble
des formes animales du terrain carbonifère dans un ouvrage
accompagné d'un atlas de 73 planches, comprenant 488 espèces
de vertébrés, d'articulés, de mollusques et de radiaires.

Il faisait en même temps des recherches sur la faune du terrain dévonien et se trouva ainsi en mesure de faire paraître, en
1853, dans la 6ᵉ édition de l'ouvrage de d'Omalius, les listes de
fossiles qui permettaient de raccorder nos dépôts de cet âge à
ceux de l'étranger.

Vers la même époque, c'est-à-dire en 1843, M. Nyst faisait
connaître les mollusques et les radiaires de nos terrains tertiaires
dans un ouvrage auquel était adjoint un atlas de 49 planches
comprenant 461 espèces.

Cet ouvrage avait été précédé d'importantes études du même
auteur sur les coquilles fossiles de la province d'Anvers, en
1835, et sur celles de Hoesselt et de Klein-Spauwen, en 1836.
Tous ces travaux allaient permettre de synchroniser nos dépôts
tertiaires avec ceux de l'étranger.

La faune de Vliermael et autres localités des environs de
Tongres, allait dès lors servir de type pour la création du type
classique appelé « tongrien. »

En 1848, Sauveur commençait l'étude de la flore houillère
dont le texte ne parut malheureusement pas.

Quelques années plus tard, en 1853, MM. Chapuis et Dewalque,
répondant à une question mise au concours par l'Académie, don-
naient, en même temps qu'une description géologique, la description des fossiles des terrains secondaires du Luxembourg qu'ils
figurèrent dans un atlas de 38 planches renfermant 202 espèces.

M. Chapuis a continué seul cette description dans un Mémoire que l'Académie publia quelques années plus tard, en 1861, et qui comprend encore 20 planches et 75 espèces.

Cependant les cartes de Dumont avaient paru et leur illustre auteur, succombant prématurément à la tâche, n'avait pu terminer leur description.

Les raccordements de nos terrains avec ceux de l'étranger avaient été faits par lui au moyen de sa *Carte de la Belgique et des contrées voisines* et de sa *Carte d'Europe,* mais leur vérification par la puissante méthode paléontologique dont Dumont avait à peine fait usage s'imposait immédiatement. C'est ce que d'Omalius fut le premier à sentir : aussi dès 1855 avait-il adjoint à son *Traité de géologie* des listes de fossiles des divers étages distingués par Dumont.

Ces listes qu'il avait obtenues de MM. de Koninck, Nyst, Bosquet, Chapuis et Dewalque, permirent de se fixer, d'une manière générale, sur le parallélisme de nos terrains avec les séries classiques de l'étranger.

Toutefois, la vérification des cartes de Dumont d'après de nouvelles recherches faites dans le sens de la paléontologie stratigraphique, ne fut commencée qu'à partir de 1860, par M. Gosselet.

On peut dire que le *Mémoire sur les terrains primaires* dans lequel cet éminent géologue a consigné les résultats de ses recherches, fut le signal d'un nouvel élan scientifique de la géologie en Belgique.

Il en ressortit trois progrès particulièrement sérieux pour le classement de nos terrains primaires :

Le terrain ardoisier du Brabant et du Condroz fut reconnu pour être du terrain silurien.

Le système du poudingue de Burnot fut réparti dans les divers systèmes du terrain dévonien inférieur.

Les calcaires dévoniens de l'Entre-Sambre-et-Meuse furent définitivement classés en trois groupes successifs comme l'avaient du reste déjà reconnu MM. F.-A. Roemer de Clausthal (1850) et Ferd. Roemer de Breslau (1855), ainsi que M. de Koninck (1859).

A partir de 1865, MM. Briart et Cornet firent pour le terrain crétacé et pour le premier terme de notre terrain éocène dans le Hainaut, le même travail que M. Gosselet pour les terrains primaires. Il fut dès lors reconnu que les dépôts crétacés inférieurs à la craie blanche dans le Hainaut, sont différents de ceux du pays de Herve dont MM. Binkhorst van den Binkhorst et Bosquet, de Maestricht, ainsi que MM. Müller et De Bey, d'Aix-la-Chapelle, nous ont fait connaître les faunes et les flores.

Nos savants compatriotes ont accompagné leurs études stratigraphiques de la description paléontologique de la faune de deux étages dont on trouvera plus loin les résultats.

La faune d'autres étages crétacés du Hainaut a été décrite par de Ryckholt et par d'Archiac.

Des recherches dans le même ordre d'idées ont été entreprises par M. Malaise sur le terrain silurien du centre de la Belgique, dont il a fait connaître la faune dans un Mémoire couronné par l'Académie en 1873.

Plus récemment nos dépôts tertiaires ont également été l'objet de semblables recherches, principalement de la part de MM. Rutot, Vanden Broeck et Vincent ainsi que de MM. Cogels et Van Ertborn; leurs résultats, qui ne sont pas encore tous définitivement fixés, seront exposés dans le corps de cet ouvrage.

A cette catégorie de remarquables travaux viennent s'ajouter ceux de MM. Piette et Terquem qui, à partir de 1861, donnent à la succession des assises de notre terrain jurassique, une interprétation différente de celle admise jusque-là, tant pour la Belgique que pour les provinces avoisinantes où ce terrain acquiert un plus grand développement.

Il convient aussi de mentionner ici les études de MM. Ortlieb et Chellonneix sur les collines tertiaires du département du

Nord (1870). Ces études continuaient, en quelque sorte, celles publiées en 1852 par sir Ch. Lyell dans les *Transactions* de la Société géologique de Londres.

Seulement, tandis que celles-ci avaient principalement pour objet l'examen comparatif des terrains tertiaires de la Belgique et de la Flandre française avec ceux de l'Angleterre, celles des géologues français, n'embrassant plus ce dernier pays, s'occupèrent plus spécialement du classement détaillé des couches tertiaires dans les collines du département du Nord et de leurs rapports avec celles de notre pays.

On le voit, tous ces travaux ont surtout en vue la vérification des travaux de Dumont. Mais vers 1863 une autre tendance se manifesta : la révision de l'œuvre du maître n'y jouait plus qu'un rôle secondaire ; il s'agissait d'établir la succession normale des couches dont se compose chaque étage et d'en faire la monographie détaillée. Ce fut M. Éd. Dupont qui, le premier, entra dans cette voie par ses travaux sur le calcaire carbonifère dont il fit ressortir la constitution *lacunaire*.

Quelques années plus tard le terrain dévonien des psammites du Condroz fut aussi l'objet d'une monographie très-détaillée.

Bientôt la nécessité d'une nouvelle carte géologique de la Belgique devint évidente et après de longs débats scientifiques le Gouvernement se rallia aux conclusions de la commission spéciale chargée de l'examen de cette importante question.

Il fut décidé que le levé de la Carte géologique du royaume dont le service était rattaché au Musée royal d'histoire naturelle, serait exécuté monographiquement par étage et publié par l'Institut cartographique militaire sur les planchettes au 20.000ᵉ de cet établissement.

Tous ces travaux étant exécutés sous le contrôle d'une commission ressortissant au Ministère de l'Intérieur, il fut décidé que les géologues n'appartenant pas à l'administration du Musée pourraient donner leur concours à cette grande œuvre, soit pour collaborer à la carte par des levés monographiques, soit pour faire

des études plus locales, ces dernières rentrant plutôt dans la catégorie des travaux de révision par la paléontologie stratigraphique.

Dès lors il devenait possible d'utiliser le concours de tous
les savants compétents du pays et de donner également satis-
faction aux deux tendances que nous venons de voir se mani-
fester en Belgique.

Rappelons aussi que les Mémoires explicatifs se rapportant
aux levés de la carte prendront place dans les *Annales du Musée*
dont ils formeront la série stratigraphique.

C'est dans la série paléontologique de ces mêmes Annales,
dont plusieurs volumes accompagnés de superbes atlas ont déjà
paru, que M. P.-J. Van Beneden s'est chargé de publier la
description des ossements d'Anvers, M. L.-G. de Koninck celle
de la faune de notre calcaire carbonifère et M. H. Nyst celle de
la conchyliologie de nos terrains tertiaires.

Enfin les remarquables études sur les roches dites plutoniennes
de la Belgique et des Ardennes françaises dont MM. de la Vallée
Poussin et Renard viennent de consigner les résultats dans un
Mémoire couronné par l'Académie, ont fait sentir la nécessité de
créer la série lithologique des *Annales du Musée.*

C'est dans cette nouvelle série que M. Renard s'est chargé de
faire connaître la structure microscopique et les éléments constitutifs de toutes nos roches sédimentaires à mesure que celles-ci
seraient classées stratigraphiquement.

Après avoir esquissé la part prépondérante que nous devons
à d'Omalius, à Dumont et à leurs successeurs dans l'inauguration
et le développement des sciences géologiques en Belgique, je ne
puis terminer cet aperçu historique sans exprimer le regret de
n'avoir pu citer ici les noms de tous les savants et laborieux
observateurs qui y ont pris part. Mais cela eût dépassé le cadre
restreint que je me suis tracé et j'ai l'espoir que l'analyse impar-
tiale de leurs travaux dans le corps de cet ouvrage, ainsi que la
bibliographie qui le termine pourront réparer cette omission dans
une certaine mesure.

GÉOLOGIE DE LA BELGIQUE

DE LA GÉOLOGIE EN GÉNÉRAL.

Les matières qui composent la *croûte terrestre*, c'est-à-dire la petite portion de notre planète qui est seule accessible à l'observation de l'homme, ne sont pas confusément mêlées.

Elles forment des masses minérales distinctes appelées *roches*. Un ensemble de roches de même origine et du même âge géologique constitue ce qu'on nomme un *terrain*. Les terrains se subdivisent en *étages* et en *sous-étages*, ceux-ci en *assises* et les assises en *bancs* ou *strates*.

Ces subdivisions peuvent être comparées aux décimales de l'unité formée par l'étage lui-même. Enfin les étages, en se réunissant entre eux, donnent des unités d'un ordre supérieur auxquelles on peut accorder le nom de *système*. La réunion de plusieurs systèmes est ce qu'on nomme une *série*.

Le véritable but de la géologie est donc d'étudier les terrains en vue de déterminer leur âge relatif de formation par les superpositions normales ou, comme disait Dumont, par les « caractères géométriques. »

A cet effet il faut commencer par rechercher quelle est la composition minéralogique ou lithologique des terrains et quelle est la nature des débris organisés, animaux et végétaux, qu'ils renferment.

La géologie se compose donc en réalité de plusieurs sciences :

La *stratigraphie* qui étudie surtout les terrains sédimentaires par rapport à l'ordre de superposition des strates.

La *minéralogie* et la *paléontologie* qui s'occupent de la nature des matériaux et des débris organisés qui composent l'écorce du globe.

La *géogénie* qui a pour but de faire connaître la géographie physique d'une région, c'est-à-dire l'ensemble des phénomènes naturels tels que les fleuves, les faunes, les flores, les climats, le mode de dépôt, etc., qui donnent à cette région son caractère propre, et de rechercher les causes de ces phénomènes.

Les terrains les plus anciens qui apparaissent à la surface du globe et dont s'occupe le géologue sont des masses rocheuses, remplies de cristaux blanchâtres et de paillettes brillantes. On leur a donné le nom de *granite*.

Le granite, avec ses modifications minéralogiques plus ou moins importantes, forme le noyau des principales montagnes de la terre.

Il est le plus souvent accompagné de masses schisteuses, également cristallines et formées en majeure partie des mêmes principes que le granite. Ce sont les *gneiss*, les *micachistes* et les *stéachistes*.

La disposition de ces masses schisteuses en grands feuillets leur a fait donner par d'Omalius le nom de *terrain cristallophyllien*.

Ces deux groupes de roches représentent les premières phases de notre planète, telles que nous les révèle l'étude géologique de sa surface.

Les granites sont considérés comme étant d'origine plutonienne : tout en eux témoigne, en effet, qu'ils ont été formés sous l'influence d'une forte chaleur, tandis que rien n'autorise à supposer qu'ils aient été déposés par l'Océan. Les schistes cristallophylliens, au contraire, sont disposés en couches qui rappellent leur origine sédimentaire. Ce sont des schistes modifiés par d'énergiques actions physiques et chimiques, telles, par exemple, que l'action de l'eau à une haute température et sous une forte pression.

Ce phénomène de transformation des roches est appelé *métamorphisme* et n'est nullement limité aux terrains cristallophylliens. Il se révèle aussi, quoique avec moins d'intensité, dans les couches moins anciennes qui viennent s'adosser, à leur tour, contre ces terrains : l'on y voit la craie passer au calcaire et même au marbre, le sable se transformer en grès et en quartzite, l'argile devenir du schiste et de l'ardoise, la houille enfin passer à l'anthracite et au graphite.

C'est ainsi, par exemple, que les couches qui, dans la Champagne, se présentent sous l'aspect d'une craie blanche sans cohérence, deviennent, dans les Alpes et dans le Dauphiné, un calcaire dur et compacte.

Les débris organisés que renferme chacune de ces couches ne laissent cependant aucun doute sur la contemporanéité absolue de leur formation, et c'est ici qu'apparaît le moyen de raccorder ensemble les dépôts qui, tout en étant éloignés les uns des autres et en revêtant des caractères minéralogiques différents, n'en appartiennent pas moins au même âge géologique.

Les terrains les plus anciens qui nous offrent des traces incontestables de la vie sur le globe sont ceux qu'on est convenu d'appeler *cambrien* et *silurien*, d'après les noms des Cambres et des Silures qui habitaient anciennement la partie de la Grande-Bretagne où ces dépôts ont été pour la première fois définis.

Il existe pourtant au Canada, sous les schistes cambriens que les géologues de ce pays appellent *système huronien*, un dépôt très-puissant auquel ils ont donné le nom de *système laurentien*. Ce dépôt est principalement formé de schistes cristallophylliens et de calcaire, dans lequel on a trouvé une structure rappelant celle des organismes, qu'on a nommée *Eozoon canadense*, et qui représenterait, d'après certains paléontologistes, les corps organisés les plus anciens que l'on connaisse. Aux terrains cambrien et silurien succèdent les terrains auxquels on a donné les noms de *dévonien* (du Devonshire) et de *carbonifère* (de carbone).

On range généralement maintenant dans le terrain carbonifère les dépôts connus sous les noms de terrain *péneen* (pauvre) ou *permien* (de la province de Perm, en Russie).

Tous ces terrains forment, en y comprenant avec d'Omalius, les schistes cristallophylliens, une première grande division dans la série des dépôts sédimentaires ou neptuniens. C'est la division des *terrains primaires*.

Les terrains suivants sont désignés par les épithètes de *triasique* (de la division du terrain en trois étages), de *jurassique* (du Jura) et de *crétacé* (de la craie). Ils forment la deuxième grande division, celle des *terrains secondaires*.

La troisième grande division comprend les *terrains tertiaires* qui se divisent maintenant en quatre groupes que l'on désigne par les noms d'*éocène*, d'*oligocène*, de *miocène* et de *pliocène*.

On trouvera l'étymologie de ces noms plus loin, au chapitre des terrains tertiaires.

Certaines couches tertiaires dont le classement n'est pas encore définitif peuvent être provisoirement désignées sous le nom de *miopliocène*.

Enfin, la quatrième grande division est celle des *terrains quaternaires* qu'il est souvent fort difficile de séparer des formations actuelles qui constituent la cinquième et dernière grande division, celle des *terrains modernes*.

Le tableau synoptique de la série générale des terrains qui se trouve à la fin de cet ouvrage montrera quels sont les termes de cette série qui sont représentés en Belgique.

CHAPITRE PREMIER

—

La partie de la Belgique comprenant l'*Ardenne*, la *Famenne*, le *Condroz* et l'*Entre-Sambre-et-Meuse* est constituée par les terrains sédimentaires les plus anciens qui se montrent à la surface dans notre pays.

C'est une région montagneuse dont le noyau n'est formé ni par le granite, ni par les schistes cristallophylliens, mais au centre de laquelle apparaissent des roches neptuniennes que l'on croit pouvoir rapporter aux terrains cambrien et silurien. Autour de celles-ci se développent les divers termes des terrains dévonien et carbonifère qui peuvent compter parmi les plus complets et les plus remarquables du continent.

Ces terrains sont recouverts dans la moyenne et dans la basse Belgique par des dépôts plus récents : crétacés, tertiaires et quaternaires, qui prennent une épaisseur d'autant plus considérable que l'on s'approche davantage de la mer du Nord. Ainsi, tandis que sur les bords de la Senne, de la Dyle et de la Geete dans la moyenne Belgique, on rencontre les terrains anciens sous la forme de schistes et de quartzites dans le fond des vallées, il fallut, au contraire, pour les retrouver dans la basse Belgique, atteindre par le puits artésien d'Ostende jusqu'à la profondeur de plus de 300 mètres, comme le montre la coupe, figure 1.

Le trait le plus saillant dans la répartition de nos terrains primaires, c'est la présence d'un grand bassin formé de couches calcaires, quartzeuses et schisteuses qui constituent la plus grande partie de notre terrain dévonien, ainsi que tout notre terrain carbonifère, et sont enclavées au milieu des dépôts plus anciens de l'Ardenne et du Brabant. Ce bassin, large de 68 kilomètres sur la ligne de la Meuse, s'étend, d'une part, jusqu'à la Diemel, affluent du Weser, et se retrouve, d'autre part, avec ses principaux caractères, dans le Devonshire et le S. de l'Irlande.

Fig. 1. — *Coupe géologique du puits artésien d'Ostende.*

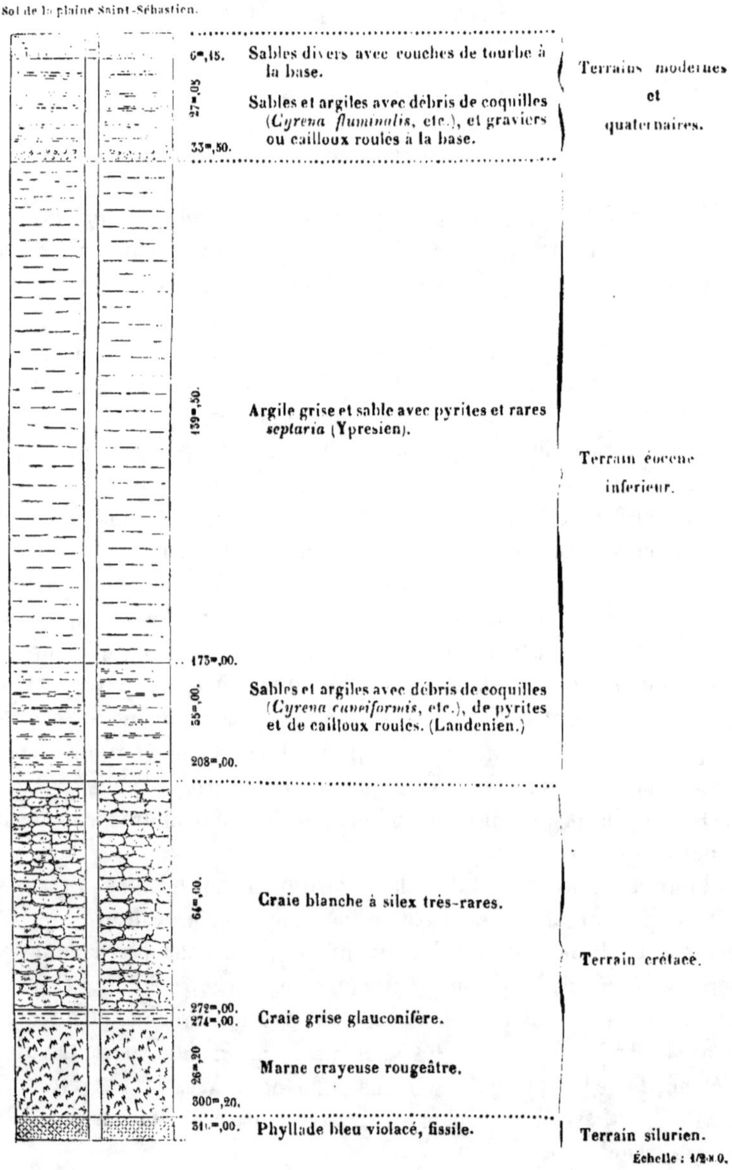

Il se replie sur lui-même dans sa partie septentrionale et y forme en réalité deux bassins, dont l'un ne se prolonge guère au delà des frontières belges, mais a une largeur de 44 kilomètres sur la Meuse, tandis que l'autre s'étend, au contraire, du centre de l'Allemagne jusque dans le Boulonnais, voire même jusqu'en Angleterre et en Irlande, avec une largeur moyenne de 26 kilomètres. C'est ce dernier qu'on appelle le bassin septentrional par opposition au premier qui forme notre bassin méridional.

Résumant et complétant l'exposé de cette disposition de nos terrains primaires, nous voyons des îlots d'un terrain très-ancien, quoique déjà sédimentaire, former les points culminants de l'arête ardennaise. Le terrain dévonien inférieur les entoure et, s'enfonçant sur trois zones, enclave dans ses plis le terrain houiller de Sarrebrück, le terrain dévonien moyen de l'Eifel, et enfin nos couches dévoniennes et carbonifères belges, qui viennent attérir sur les tranches du terrain silurien, c'est-à-dire sur les fondements de nos terrains crétacés, tertiaires, quaternaires et modernes de la moyenne et de la basse Belgique.

Toutes nos couches primaires ont des caractères qui, dès 1808, avaient été définis d'une manière précise et qui les avaient fait distinguer nettement, comme il a été dit en commençant, des dépôts plus récents ou *horizontaux :* on les a nommées *couches verticales.* Celles-ci sont, en effet, généralement très-relevées, et leurs tranches sont presque toujours voisines de la verticale, sauf dans leurs affleurements sur le terrain silurien du Brabant. Elles se courbent et se recourbent sur elles-mêmes, de manière à faire réapparaître plusieurs fois la même série au jour par des *plis synclinaux* et *anticlinaux.* Mais là ne se bornent pas les perturbations mécaniques dont elles ont été affectées : souvent elles se sont brisées et l'un des bords de la cassure, en s'affaissant, a rompu la continuité des bancs. Ces cassures constituent ce qu'on appelle des *failles.*

Il arrive même parfois que les couches relevées ont dépassé la verticale et se sont renversées de manière à intervertir leur ordre de superposition (voir fig. 2).

Ces mouvements considérables du sol se sont eux-mêmes reproduits à différentes reprises. C'est ainsi que les roches de notre terrain ardennais ou cambrien s'étaient déjà soulevées lorsque se déposa la première assise de notre terrain dévonien, et l'absence de parallélisme entre ces deux groupes sédimentaires constitue ce qu'on appelle une *stratification discordante* (voir fig. 9).

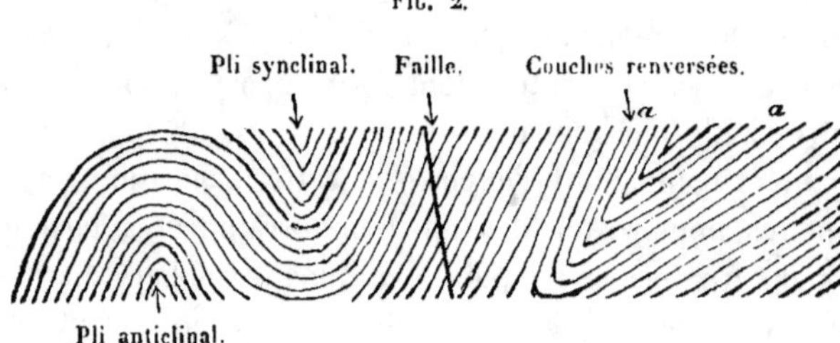

Fig. 2.

Le terrain silurien fut également soulevé avant le dépôt des couches dévoniennes qui lui sont superposées (voir fig. 6).

TERRAIN CAMBRIEN

—

Synonymie. — Terrain cambrien de Sedgwich. — Partie du terrain ardoisier de d'Omalius (1808). - Terrain ardennais de Dumont (1847).

On rapporte maintenant au terrain cambrien la partie de l'ancien terrain ardoisier de d'Omalius que Dumont désigne sous le nom de *terrain ardennais,* voulant ainsi rappeler que ce dernier forme la partie culminante de l'Ardenne et qu'il constitue le trait le plus caractéristique de cette contrée.

Le terrain ardennais n'affleure qu'en quatre points de l'Ardenne où il forme ce que Dumont appelle les *massifs* de Rocroy, de Givonne, de Stavelot et de Serpont. Les deux premiers de ces massifs sont situés presque entièrement sur le territoire français.

Les principales roches dont se compose le terrain ardennais ou cambrien sont des quartz grenus ou quartzites, des schistes ardoises à grands feuillets ou phyllades et des roches intermédiaires entre ces derniers et les quartzites, roches que Dumont a appelées quartzophyllades.

Roches.

Les *quartzites* sont tantôt blancs comme ceux qui forment à eux seuls les rochers de Hourt, dans le massif de Stavelot; tantôt ils sont colorés en vert par de la chlorite et d'autres fois ils présentent une teinte foncée gris-bleuâtre ou noir-bleuâtre et renferment souvent dans ce cas de petits cristaux de pyrite ou de limonite épigène, comme cela s'observe sur les Hautes-Fanges, près de Spa.

Les *phyllades* présentent des aspects fort différents suivant qu'ils sont colorés par le fer ou par des matières charbonneuses. Dans le premier cas ils donnent lieu aux exploitations d'ardoises violettes, devenues célèbres, des environs de Fumay, sur la Meuse et de Viel-Salm dans le Luxembourg. Dans le second cas ils s'observent surtout dans le massif de Rocroy et leur passage à l'ampélite a donné lieu quelquefois à des recherches infructueuses de charbon.

Les phyllades sont fréquemment pyriteux ; il arrive aussi parfois que ceux dont on fait des ardoises offrent une teinte gris-bleuâtre et sont remplis de petits octaèdres d'aimant qui apparaissent surtout bien nettement dans les cassures transversales.

On dit, dans ce cas, que le phyllade est *aimantifère* et le meilleur exemple de cette variété du phyllade nous est fourni par les ardoises qu'on exploite à Deville sur la Meuse.

Lorsque les petits octaèdres d'aimant sont remplacés par des paillettes d'ottrélite ou par des taches de fer oligiste dans les phyllades, on dit que ceux-ci sont *ottrélitifères* ou *oligistifères,* comme cela se voit dans le massif de Stavelot, notamment près de Salm-Château.

Les *quartzophyllades* sont feuilletés ou zonaires et prédominent dans certaines parties du massif de Stavelot.

Les roches principales du terrain ardennais qui viennent d'être énumérées passent quelquefois à d'autres roches telles que le *psammite* et le *grès.*

Enfin le *coticule* qui se trouve associé aux phyllades de Salm-Château et dont on fait des pierres à rasoir n'est, d'après M. Renard, qu'un schiste cristallin très-riche en grenat spessartite, ce qui explique la teinte jaune-blanchâtre de la roche. Le coticule renferme, en outre, des cristaux microscopiques de tourmaline et des microlithes maclés qui doivent se rapporter à la staurotide.

Roches réputées plutoniennes.   Parmi les roches plutoniennes qui se rencontrent dans le terrain ardennais on connaît en Belgique le *Porphyre quartzifère* (eurite et hyalophyre pailletés de Dumont) qu'on trouve au cimetière de Spa et à la Promenade des Français ou de Sept Heures. Ces roches, dont les minéraux sont généralement très-altérés, semblent être éruptives et celle de la seconde de ces localités paraît former un filon transversal. Près de Challes (Stavelot) M. Dewalque a découvert une roche cristalline massive qui vient d'être décrite par M. Renard sous le nom de *Diabase* (pl. I, fig. 3).

Dans les Ardennes françaises le terrain ardennais renferme, entre Deville et Revin, sur les bords de la Meuse et aux environs de Rimogne, des bancs de roches feldspathiques et amphiboliques que Dumont regardait comme provenant d'injections plutoniennes et que MM. de

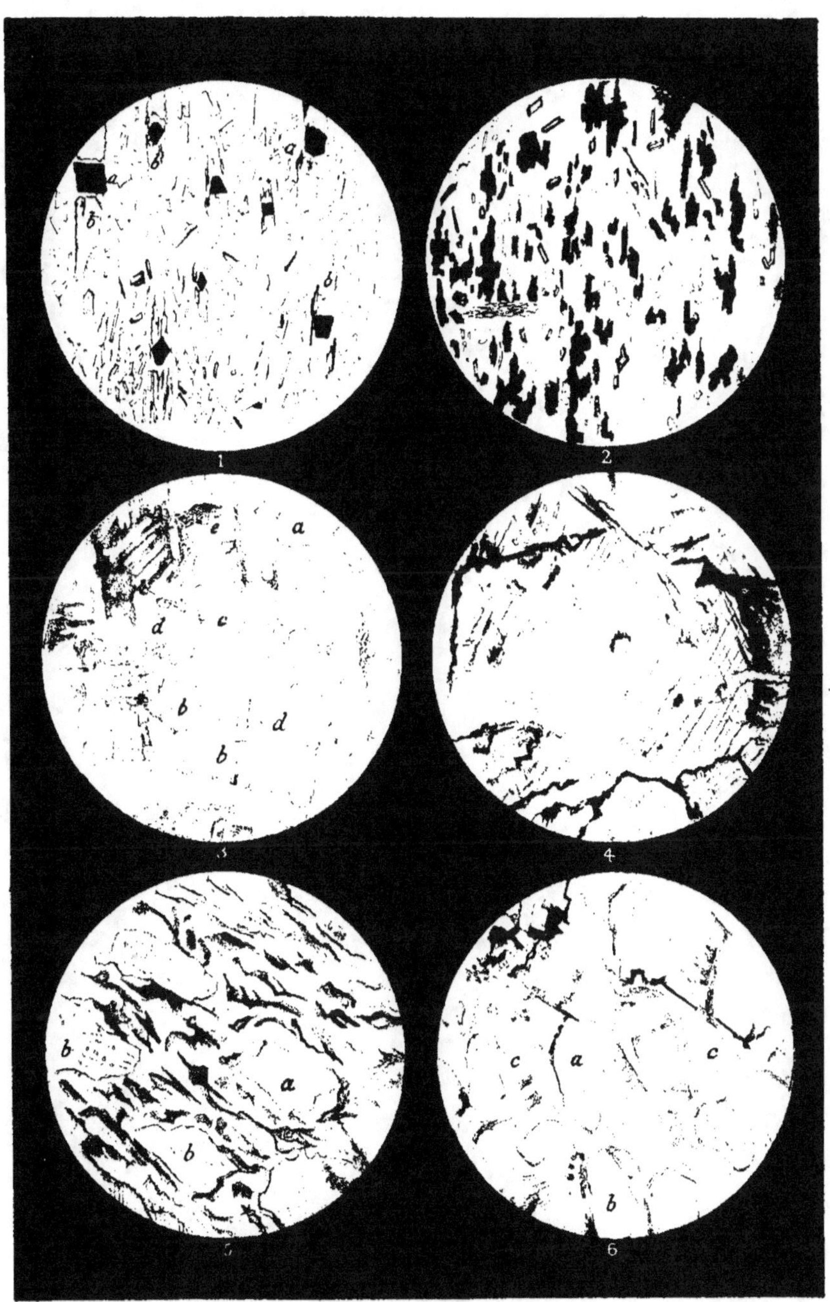

lith. C. Sauvreyns.

de Marck, del.

Voir pp. 29-30 pour l'explication de la planche.

la Vallée Poussin et Renard envisagent comme étant des *Porphyroïdes* formant des bancs interstrafiés. Ces roches se composent de feldspath orthose et d'oligoclase, de quartz et d'un minéral du groupe des phyllites (séricite), qui donne à la masse minérale la structure gneissique caractéristique des porphyroïdes.

Les plus importantes de ces porphyroïdes sont celles de Mairus, de Laifour (pl. I, fig. 5 et 6) et des environs de Revin. Elles sont associées à des roches amphiboliques de couleur vert foncé qui sont des *Amphibolites* (pl. I, fig. 4).

Enfin à Rimogne et dans la vallée de Faux il existe des échantillons de roches dans lesquels le feldspath intervient en quantité notable et qui se rapprochent ainsi des *Diorites*.

Les planches I et II représentent la structure microscopique et les éléments constitutifs de quelques-unes de nos roches cristallines les plus importantes. Ces figures sont extraites pour la plupart du Mémoire de MM. de la Vallée Poussin et Renard (1876); d'autres sont inédites et m'ont été communiquées par M. Renard.

Voici l'explication de la planche I qui se rapporte aux roches cristallines de notre terrain ardennais ou cambrien :

PLANCHE I.

FIG. 1. *Phyllade aimantifère de Monthermé.* Dans la masse fondamentale phylladeuse incolore se trouvent des sections opaques, presque toujours déformées, de fer aimant (*a*. Ces sections sont entourées de plages quartzeuses et chloriteuses étendues dans le sens du feuilletage (*b*. Les microlithes prismatiques ou maclés qui sont répandus dans la masse fondamentale sont des cristaux microscopiques de staurotide auxquels viennent s'ajouter aussi de fines aiguilles de tourmaline. $\frac{1}{250}$.

FIG. 2. *Phyllade bleu foncé revinien.* Les plages noires sont des particules charbonneuses enchâssées dans une masse phylladeuse d'où se détachent des grains de quartz, des microlithes de staurotide et de tourmaline. $\frac{1}{550}$.

FIG. 3. *Diabase de Challes. a)* Augite entourée de hornblende fibreuse. *b)* Feldspath plagioclase altéré. *c)* Granules d'épidote. *d)* Quartz représenté par les plages incolores qui cimentent toutes les sections. *e)* Fer titané.

FIG. 4. *Amphibolite du ravin de Notre-Dame de Meuse (k).* Section de hornblende taillée perpendiculairement à l'axe vertical. $\frac{1}{45}$.

Fig. 5. *Porphyroïde de Mairus (b)*. *a)* Cristaux de feldspath orthose et de plagioclase. *b)* Sections elliptiques de quartz. *c)* Lamelles noirâtres de biotite qui donnent à la roche la structure gneissique. $\frac{1}{10}$.

Fig. 6. *Porphyroïde de Loifour*. *a)* Sections feldspathiques. *b)* Sections de quartz. *c)* Lamelles de séricite formant presque toute la masse fondamentale. $\frac{1}{95}$.

Nota. — Les lettres (k) et (b) des figures 4 et 5 sont celles qui indiquent la position exacte des gisements de ces roches sur la petite carte qui accompagne le Mémoire de MM. de La Vallée Poussin et Renard.

Filons. Les filons de quartz sont très-abondants dans les massifs ardennais et se trouvent dans tous les phyllades; les couches de sable et de limonite sont rares et celles d'oxyde de manganèse et d'oligiste métalloïde n'ont été trouvés, jusqu'à présent, que dans les couches supérieures du terrain ardennais.

Minéraux. Les espèces minérales rencontrées, jusqu'à ce jour, tant dans les couches que dans les filons du terrain ardennais, sont nombreuses et variées. Dumont mentionne les suivantes en 1847 :

Anthracite.	Fer aimant.	Pholérite.
Galénite.	Oligiste.	Chloritoïde.
Blende.	Limonite.	Chlorite.
Pyrite.	Rutile, *très-rare.*	Wavellite.
Marcassite, *très-rare.*	Quartz.	Libéthénite.
Chalcopyrite.	Andalousite.	Alunogène.
Phillipsite.	Ottrélite.	Malachite.
Chalcosine.	Albite.	Azurite, *très-rare.*
Pyrrhotine.	Orthose.	Calcite, *très-rare.*
Pyrolusite.	Amphibole.	Sidérite.
Manganite.	Pyrophyllite.	Mélantérie.

On cite encore les espèces suivantes, depuis 1847 :

Cuivre natif, *très rare*, à Viel-Salm; bloc en partie caverneux, pesant 2 à 3 kilogr.

Lunnite (pseudo-malachite) et Spessartine (L.-L. de Koninck et P. Davreux).

Davreuxite et Carpholite (L.-L. de Koninck).

Dewalquite et Corindon (Pisani).

Staurotide, Augite, Fer titané et Tourmaline (Renard).

Les restes organiques fossiles paraissent être fort rares dans nos Fossiles. dépôts ardennais, si l'on en juge par les quelques débris animaux et végétaux qui y ont été découverts jusqu'ici. C'est ce qui explique pourquoi l'on a hésité pendant longtemps à rapporter ces dépôts au terrain cambrien du pays de Galles bien qu'ils présentent avec ce dernier, de grandes analogies pétrographiques. Mais aujourd'hui le doute n'est plus possible depuis qu'on a pu constater, non-seulement dans le massif de Stavelot, mais aussi dans celui de Rocroy, la présence de fossiles caractéristiques des *Lingula Flags* du pays de Galles. C'est d'abord le *Dictyonema sociale*, Salt., bryozoaire qui caractérise un niveau très-important de ce dépôt, puis des empreintes de l'*Oldhamia radiata* qui représente peut-être une Algue. On signale encore dans notre terrain ardennais: des empreintes végétales problématiques (*Caulerpites cactoïdes*, Göpp., *Eophytum linneanum*, Torr., et *Bythotrephis gracilis*, Hall.); des *Lingula* et des tubes ou perforations d'annélides (*Arenicolites*) ainsi qu'un certain nombre d'autres débris organiques peu ou point déterminables et dont le gisement lui-même est souvent contesté.

Le terrain ardennais ou cambrien est le plus ancien qui s'observe Superposition. en Belgique. On ne trouve, en effet, dans notre pays ni granite, ni gneiss, ni micaschistes, ni aucune autre roche de cette nature et l'on ignore, par conséquent, quelles sont les roches sur lesquelles reposent nos premiers dépôts sédimentaires. Les relations stratigraphiques de ces derniers avec le terrain silurien du centre de la Belgique nous sont également encore inconnues. On sait seulement que le terrain ardennais est, de même que notre terrain silurien, recouvert en stratification discordante par le conglomérat de la base du terrain dévonien.

Toutes les couches du terrain ardennais ont une stratification ondulée et contournée en zigzag. Elles plongent, en général, vers le S. plus ou moins E., mais il ne faudrait pas en conclure pour cela qu'elles occupent nécessairement ainsi leur position normale. Et, en effet, n'a-t-on pas vu précédemment que les perturbations mécaniques qu'ont subies nos terrains primaires les ont plissés et brisés au point de faire revenir plusieurs fois au jour les mêmes couches et parfois même de renverser leur ordre naturel de superposition.

C'est en faisant l'application de cette importante découverte aux Division. puissants dépôts quartzeux et schisteux du terrain ardennais que Dumont est arrivé à les classer de manière à interpréter leur ordre de succession.

Il a pu ainsi les répartir dans trois grands groupes ou *systèmes* qu'il appela *devillien*, *revinien* et *salmien*, des noms de Deville (Ardennes), de Revin (Ardennes) et de Viel-Salm (Luxembourg) :

SYSTÈME DEVILLIEN.

Devillien.
Roches.

Le système devillien que Dumont regarde comme le plus ancien, commence par les quartzites blanchâtres des rochers de Hourt, auxquels succèdent les quartzites verdâtres ou chloritifères et les phyllades qu'on exploite notamment à Deville sur la Meuse, où ils sont aimantifères.

Ce système de roches devilliennes ne forme que quelques bandes dans les massifs de Rocroy et de Stavelot.

Dumont le subdivise en deux étages : les quartzites blancs formant à eux seuls l'étage inférieur et toutes les autres roches du système rentrant dans l'étage supérieur.

Fossiles.

C'est dans les phyllades de l'étage devillien supérieur que M. Dewalque a rencontré au N. du village de Grand-Halleux, dans le massif de Stavelot, les premiers débris d'*Oldhamia radiata*.

M. Jannel a retrouvé d'abondantes empreintes de ce fossile dans les phyllades verts et violets de Haybes de la bande devilienne de Fumay dans le massif de Rocroy.

Un exemplaire en a été trouvé par M. Malaise entre Trois-Ponts et Rochelinval (massif de Stavelot), dans un phyllade d'apparence verdâtre qu'il croit être revinien. Le même savant a observé des traces qui rappellent l'*Oldhamia radiata* dans le Salmien des environs de Spa et de Lierneux.

Des tubes ou perforations d'annélides (*Arenicolites*) ont été rencontrés dans le Devillien de Deville, de Fumay et de Grand-Halleux.

Quant au petit crustacé bivalve (*Primitia?*) mentionné dans le Devillien, on ignore à quelle partie de ce dernier il se rapporte, son lieu de provenance n'étant pas même connu.

SYSTÈME REVINIEN.

Revinien.
Roches.

Le système des phyllades et quartzites noirs pyritifères de Revin, sur la Meuse, et des Hautes-Fanges forme la majeure partie des massifs cambriens de Rocroy et de Stavelot. Il constitue aussi à lui seul le massif de Givonne.

Dumont n'a pu diviser ce système de roches en étages comme le précédent, mais il y reconnaît, néanmoins, certaines subdivisions dans chacun des massifs de Rocroy et de Stavelot pris séparément.

Les débris de *Dictyonema sociale*, recueillis dans le massif de Rocroy, entre Laifour et Deville ainsi que ceux de l'*Eophyton linneanum* appartiennent au système des roches de Revin. Fossiles.

M. Jannel a observé récemment que les phyllades reviniens de Laifour présentent des perforations analogues à celles que produisent les vers *arénicoles* : M. Malaise a fait des observations analogues dans le Revinien à Cul-des-Sarts, à Étaignières, près du cimetière de Revin, à Willerzies, à Hockay et à Jalhay.

SYSTÈME SALMIEN.

Le système salmien est formé en majeure partie par les quartzo-phyllades du massif de Stavelot. Dumont le divise, comme le système devillien, en deux étages. Salmien.
Roches.

Dans l'étage inférieur ou de Viel-Salm les quartzophyllades feuilletés ou zonaires sont associés à des phyllades gris-bleuâtre ou gris-verdâtre, accompagnés de psammite pailleté ou de quartzite pailleté.

Dans l'étage supérieur ou de Salm-Château se retrouvent les mêmes quartzophyllades que dans l'étage inférieur, mais le phyllade qui les accompagne devient oligistifère, ottrélitifère et plus rarement aimantifère.

La plupart des roches prennent une couleur rouge-violacé et sont aussi caractérisées par la présence des couches de manganèse, ainsi que du coticule dont on fait des *pierres à rasoirs* que l'on exporte jusqu'aux Indes.

Le système salmien paraît n'exister que dans le massif de Stavelot et dans le petit massif de Serpont qui en est exclusivement formé. Toutefois on a émis l'idée, dans ces derniers temps, qu'il pourrait bien être représenté aussi dans le massif de Rocroy par la bande devillienne de Fumay, dont les phyllades violets présentent en effet de grandes ressemblances avec ceux du système salmien du massif de Stavelot.

Dans ce dernier massif, si l'on jette un coup d'œil sur le relief du

3

sol, on remarque que les parties formées par le système salmien sont généralement moins élevées que celles formées par le système revinien qui l'entoure.

Failles.   Dans la partie méridionale du massif de Stavelot, entre Falize, près Lierneux, et Regné, on observe une succession de phyllades violets, les uns compactes avec veines de coticule, les autres grenus et oligistifères, et exploités pour faire des ardoises. Ces couches réapparaissent plusieurs fois à la surface et sont chaque fois limitées vers le S. par des phyllades violets à grandes paillettes d'ottrélite, ce qui semble bien indiquer que la réapparition de ces couches est due à l'action de failles.

Fig. 3. — *Coupe théorique du massif ardennais de Rocroy, d'après Dumont.*

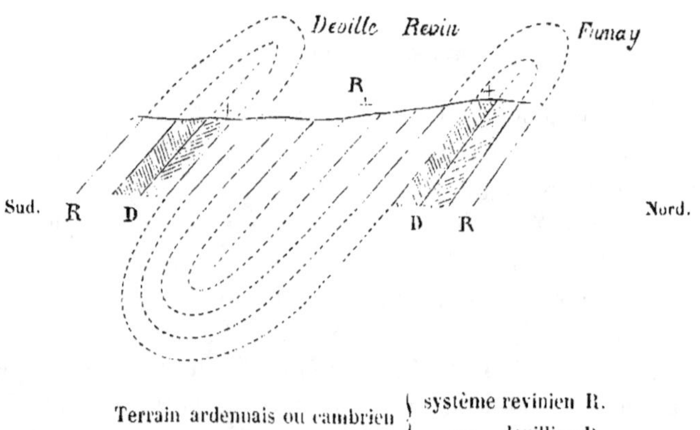

Fossiles.   C'est dans l'étage inférieur du système salmien que M. Malaise a le premier signalé le *Dictyonema sociale* et les débris de trilobites (*Paradoxides*) des environs de Spa. Les empreintes des environs de Lierneux qui furent prises d'abord pour des crinoïdes (Dumont), puis pour des algues (Coemans) et plus récemment pour des annélides (Malaise) proviennent également de cet étage salmien. Enfin, à proximité du point où existent ces dernières empreintes, des brachiopodes du genre *Lingula* viennent d'être signalés par M. Malaise dans les phyllades salmiens manganésifères des environs de Lierneux.

Observation. — D'après l'interprétation qui vient d'être donnée de la succession des dépôts ardennais, les bandes ardoisières de Deville et de Fumay, par exemple, que Dumont rapporte toutes deux à son système devillien (D) seraient disposées comme l'indique la figure 3, en forme de voûtes produisant un bassin dont les bords sont inclinés dans le même sens et dans lequel reposeraient les roches de son système revinien (R) qui seraient par conséquent ainsi plus récentes que celles du système devillien.

Néanmoins, cette interprétation n'est pas à l'abri de toute discussion, comme l'ont montré les nouvelles observations de MM. Gosselet et Malaise (1868), qui considèrent les roches du système revinien comme inférieures a celles du système devillien.

Le tableau suivant montrera quelle est, dans cette nouvelle manière de voir, la concordance des deux massifs ardennais de Rocroy et de Stavelot.

		Massif de Rocroy.	Massif de Stavelot.
Terrain ardennais ou cambrien.	5ᵉ assise.	Lacune.	Phyllades violets à coticule de Salm-Château. {Phyllades ottrélitifères. / Phyllades violets manganésifères de Xhierfomont. / Phyllades de Viel-Salm. / Coticule. / Phyllades compactes de Lierneux.}
	4ᵉ assise.	Lacune.	Quartzo-phyllades de la Lienne. {*Quartzophyllades* du Marteau, de Spa, de Chevron, deViel-Salm. / Phyllades noirs de Spa, de la Gleize, de Francorchamps.}
	3ᵉ assise.	Quartzites et phyllades noirs pyritifères de Bogny.	Quartzites et phyllades noirs pyritifères de Brücken.
	2ᵉ assise.	Quartzites et phyllades blanc-verdâtre de Deville.	Quartzites et phyllades blanc-verdâtre de Grand-Halleux.
	1ʳᵉ assise.	Quartzites et phyllades noirs de Revin.	Quartzites et phyllades noirs des Hautes-Fanges.

Plus récemment, M. Gosselet a admis dans son *Esquisse* que le massif ardennais de Rocroy se compose de quatre assises bien distinctes, qui sont du N. au S. :

1° Ardoises de Fumay ;

2° Schistes et quartzites noirs de Revin ;

3° Ardoises de Deville ;

4° Schistes et quartzites noirs de Bogny.

Cette nouvelle manière de voir est basée sur d'importantes observations, mais en attendant que la lumière se fasse complétement sur cette question, je n'ai pas cru devoir modifier l'opinion que Dumont a consignée dans son Mémoire de 1847, ainsi que sur la Carte géologique de la Belgique.

La coupe, figure 4, donne l'allure et la composition des couches ardennaises dans le massif de Stavelot.

Synchronisme.   On a déjà vu que le terrain ardennais correspond, par ses caractères paléontologiques, au terrain cambrien du nord du pays de Galles. M. Dewalque croit pouvoir établir, entre les principaux termes distingués dans ce terrain et nos trois systèmes ardennais, le parallélisme suivant, en se basant exclusivement sur les caractères minéralogiques de ces formations, au moins en ce qui concerne les systèmes devillien et revinien, car le système salmien ne paraît pas avoir, minéralogiquement parlant, son analogue dans le pays de Galles.

Terrain cambrien du pays de Galles.	Terrain ardennais de Dumont.
Schistes de Trémadoc (*Tremadoc slates*).	Système salmien (pars).
Ardoises à lingules (*Lingula flags*).	» revinien et système salmien (pars).
» de Llanberis (*Llanberis slates*).	Bande devillienne de Fumay.
Grès de Harlech (*Harlech grits*).	» » de Monthermé.

Usages.   Le terrain ardennais renferme, outre les ardoises qui lui avaient fait donner primitivement le nom de *terrain ardoisier,* un certain nombre de matériaux et de gîtes métallifères qui se répartissent de la manière suivante dans les différents massifs :

Massif de Rocroy. — Les phyllades devilliens fournissent les ardoises violettes très-estimées de la bande de Fumay, dans lesquelles sont ouvertes, en Belgique, les ardoisières d'Oignies, de Rondterne, de Naubertin, de Sauveur, de Bruly, etc. Les ardoises vertes sont moins recherchées ainsi que les ardoises gris-bleuâtre pâle, souvent aimantifères, de Rimogne, de Deville et de Monthermé.

Fig. 4. — *Coupe du massif ardennais de Stavelot, entre le Marteau, près de Spa, et Salm-Château, par la vallée de la Salm.*

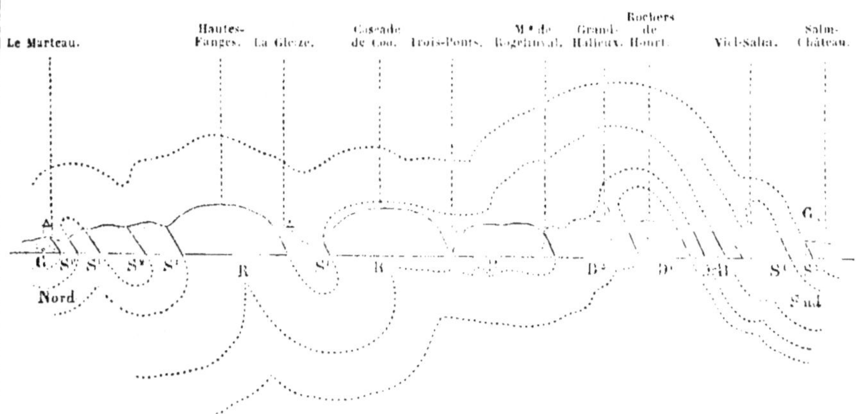

La disposition des couches est indiquée d'après MM. Gosselet et Malaise (*Bull. de l'Acad. roy. de Belg.*, 1868, t. XXVI, pl. II, fig. 20), et le raccordement de ces couches d'après Dumont (*Nouv. Mém. de l'Acad. roy. de Belg*, t. XXII, 1848).

Terrain dévonien . . . Système gedinnien. . . G. Poudingue de Fepin.

Système salmien . . {
- S². Quartzophyllades dominants (phyllades oligistifères et à cotienle de Salm-Château).
- S¹. Phyllades noirs dominants.

Terrain cambrien . . { Système revinien . . . R. Phyllades et quartzites noirs pyritifères des Hautes-Fanges.

Système devillien . . {
- D². Phyllades et quartzites blanc-verdâtre.
- D¹. Quartzites des rochers de Hourt.

Les phyllades reviniens du massif de Rocroy sont aussi exploités en France et même en Belgique, notamment aux ardoisières du Cul-des-Sarts.

Les quartzites qui accompagnent les phyllades reviniens sont souvent utilisés comme moellons.

Massif de Givonne. — On a exploité le quartzite revinien pour l'entretien des routes, notamment à Givonne et à St-Meuges sur le territoire français.

Massif de Stavelot. — Les phyllades du massif de Stavelot sont, en général, trop peu feuilletés pour se prêter à la fabrication des ardoises. Il faut faire exception cependant pour le phyllade ottrélitifère salmien dont on fait de belles ardoises à Viel-Salm, à Colanhan et à Recht.

Le phyllade simple salmien est quelquefois assez tendre par altération pour être employé à faire des crayons de charpentier ou des couleurs grossières (Comté).

Le phyllade coticule est exploité pour faire des pierres à rasoir au Sart, à Salm-Château et à Bihain.

Les ardoisières, aujourd'hui abandonnées, de Solwaster et du bois de la Bourgeoise, près de Jalhay sont ouvertes dans le phyllade revinien, et Dumont émet l'avis « qu'on pourrait essayer d'en établir sur d'autres points de la partie supérieure du système revinien, par exemple aux environs de Froide-Cour, de La Gleize, de Coo, où le phyllade offre une texture éminemment feuilletée et où le voisinage de l'Amblève permettrait, au moyen d'une galerie horizontale, d'attaquer le banc d'ardoise à une grande profondeur sous la surface du sol. »

Le phyllade tendre, subcompacte, d'un gris bleuâtre pâle, de la partie inférieure du système revenien est exploité à Farnières et à Ennal pour faire des crayons qui servent à écrire sur les ardoises ordinaires ; ceux d'Ennal sont plus durs et de meilleure qualité que ceux de Farnières.

Le phyllade schisto-compacte devillien est exploité comme pierre à bâtir, au S.-E. de Lignenville.

C'est dans l'étage supérieur du système salmien que se trouvent les gîtes métallifères du massif de Stavelot. Parmi ces derniers il n'y a guère que ceux de manganèse qui soient exploités, notamment à Lierneux, à Arbre-Fontaine, près de Viel-Salm, et à Moët-Fontaine (Rahier).

M. l'ingénieur Firket, ayant eu l'occasion d'étudier récemment (1878) le gîte ferro-manganésifère de Moët-Fontaine, rapporte que ce gîte a été découvert en 1845 par M. G. Lambert et qu'en 1867, trois concessions furent accordées dans cette région : celle de Moët-Fontaine, appartenant à M. G. Lambert; celle de Meuville (Rahier), située au S. de la précédente, accordée à la Société J. Cockerill; et celle de Bierleux (Chevron), appartenant à MM. Fromont et Cie, située à l'O. de la concession de Moët-Fontaine, dont elle est séparée par la Lienne.

M. Firket croit pouvoir conclure de ses observations sur le gîte métallifère de Moët-Fontaine :

1° Que ce gîte constitue non pas un filon transversal ou couché, mais bien une véritable couche de 0^m,75 de puissance, accompagnée d'une série de petites couches de même nature, alternant avec des schistes et des quartzophyllades;

2° Que ce gîte est constitué en profondeur par un carbonate double de fer et de manganèse au minimum d'oxydation, représenté par la formule (FeO, MnO), CO^2, et qui peut être indifféremment nommé *sidérite manganésifère* ou *diallogite ferrifère;*

3° Que les oxydes de fer et de manganèse des affleurements de cette région ne sont que les produits de l'oxydation des carbonates ferreux et manganeux constitutifs des gîtes, oxydation accompagnée d'une imprégnation des strates attenant aux couches de minerai.

Massif de Serpont. — On a exploité le phyllade ottrélitifère salmien du massif de Serpont comme moellons au S.-O. de Sevescourt, près du bois de Sevescourt, et à l'O. du bois des Dames.

TERRAIN SILURIEN

Synonymie : Terrain silurien de Murchison. — Terrain rhénan du Brabant et du Condroz de Dumont (1848). — Terrain rhénan à faune silurienne de Dumont (1857).

On observe dans le centre de la Belgique des roches schisteuses et quartzeuses qui sont généralement recouvertes par des dépôts plus récents. Elles apparaissent dans le fond des vallées du Brabant et sur quelques points isolés qui sont, d'après l'heureuse expression de d'Omalius, « comme les sommités d'un ancien monde enseveli sous des dépôts plus nouveaux. »

Les affleurements de ces roches quartzeuses et schisteuses sont plus apparents dans le voisinage de la Sambre et de la Meuse.

On y rapporte les roches provenant du fond des puits artésiens de Bruxelles, de Lacken, de Louvain, de St-Trond, de Menin et d'Ostende. Dans ce dernier qui est le point le plus septentrional où leur présence a pu être constatée, il a fallu atteindre, comme il a déjà été dit, à la profondeur de plus de 500 mètres pour les rencontrer; de sorte qu'on peut considérer les dépôts crétacés, tertiaires et quaternaires qui les recouvrent dans la moyenne et dans la basse Belgique, comme reposant sur un terrain formé de roches schisteuses et quartzeuses dont la surface est inclinée vers le N.

Ces roches ont été confondues longtemps avec les dépôts dévoniens de l'Ardenne, qui seront étudiés plus loin et que Dumont comprenait sous la dénomination de *terrain rhénan* à cause de l'immense développement qu'elles prennent sur les deux rives du Rhin.

En 1860, M. Gosselet reconnut que les fossiles dont Dumont avait déjà signalé la présence dans les roches schisteuses de Grand-Manil près de Gembloux et de Fosses, appartenaient à la faune silurienne. Dès lors, comme les roches qui renferment ces fossiles étaient considérées par Dumont comme les moins anciennes de son terrain rhénan, il est permis de se demander si les autres roches dans lesquelles on n'a pas encore trouvé de fossiles ne seraient pas plutôt, au moins en partie, une dépendance du terrain cambrien que du terrain silurien. On remarquera, à ce sujet, que les roches schisteuses provenant des puits dont il vient d'être fait mention présentent aussi de grandes analogies avec les roches noires pyritifères de Revin sur la Meuse.

TERRAIN SILURIEN DU BRABANT.

Les principales roches dont se compose le terrain silurien du Bra- *Roches.* bant sont des quartzites et des phyllades.

Les *quartzites* sont blanchâtres ou verdâtres comme à Blaumont, parfois bigarrés de rougeâtre comme à Buysingen, près de Hal. D'autres quartzites, comme ceux de Tubize, sont chloritifères, renferment de petits octaèdres d'aimant et, par leur mélange avec du feldspath, passent à l'*arkose*.

Les *phyllades* sont verdâtres et pénétrés de petits octaèdres d'aimant comme à Tubize, ou bigarrés comme à Oisquercq, ou bien encore plus quartzeux, pyritifères et d'un bleu noirâtre comme près de Gembloux.

Lorsque la roche tient à la fois du quartzite et du phyllade, elle forme un *quartzophyllade* comme à Ronquières dans la vallée de la Sennette.

Les dépôts siluriens du Brabant renferment un certain nombre de *Roches réputées* roches plutoniennes ou considérées comme telles, que je vais décrire *plutoniennes.* succinctement d'après les derniers travaux de MM. de la Vallée Poussin et Renard. Ces roches sont les suivantes :

Diorite quartzifère de Quenast et de Lessines (Pl. II, fig. 1). — Cette *Diorite* roche dans laquelle ont été ouvertes les grandes carrières de Quenast *de Quenast.* et de Lessines, est formée d'une pâte feldspathique dans laquelle se montrent de petits parallélipipèdes d'oligoclase, comme l'avait déjà reconnu M. Delesse, ou plus rarement d'orthose caractérisée par la macle dite de Carlsbad. Ce sont ces petits cristaux qui, joints à ceux de quartz qui y sont aussi très-abondants, donnent à la roche sa texture porphyrique. Outre les cristaux de feldspath et de quartz, la roche porphyrique montre dans sa cassure un grand nombre de taches d'un noir bleuâtre ou d'un vert plus ou moins foncé qu'on avait considéré jusqu'ici comme étant exclusivement de la chlorite. De là le nom de *chlorophyre* donné par Dumont à cette roche. La majeure partie des taches noires en question se rapporte, comme l'avait dit d'Omalius, à l'amphibole hornblende, souvent altérée, ou à l'ouralite.

L'épidote est extrêmement abondante dans cette roche.

La diorite quartzeuse de Quenast est partagée par plusieurs systèmes de joints en fragments irrégulièrement parallélipipédiques qui, dans certains cas, peuvent offrir plusieurs mètres en tous sens, mais qui semblent bien n'être, comme l'a indiqué Dumont, que des joints de retrait semblables à ceux que les actions physiques et mécaniques déterminent dans les roches cristallines successives de divers âges.

Vue en masse, la diorite présente à Quenast une surface mamelonnée toute particulière, tandis qu'à Lessines, elle a une structure colonnaire rappelant certains prismes basaltiques. Elle est fréquemment recouverte par le limon quaternaire ou les sables éocènes dans les parties non exploitées.

Minéraux. La diorite de Quenast renferme beaucoup de minéraux accidentels, particulièrement dans les géodes des bancs de couleur pâle, blanc-rosâtre ou blanc-verdâtre, chez lesquels la texture porphyrique moins accusée fait place à la texture grano-compacte, ou bien dans les zones et les directions d'altération superficielles ou profondes qui déterminent les *bancs pourris*, et où quelques-uns de ces minéraux accidentels constituent des noyaux géodiques et des veines. Ce sont principalement :

Quartz.	Ilménite.	Sperkise.	Amphibole.
Oligiste.	Chlorite.	Chalkopyrite.	Axinite.
Limonite.	Calcite.	Galène.	Tourmaline.
Épidote thallite.	Sidérite.	Bornite.	Apatite.
Épidote rouge.	Pyrite.	Asbeste.	Kaolin.

Enclaves liquides. Le quartz de la diorite de Quenast renferme des enclaves liquides extrêmement petites plus ou moins sphériques. Beaucoup d'entre elles contiennent, outre une bulle gazeuse mobile, de petits cristaux cubiques de chlorure sodique. On peut donc se demander, dès lors, si l'eau de la mer n'est pas intervenue dans la formation de la diorite de Quenast et de Lessines, comme cela paraît avoir eu lieu pour les roches volcaniques qui contiennent souvent une proportion notable de ce sel.

Les carrières de Quenast, dans le Brabant et de Lessines, dans le Usages. Hainaut, sont les plus renommées de la Belgique ; les pavés en diorite qui en proviennent sont les plus résistants que l'on connaisse dans l'Europe occidentale, ce qui explique l'importance de leur exportation.

Diorite quartzifère de Lembecq (Pl. II, fig. 2). — Elle est située à Diorite de Lembecq. 500 mètres à l'O.-S.-O. du clocher de Lembecq et à proximité de la route de Mons à Bruxelles, en un point nommé « Champ Saint-Véron » où elle paraît n'avoir été mise à découvert que vers 1861. C'est dire que le gisement analogue de diorite signalé par Dumont à Lembecq doit se trouver en un autre point.

Cette roche plutonienne est formée d'un agrégat granitoïde où domine la hornblende et dont les autres éléments sont : un feldspath triclinique, le quartz, l'épidote, la chlorite.

Vers les parties N. et S. de la carrière du Champ Saint-Véron, la roche passe à l'amphibolite schisteuse et à des quartzites.

A l'extrémité N.-O. de la carrière, de volumineux morceaux de chal- Minéraux. kopyrite passant à la malachite, et assez bien de galène lamellaire ont été observés dans des fissures quartzeuses. M. de la Vallée Poussin y mentionne aussi de la tétraédrite en même temps que d'autres miné- raux dont la présence avait déjà été signalée dans la diorite.

L'examen microscopique a décelé, en outre, la présence de l'apatite et du fer titané dans la diorite de Lembecq.

Diabase d'Hozémont (Pl. II, fig. 3). — Dumont découvrit, vers 1850, Diabase d'Hozémont. dans le terrain silurien du Brabant et à 260 mètres environ du calcaire dévonien de Horion-Hozémont (province de Liége) une roche cristalline à laquelle il a donné le nom d'Hypersthénite ; mais ce nom ne convient pas à la roche d'Hozémont.

L'examen microscopique de celle-ci a montré, en effet, qu'elle est un agrégat micro-granitoïde de feldspath plagioclase et d'augite, c'est donc une diabase. Entre les cristaux de cette roche s'observe une substance verdâtre qui a pu être prise pour une pâte euritique, mais qui est plutôt une matière chloriteuse ou quartzeuse, produit de décomposition.

L'examen microscopique signale dans la diabase d'Hozémont : de Minéraux. l'apatite, de l'ilménite, de la pyrite et du quartz ; la calcite s'y rencontre aussi, mais comme produit secondaire résultant sans doute de l'action de l'acide carbonique de l'air atmosphérique sur la chaux provenant de la décomposition des silicates qui constituent la roche.

Porphyroïdes (Pl. II, fig. 4). — Les porphyres schisteux (porphy-roïdes) du centre de la Belgique sont répartis dans deux régions distinctes : les uns s'observent dans la vallée de la Méhaigne, entre Fumal et Fallais (Albite phylladifère de Pitet); les autres se montrent en divers points, suivant une ligne dirigée 0.26° $^1/_2$ N. et 26" $^1/_2$ S. et qui court des environs d'Enghien à Monstreux, près de Nivelles. Dumont signale la présence des roches schisto-feldspathiques près de Marcq, près des fermes Sainte-Catherine, Grande-Haye, Petite-Haye, du Croiseau, à Chenois, au hameau des Ardennes (Hennuyères), dans le vallon de Fauquez, au S. de Virginal et à l'E. du canal de Charleroi à Bruxelles. M. Malaise a fait connaître un nouveau gisement des mêmes roches et dans la même direction, sur la rive gauche de la Senne, à l'O. de Rebecq ainsi qu'un autre, près d'Asquempont (Ittre). Enfin plus au N. se trouve le porphyroïde de Steenkuyp (le chlorophyre du Vert-Chasseur de Dumont).

Quelques-unes de ces roches à structure schisteuse paraissent être d'origine clastique et régulièrement intercalées dans les couches siluriennes du Brabant. La plupart, sinon toutes, se trouvent dans celles de ces couches regardées comme les moins anciennes. Elles seraient donc ainsi contemporaines de ces dernières et, depuis le premier rassemblement de leurs parties constituantes, elles n'auraient subi qu'une action modificatrice de même ordre que celle qui a transformé, dans le Brabant, les grès en quartzites et les schistes terreux en schistes phylla-deux.

Elles impliquent, par conséquent, l'antériorité de roches cristallines telles que les filons de Lembecq ou les nappes de Quenast et de Lessines, lesquelles se trouvent, en effet, dans des roches siluriennes réputées plus anciennes que les précédentes.

Eurites. — Le terrain silurien du Brabant renferme aussi des eurites qui sont exploitées et dont les principales sont : l'eurite quartzeuse de Grand-Manil, près de Gembloux, l'eurite quartzeuse de Nivelles et l'eurite schistoïde d'Enghien (Porphyre schistoïde de Dumont).

La note suivante, p. 45, donnera l'explication de la planche II.

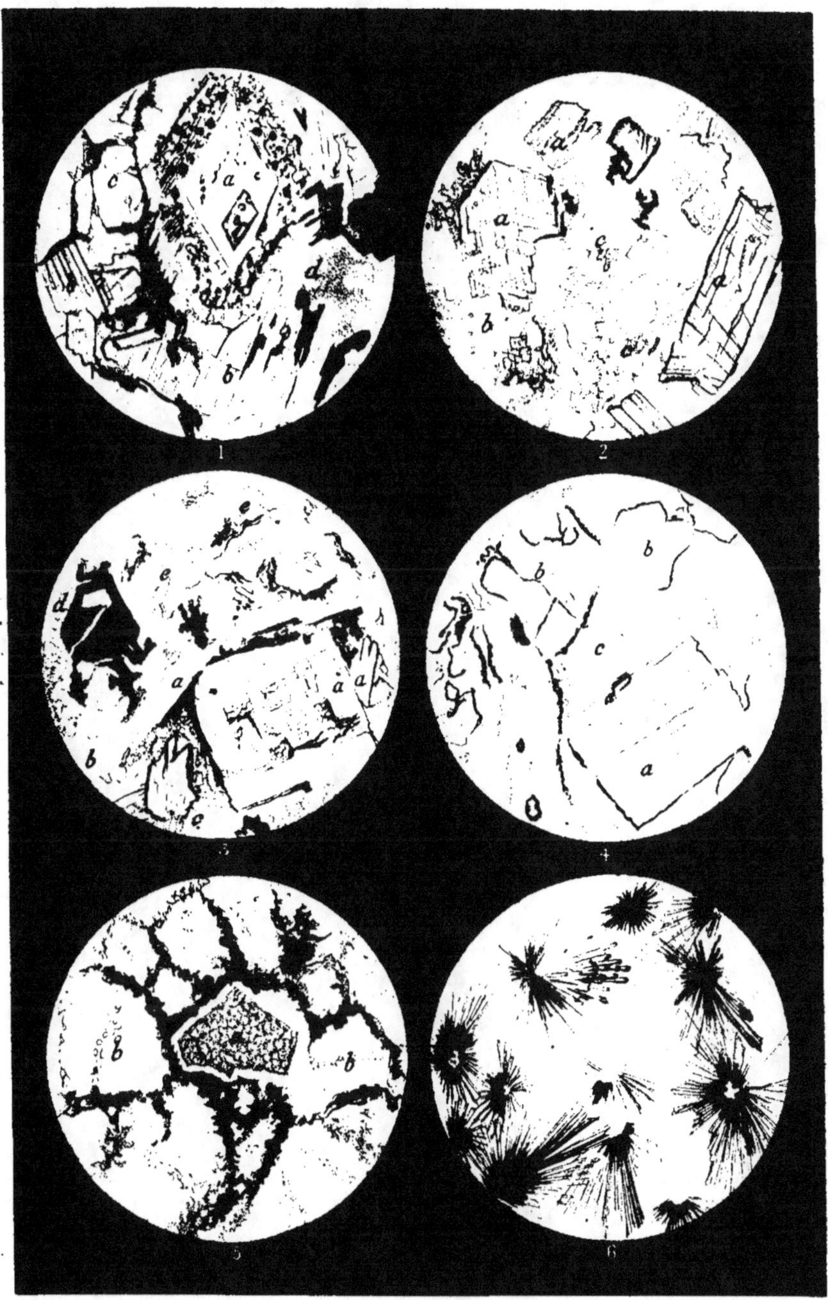

Voir p. 45 pour l'explication de la planche

Planche II.

Fig. 1. *Diorite quartzifère de Quenast.* *a*) Section d'un cristal dihexadrique de quartz avec enclave lithoïde de même composition que la pâte environnante. *b*) Hornblende altérée. *c*) Épidote. *d*) Biotite. Les plages tout à fait opaques sont de l'ilménite ou de la magnétite. $\frac{1}{70}$.

Fig. 2. *Diorite quartzifère du Champ St-Veron (Lembecq).* *a*) Sections de hornblende. *b*) Plages de quartz. *c*) Plagioclase altéré imprégné de lamelles chloriteuses. $\frac{1}{20}$.

Fig. 3. *Diabase d'Hozémont.* *a*) Feldspaths plagioclases. *b*) Plages quartzeuses. *c*) Section d'augite. *d*) Fer titané. *e*) Matière chloriteuse. $\frac{1}{40}$.

Fig. 4. *Roche porphyroïde clastique de Pitet (St-Sauveur).* *a*) Plagioclase. *b*) Quartz clastique avec enclaves liquides. *c*) Matière sériciteuse et chloriteuse cimentant ces éléments clastiques. $\frac{1}{40}$.

Fig. 5. *Arkose de Tubize.* *a*) Au centre fragments de feldspath altéré. *b*) Sections de quartz clastique avec enclaves liquides, cimentées par de la chlorite. $\frac{1}{35}$.

Fig. 6. *Roche tourmalinifère du poudingue de Bousale.* Fines aiguilles de tourmaline fibro-rayonnée enchâssées dans du quartz incolore. $\frac{1}{40}$.

Des filons de quartz, ainsi que des gîtes métallifères de manganèse, de limonite et de pyrite sont mentionnés dans les roches siluriennes du Brabant, mais ils n'ont pas d'importance industrielle. Filons.

Le terrain silurien du Brabant est surtout caractérisé sous le rapport paléontologique, par la présence de crustacés marins auxquels la division du corps en trois lobes leur a fait donner le nom de Trilobites. Fossiles.

Les principaux Trilobites rencontrés jusqu'ici en Belgique se rapportent aux genres *Trinucleus, Calymene, Homalonotus, Sphærexochus* et *Dalmania*. Avec ces Trilobites se rencontrent des Brachiopodes et surtout de nombreux *Orthis* dont l'espèce la plus abondante est l'*Orthis calligramma*. C'est la découverte de l'une d'elles qui a fait reconnaître l'existence du terrain silurien en Belgique.

On peut encore citer parmi les fossiles caractéristiques de ce terrain les Graptolites et un polypier, l'*Halisytes catenularius*, qui doit son nom à ce qu'il a l'apparence extérieure d'une chaîne.

On trouvera à la fin de cet ouvrage la liste complète de toutes les espèces fossiles du terrain silurien du Brabant.

La plus grande partie de ces fossiles proviennent des gîtes de Grand-Manil, près de Gembloux, mais M. Malaise en a rencontré aussi dans une bande fossilifère qui forme à peu près la bordure méridionale du massif primaire du Brabant : à Fauquez (Ittre), à Chenois (Hennuyères) et à Rebecq-Rognon.

Superposition. Les couches siluriennes étant généralement très-inclinées, au point de se rapprocher souvent de la verticale, et les roches dévoniennes qui leur succèdent dans le Brabant étant, au contraire, très-peu inclinées, comme le montre la figure 5, Dumont en a conclu qu'il y a discordance de stratification entre les deux systèmes de couches.

Des exemples de cette discordance s'observent dans la vallée de la Senne, près de l'église d'Horrues ; sur la Sennette près de la ferme Hongrée ainsi qu'au moulin d'Henripont, entre Ronquières et les Écaussines ; sur l'Orneau, près du moulin d'Alvaux ; sur la Méhaigne, près de Hucorgne et enfin à l'O. de ce dernier point près de l'église de Héron où l'on a pu observer la superposition directe des roches rouges de Burnot sur le Silurien et où, par conséquent, la discordance est bien manifeste.

Division. Le groupement stratigraphique des différentes roches dont se compose le terrain silurien du Brabant, n'a pu se faire encore que d'après les caractères minéralogiques de ces roches. On ne trouve nulle part, en effet, ces différentes roches superposées et l'on n'a pour ainsi dire encore rencontré de fossiles qu'à un seul niveau. Il n'est donc pas possible d'établir avec certitude, au moins quant à présent, l'ordre chronologique des roches siluriennes du Brabant.

M. Malaise, s'inspirant des vues de Dumont qui consistent à regarder ces roches comme étant d'autant plus anciennes qu'elles sont situées plus au N., a classé toutes ces roches en quatre assises auxquelles il a donné les noms des localités où elles sont le mieux caractérisées et qu'il regarde comme ayant pris naissance dans l'ordre suivant, de bas en haut :

> Assise   I. — **De Blanmont.**
> Assise   II. — **De Tubize.**
> Assise III. — **D'Oisquercq.**
> Assise   IV. — **De Gembloux.**

Assise I.
Roches. ASSISE I.—DE BLANMONT.—L'assise I est constituée par le quartzite dont on fait des pavés à Blanmont et qu'on a exploité comme pierre de macadam à Buysingen. Lorsque les grains de quartz hyalin dont est formé ce quartzite, atteignent à peu près la grosseur d'un pois, la

roche passe à un poudingue quartzeux. Par altération ce quartzite passe au grès et à un sable blanchâtre.

Les roches de cette assise sont généralement fissurées et lorsque la stratification est apparente, les couches sont le plus souvent séparées par des lits phylladeux.

Dumont regardait ces roches comme représentant dans le Brabant la partie inférieure de son système gedinnien de l'Ardenne. On n'a pas encore rencontré de fossiles dans cette assise.

Le quartzite de l'assise de Blanmont sert à faire des pavés, principa-lement dans la grande carrière de Nil-St-Vincent qui a fourni de superbes cristaux de quartz. *Usages.*

ASSISE II. — DE TUBIZE. — L'assise de Tubize est formée par les quartzites et phyllades aimantifères qui, en devenant feldspathiques, passent à l'arkose. Cette arkose s'observe généralement entre les quartzites qui prédominent à la base et les phyllades qui paraissent être plus développés à la partie supérieure de l'assise. *Assise II. Roches.*

Les principaux affleurements d'arkose sont dans la vallée de la Senne, à Hal, à Lembecq et à Clabecq. Dans la grande carrière de Rodenen au S. de Hal, on voit à plusieurs reprises les passages de l'arkose gros-sière à l'arkose sableuse, au grès et aux phyllades.

Des filons quartzeux avec quartz cristallisé ainsi que des filons de chlorite et d'oligiste spéculaire, écailleux et cristallisé en belles lamelles hexagonales se rencontrent également avec ces roches, de même que quelques substances minérales, telles que de belles pyrites triglyphes (Rodenen). C'est dans cette assise que s'observe aussi la diorite quart-zifère de Lembecq dans la vallée de la Senne.

Dumont regardait les roches de cette assise comme représentant dans le Brabant la partie supérieure de son système gedinnien de l'Ardenne.

L'assise de Tubize n'a pas encore fourni de fossiles; l'exemplaire d'*Ellipsocephalus Hoffi* qui a été remis à M. Malaise comme provenant des environs de Hal, semblerait plutôt, d'après M. Barrande auquel il a été communiqué, provenir de Ginetz en Bohême. *Fossiles.*

Le phyllade compacte quartzifère est exploité comme pavés (Rodenen) ainsi que l'arkose miliaire (au S. du château de Clabecq). *Usages.*

ASSISE III. — D'OISQUERCQ. — L'assise d'Oisquercq se compose des phyllades ou des schistes bigarrés qu'on exploite à Oisquercq et à Sti- *Assise III. Roches.*

haux; ces roches, en se décomposant, passent à une argile rougeâtre.
A la partie supérieure les phyllades deviennent graphiteux, noirâtres,
et, lorsqu'ils passent à un schiste argileux et terreux tachant en noir,
on les utilise comme matière colorante.

Cet aspect particulier a donné lieu à des recherches infructueuses de
houille. Des bancs de quartzite noirâtre se trouvent parfois associés à
ces roches dont la stratification est d'autant plus confuse qu'elles sont
très-fissurées.

On y signale des traces de malachite.

Dumont considérait les roches de cette assise comme représentant
dans le Brabant une partie des systèmes gedinnien supérieur et coblentzien inférieur de l'Ardenne.

Fossiles. Les roches bigarrées de l'assise d'Oisquercq n'ont encore offert que
des traces de fossiles indéterminables, notamment près la 45ᵉ écluse
du canal de Bruxelles à Charleroi (Malaise, 1875, p. 14) et à Mousty
(Dumont, 1848, p. 285).

Usages. Les roches bigarrées sont employées pour faire des dalles et des
pierres de digue et les phyllades graphiteux altérés sont utilisés comme
matière colorante.

Assise IV. Roches. ASSISE IV. — DE GEMBLOUX. — L'assise de Gembloux est formée de
phyllade quartzifère, généralement de teinte foncée bleuâtre et noirâtre,
pyritifère, quelquefois feuilleté, ce qui a donné lieu à des recherches
infructueuses d'ardoise. Des grès stratoïdes, du psammite et de l'arkose
sont parfois associés au phyllade.

Les roches de cette assise passent à une argile siliceuse jaunâtre par
altération.

Les porphyroïdes de la Méhaigne, etc., ainsi que la diabase d'Hozémont se trouvent intercalés dans les roches de cette assise.

Dumont voyait dans celles-ci les représentants du système coblentzien supérieur de l'Ardenne et des quartzophyllades supérieurs du
système coblentzien inférieur de la même région.

Fossiles. Tous les fossiles siluriens, susceptibles de détermination, recueillis
jusqu'à ce jour dans le Brabant proviennent de l'assise de Gembloux.
On en trouvera la liste complète à la fin de cet ouvrage.

Synchronisme. L'assise de Gembloux à *Calymene incerta* offre les principaux traits
qui caractérisent la faune seconde de Bohème, laquelle est représentée
dans presque toutes les contrées siluriennes de l'Europe et même des
États-Unis d'Amérique.

On emploie les roches de l'assise de Gembloux comme moellons pour Usages.
les constructions grossières, comme dalles, comme pierres de digue et
pour la réparation des routes.

La coupe, figure 5, montre la disposition des assises siluriennes dans Coupe.
la vallée de la Senne, entre Buysingen et la ferme Hongrée près Ronquières, par la rive droite de la Sennette, en longeant le canal de
Bruxelles à Charleroi.

FIG. 5. — *Coupe du terrain silurien dans la vallée de la Senne.*

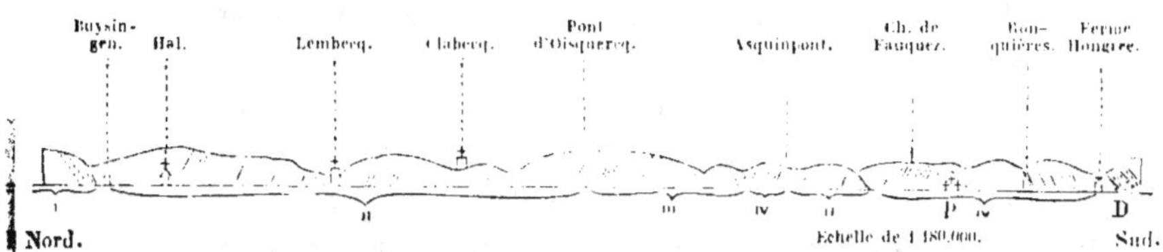

D'après M. MALAISE (Mémoire de 1873, pl. VIII, fig. 1) :

D. Poudingue dévonien.

Terrain silurien {
IV. Assise de Gembloux ou des phyllades quartzifères
à *Calymene.*

III. Assise d'Oisquercq ou des phyllades bigarrés et
graphiteux.

II. Assise de Tubize ou des quartzites et des phyllades aimantifères.

I. Assise de Blaumont ou des quartzites inférieurs.

P. Porphyroïde.

Nota. Le pointillé indique l'inclinaison probable.

Lorsque la Société géologique de Belgique parcourut, en 1876, une partie de la vallée
de la Senne, M. Briart fit remarquer qu'en admettant pour les strates siluriennes, comme
l'a fait M. Malaise, une inclinaison à peu près uniforme de 70° sur une très-grande longueur, c'est supposer au terrain silurien du Brabant une grande régularité et une puissance considérable, ou bien admettre qu'il est affecté de plissements dont on ne voit pas
les lignes synclinales et anticlinales.

Bien que ces sortes de plissements ne soient pas sans exemple, comme l'a montré M. La-
guesse pour certaines couches de notre terrain houiller, il est possible que ce que l'on a
pris pour des joints de stratification ne soit, dans certains cas, que des joints de clivage
schisteux.

C'est ainsi, comme l'a fait encore remarquer M. Briart, que les quartzophyllades
zonaires qui présentent un petit escarpement près du pont de Ronquières, à l'E. du canal,
paraissent être inclinés d'environ 70° S.-E. alors qu'une observation attentive semble montrer, au contraire, que la stratification est plutôt indiquée par des lignes marquées de
petites cavités où se fixe une végétation de mousse et d'autres petites plantes et qui
s'approchent de l'horizontale.

BANDE SILURIENNE DE SAMBRE ET DE MEUSE.

On a déjà vu précédemment que notre grand bassin primaire est divisé en deux par une arête schisteuse qui s'étend le long de la Sambre et de la Meuse, du S.-O. au N.-E., entre le bois de Châtelet et Hermalle-sous-Huy.

Roches. Cette arête schisteuse est formée presque exclusivement de phyllades, passant au schiste noirâtre et graphiteux, au psammite et parfois aussi à un calschiste noduleux.

Il arrive même quelquefois que le calschiste noduleux finit par passer lui-même à un calcaire quartzifère noirâtre, ferrugineux et manganésifère avec lamelles de crinoïdes, comme c'est le cas entre Roux et Sart-Eustache où ce calcaire atteint 5 mètres d'épaisseur.

Roches réputées plutoniennes. Les roches siluriennes de la bande de Sambre et de Meuse sont traversées par de l'eurite quartzeuse au hameau de Piroy, près Buzet (Malonne), et des traces de la même roche s'observent à la ferme de Halleux entre Neuville-sur-Meuse et Ombret.

M. Malaise signale aussi à Grand-Pré, commune de Mozet, une roche tout à fait semblable à la diabase d'Hozémont.

Dumont a signalé, près de Piroy, un filon de barytine, des fragments de quartz carié à Buzet et au Roux du minerai de fer hydraté. On a également trouvé de la pyrite près de Vitrival.

Fossiles. Dumont avait déjà signalé dans cette bande schisteuse la présence de fossiles semblables à ceux de Grand-Manil, mais ce n'est qu'en 1861 que M. Gosselet reconnut la nature silurienne de ces fossiles.

La liste ci-après des fossiles siluriens du centre de la Belgique montre que des 55 espèces qu'elle renseigne, 26 se trouvent également dans les massifs du Brabant et de Sambre et de Meuse, 18 sont spéciales à celui du Brabant et 6 à celui de Sambre et de Meuse. Parmi ces dernières se trouvent : le *Sphærexochus mirus* qui, à l'étranger, se rencontre aussi bien dans la partie supérieure que dans la partie inférieure du terrain silurien, un polypier, l'*Halysites catenularia*, et certains genres (*Cromus*, etc.) que l'on ne retrouve en Angleterre que dans l'étage silurien supérieur.

Il résulte donc de ces intéressantes découvertes paléontologiques que, par sa faune, la bande de Sambre et de Meuse occuperait la partie la plus élevée du terrain silurien inférieur ou à faune seconde et serait intermédiaire entre l'assise de Gembloux et le terrain silurien supérieur ou à faune troisième qui commence peut-être à apparaître dans les parties calcareuses de la bande en question.

Les principaux gîtes fossilifères de la bande silurienne de Sambre et de Meuse sont ceux de Roux, Vitrival, Fosses, Dave, Arville et Les Tombes.

Les couches fossilifères des dépôts considérés comme représentant chez nous le terrain silurien correspondent à la partie supérieure du Caradoc et à la partie inférieure du Llandovery. Elles établissent le passage entre les faunes seconde et troisième de M. Barrande. *Synchronisme.*

En Belgique comme en Angleterre, il y a des associations d'espèces qui, en Bohème, appartiennent exclusivement à la faune seconde ou à la faune troisième.

Les roches schisteuses formant l'arête silurienne de Sambre et de Meuse surmontent les couches moins anciennes du versant S. du bassin septentrional au lieu d'être placées sous ces dernières. Cela résulte de ce que ces couches se sont plissées et soulevées en masse jusqu'à la verticale qu'elles ont dépassée pour se renverser ensuite et cela par l'effet d'un refoulement vers le N. *Superposition.*

Ces mêmes roches schisteuses sont surmontées normalement, mais en stratification discordante par les roches moins anciennes du versant N. du bassin méridional.

Dumont signale des cas de cette discordance de stratification à Fosses ainsi que sur la Meuse, à Pairy-Bony entre le schiste silurien dont la dir. $= 62°$ et l'incl. S. 28°O. $= 55°$ et les bancs épais de poudingue dévonien qui s'appuient sur les schistes et dont la dir. $= 157°$ et l'incl. O. 45° N. $= 25°$.

M. Gosselet figure aussi un curieux exemple de discordance de stratification sur sa coupe d'Ombret à Yernée (1875).

Enfin les tranchées du chemin de fer du Luxembourg, récemment élargies pour la pose d'une seconde voie, m'ont permis d'observer le contact des schistes noirs siluriens avec le poudingue dévonien eifelien qui les supporte de même qu'avec le poudingue gedinien qui les surmonte en stratification discordante comme le montre la coupe figure 6.

Fɪɢ. 6. — *Coupe du terrain silurien dans les tranchées du chemin de fer,*
sur la ligne du Luxembourg.

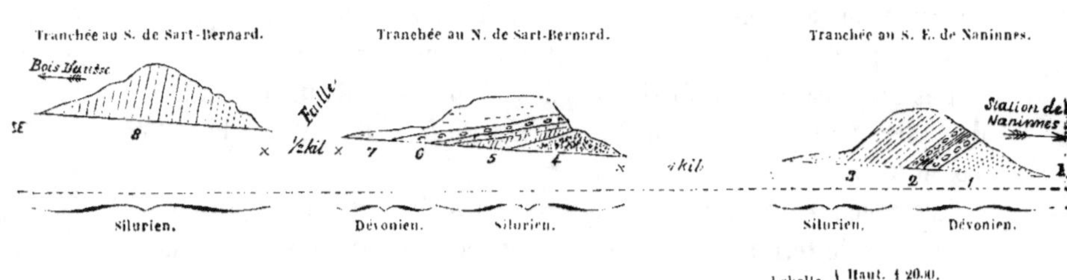

D'après M. Mourlon (***Bull. de l'Acad. roy. de Belg.***, t. XLI, 1876, planche,
fig. 1, 2, 3), avec modifications par l'auteur.

Dévonien

1. Roches rouges et blanches en fragments anguleux fort altérés.

2. Grès et schistes blancs et rouges, renfermant d'abondantes traces de débris végétaux (*Lepidodendron Gaspianum*, Daws. et *Archaeocalamites radiatus ?* Stur.), et passant à un poudingue renfermant les mêmes végétaux ; incl. 20° S. (poudingue de Pairy-Bony).

Silurien

3. Schiste bleuàtre, onctueux, dont la stratification paraît bien être comme la feuillation ; incl. 25° S.

4. Schiste noir à stratification confuse.

5. Idem, alternant avec des bancs de quartzite de 0ᵐ,10 à 0ᵐ,15 d'épaisseur; incl. 60° S., formant de petits plis et entrecoupés de petites failles.

Dévonien

6. Poudingue passant à l'arkose et formant deux bancs de 0ᵐ,60, en stratification discordante bien marquée sur les schistes siluriens; c'est le poudingue gedinnien ou de Fepin.

7. Roches rouges et blanches décomposées, à stratification confuse; incl. 15° S.

Silurien

8. Schistes noirs prenant fréquemment une teinte rouge brunâtre ferrugineuse provenant, sans doute, de la décomposition de pyrite dont on m'a signalé la présence dans cette tranchée sans que j'aie pu vérifier le fait; la stratification est assez confuse, mais on y distingue, néanmoins, des bancs variant en inclinaison jusqu'à se rapprocher de la verticale. La réapparition de ces schistes siluriens est due, sans doute, à une faille.

On remarquera que dans la coupe figure 6, la composition des tranchées de Sart-Bernard est l'inverse de ce qu'elle est dans la coupe insérée dans les *Bulletins de l'Académie*. Dans celle-ci, en effet, les couches comprises dans la tranchée au N. avaient été placées par erreur dans la tranchée au S. de Sart-Bernard et vice versa.

Cette erreur provient de l'interprétation donnée au paragraphe relatif à ces tranchées de Sart-Bernard dans le récit fait par d'Omalius, de notre « course à Naninnes. » *Ibid*, p. 357.

Les trois mètres de calcaire qui se trouvent intercalés dans les schistes, entre Roux et Sart-Eustache, ont été exploités pour faire de la chaux, mais la dureté de la roche s'est opposée à ce qu'on l'utilisàt comme marbre.

Dans quelques localités où le schiste offre, jusqu'à un certain point, les caractères du phyllade, il paraît qu'on a essayé d'en faire des ardoises, notamment aux environs de Vitrival, au S. et près de Fosses et dans la commune de Wierde.

ENVIRONS DE DOUR.

La bande silurienne de Sambre et de Meuse disparaît au Bois de Châtelet sous le terrain dévonien, mais certaines couches schisteuses, qui se rattachent probablement à cette bande, ont été rencontrées au centre du bassin houiller de Mons, au Bois de Boussu.

Dumont en fit la découverte à la bure du hameau du Saint-Homme, commune de Thulin, où elles sont accompagnées de roches dévoniennes en stratification discordante et le tout est renversé sur le terrain houiller, comme le montre la coupe, de cette bure, représentée plus loin.

TERRAIN DÉVONIEN

—

SYNONYMIE : Terrain dévonien de Murchison et Sedgwich. — Partie du terrain anthraxifère de d'Omalius. — Terrains rhénan et anthraxifère (pars) de Dumont.

Entre le terrain ardennais ou cambrien et le terrain silurien du Brabant s'étend, comme il a déjà été dit, un grand creux ou bassin qui traverse tout notre territoire depuis Tournai jusqu'à la frontière prussienne. C'est dans ce creux que se trouvent nos terrains dévonien et carbonifère et nulle part ailleurs, voire même en Angleterre, on ne les trouve mieux développés que sur cet espace.

Les différents dépôts dont se composent ces terrains sont disposés concentriquement, sauf dans la partie O., et présentent, aux environs de Namur, un repli qui divise en deux le grand bassin en faisant réapparaître le terrain silurien sous la forme d'une bande étroite. C'est la bande silurienne dite de Sambre et de Meuse, qui vient d'être étudiée.

Le terrain dévonien a été pour la première fois défini par Murchison dans le Devonshire, qui lui a donné son nom.

Les coupes, figures 7, 11 et 15, montrent la composition et l'allure du terrain dévonien sur la Meuse : la première entre la falaise cambrienne de Fepin et le calcaire de Givet, la seconde au N. de Givet et la troisième entre les schistes famenniens au N. de Heer-Agimont et le calcaire carbonifère d'Hastière.

La paléontologie a conduit les géologues à diviser le terrain dévonien en trois parties qui sont très-inégales en Belgique, la partie inférieure y étant à elle seule plus puissante et plus étendue que les deux autres.

TERRAIN DÉVONIEN INFÉRIEUR.

Le terrain dévonien inférieur comprend des dépôts formés en majeure partie de phyllades, de grès, de poudingues, de schistes, de calcaires et de psammites.

Ces dépôts sont répartis dans six systèmes qui sont, en commençant par le plus ancien :

1° Système gedinnien	}	Terrain rhénan de Dumont.
2° — coblentzien		
3° — ahrien		
4° — du poudingue de Burnot.	}	Partie du système eifelien de Dumont.
5° — des schistes de Hierges		
6° — des schistes et calcaire à calcéoles.		

On a déjà vu précédemment que Dumont a rapporté par erreur à son terrain rhénan de l'Ardenne tout ce qui constitue aujourd'hui le terrain silurien du centre de la Belgique, y compris la bande silurienne de Sambre et de Meuse qui est indiquée sur la Carte géologique comme appartenant à son système coblentzien de l'Ardenne.

Mais cette erreur étant constatée, il en résultait que le terrain rhénan n'était plus représenté sur le bord N. du bassin méridional, mais seulement sur le bord S. Cependant, d'Omalius avait déjà reconnu dès 1808 les analogies qui existent entre la bande quartzo-schisteuse (rhénane) qui longe l'Ardenne, c'est-à-dire la bande S. et celle qui forme le bord septentrional du même bassin.

Plus récemment, il fut reconnu par M. Gosselet (1875) et vérifié par l'auteur (1876), que la large bande de ce même bord septentrional ne se composait pas seulement des roches rouges de Burnot (E^1) comme l'indique la Carte géologique, mais qu'elle comprend aussi une partie des roches gedinniennes, coblentziennes et ahriennes de l'Ardenne, comme le montre la coupe figure 8 ; seulement ces dernières sont fréquemment colorées en rouge sur le bord septentrional et c'est peut-être ce qui les a fait confondre pendant si longtemps avec les roches rouges de **Burnot**.

Cette coloration rouge commence déjà à affecter les roches rhénanes du bord oriental du bassin méridional, comme on peut le constater, notamment entre Roche-à-Frêne et Harre, en Ardenne.

Fig. 7. — *Coupe du terrain dévonien sur la Meuse, entre Fepin et Givet.*

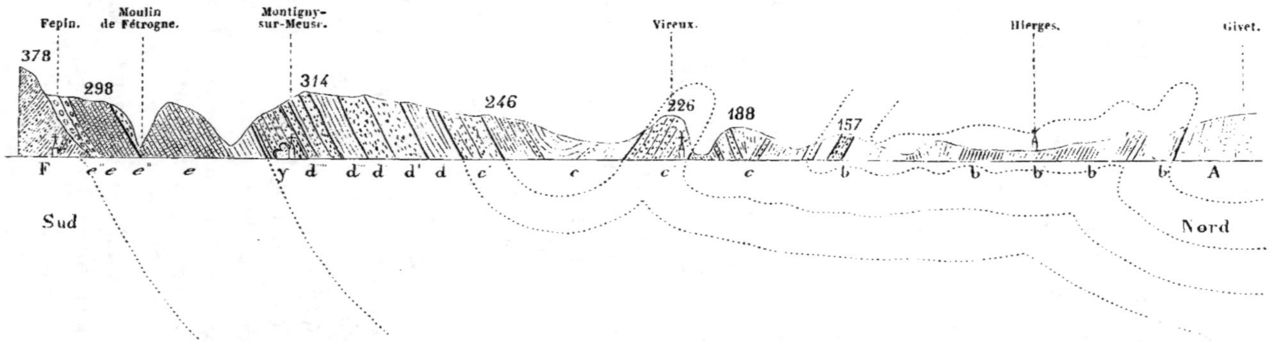

D'après M. Gosselet (*Bull. de la Soc. géol. de France*, t. XXI, pl. IV).

Échelle. { Haut. 1 10000. Long. 1 40000.

Dévonien moyen	Système du calcaire de Givet	A.	Calcaire présentant une disposition en éventail.
Dévonien infér.	Système des schistes à calcéoles	*b*.	Calcaire argileux et noduleux alternant avec des schistes.
		b'.	Calcaire de Couvin ?
	Système des schistes de Hierges	*b''*.	Schistes à *Calceola sandalina* et *Spirifer cultrijugatus*.
	Système du poudingue de Burnot	*c*.	Schistes rouges avec bancs de grès noirs intercalés.
	Système ahrien	*c'*.	Grès noir pailleté avec lits de schistes arénacés.
	Système coblentzien, hunsdruckien et taunusien	*d*.	Phyllades noirs pailletés.
		d'.	Grès noirs schistoïdes traversés de petites veines de quartz.
		d''.	Phyllades arénacés noirs.
		d'''.	Phyllades argileux grossiers, grisâtres.
		d''''.	Grès siliceux et sans fossiles, plus clairs que ceux de Vireux.
		y.	Rocher de phyllade éboulé.
	Système gedinnien	*e*.	Phyllades rouges et verts ondulés perpendiculairement au plan de stratification avec bancs de grès intercalés.
		e'.	Banc de quartzite vert avec filon de quartz renfermant des lamelles de feldspath.
		e''.	Poudingue pisaire.
Cambrien	Système revinien	F.	Schistes noirs.

I. — SYSTÈME GEDINNIEN.

—

Synonymie : Système gedinnien de l'Ardenne (Dumont. 1848). — Système du poudingue de Fepin (d'Omalius, 1868'. — Assise des schistes de Gedinne (Gosselet. 1873).

Le système gedinnien est constitué par les roches suivantes :   Roches.

Poudingue à gros éléments ou pugilaire formé presque exclusivement de cailloux et parfois aussi de blocs volumineux de quartzites ardennais cimentés par du schiste, du phyllade, ou de la pyrophyllite et quelquefois parsemé de chlorite ;

Poudingue à petits éléments ou pisaire formé de quartz blanc ;

Arkose blanche (Fepin) ou rougeâtre (Neuville) ;

Schistes ou phyllades bleuâtres, verdâtres, rouge lie de vin ou violets ;

Grès vert et psammite verdâtre.

On peut citer, parmi les minéraux accidentels du système gedinnien,   Minéraux.
les espèces suivantes :

Acerdèse.	Limonite.	Chlorite.
Fer aimant.	Quartz.	Calcite.
Pyrite.	Hornblende.	Sidérite, etc.

Jusque dans ces derniers temps, on n'avait trouvé que des em-   Fossiles.
preintes végétales (*Halyserites Dechenanus*) dans les couches schisteuses subordonnées au poudingue ; mais M. Jannel vient de retrouver à Fepin dans ces mêmes couches, toute la faune de Mondrepuits.

On sait que c'est dans les phyllades de cette localité et de Louette-Sᵗ-Pierre, ainsi que dans le grès blanc de Gedoumont qu'ont été trouvés les fossiles animaux du système gedinnien.

M. de Koninck, qui vient de décrire la petite faune de ce système, en cite vingt-deux espèces qui sont presque toutes nouvelles pour la science.

MM. Hébert et d'Archiac ont aussi renseigné à ce niveau : le premier, trois espèces, et le second, deux espèces dont il n'y a plus été rencontré de traces.

Malgré la ressemblance de certaines espèces décrites avec leurs analogues siluriennes, l'ensemble de cette petite faune offre, néanmoins, de l'avis de M. de Koninck, un facies franchement dévonien.

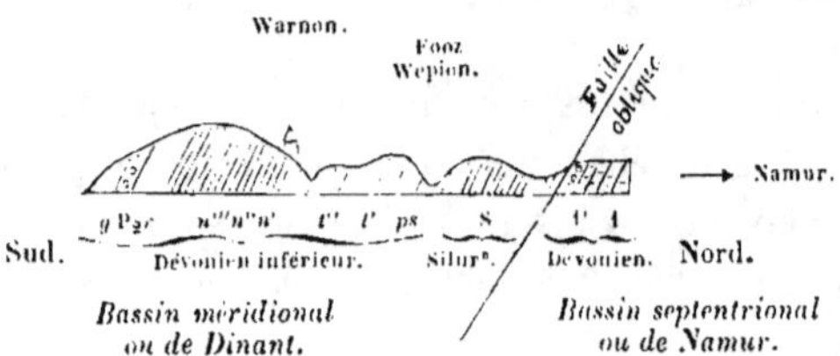

Fig. 8. — *Coupe du terrain dévonien inférieur sur la Meuse, près de Fooz (Wépion).*

D'après M. J. Gosselet (*Ann. des sciences géologiques*, Paris, t. IV, 1873, pl. XXI, fig. 1).

	1′	Terrain dévonien moyen : Poudingue et schistes de Pairy-Bonny à la partie inférieure du calcaire à Stringocéphales 1 (voir coupe fig. 12).
Terrain dévonien inférieur. . .	Couches à calcéoles ?	*y.* Grauwacke rouge de Rouillon.
	Poudingue de Burnot.	P₂ Poudingue supérieur.
		r. Schistes, psammites et grès rouge (eifelien).
	Ahrien . .	*n.* Grès de Wépion (ahrien).
		n'''. Grès vert sombre avec schistes rouges.
		n''. Grès vert sombre avec bancs de grès rouge.
		n'. Grès vert sombre, gris à la base. Végétaux.
	Coblentzien, taunusien.	*t.* Grès du bois d'Ausse (taunusien).
		t''. Grès panaché et schistes rouges.
		t'. Grès gris et blanc avec schistes rouges.
	Gedinnien.	*ps.* Psammite vert, exploité à l'entrée du ravin de Fooz ; il contient une petite couche de schiste rouge et paraît superposé directement aux schistes siluriens qui apparaissent un peu plus au N.
	S.	Terrain silurien.

Dumont mentionne un grand nombre de localités fossilifères dans son Mémoire sur les terrains ardennais et rhénan et M. l'ingénieur Firket en a fait le relevé pour chacun des systèmes du terrain rhénan ou dévonien inférieur (1870).

Les roches poudingiformes du système gedinnien reposent en strati-
fication discordante sur les couches redressées du terrain ardennais ou
cambrien de l'Ardenne.

Le contact du terrain dévonien et du terrain ardennais se fait d'une
manière remarquable à Fepin, près de Fumay, sur la rive droite de la
Meuse : un poudingue s'adosse contre un escarpement de roches ardennaises, démontrant tout à la fois qu'à l'époque où il prit naissance le
terrain ardennais avait déjà surgi de l'océan et présentait de grandes
falaises contre lesquelles venaient battre les eaux de la mer dévonienne.
C'est ce que montre la coupe, figure 9, du rocher connu sous le nom de
Roche à Fepin.

FIG. 9. — *Coupe théorique de la Roche à Fepin.*

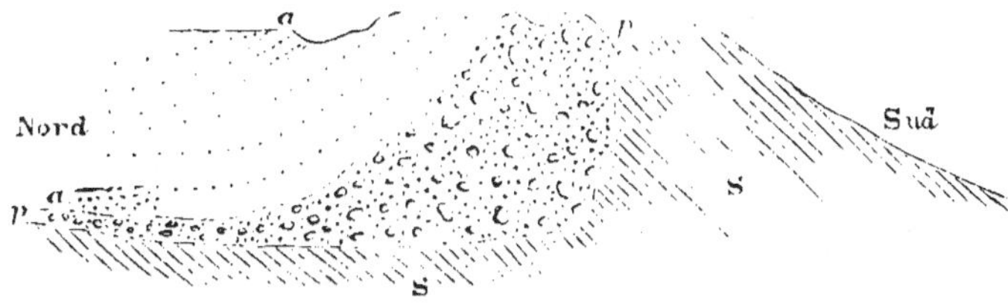

D'après M. GOSSELET (*Bull. scient. du départ. du Nord*, 1871;
n° 8, p. 214).

a. Arkose et *p.* Poudingue dévoniens — S. Schistes ardennais ou cambriens.

Nota. — La figure 9 doit être un peu modifiée depuis de récentes et nouvelles recherches de
M. Gosselet. Ce dernier a reconnu que le poudingue, au lieu de former dans le haut une masse
homogène, constitue un banc à peu près régulier, relevé verticalement contre les schistes cambriens
et ensuite renversé sur lui-même. La portion centrale du rocher est formée non pas de poudingue,
mais d'arkose (*a*) qui est séparée de ce dernier par des débris de schiste représentant le Poudingue
phylladifère de Dumont.

Sur le bord N. du bassin méridional, on voit les mêmes roches reposer également en stratification discordante, sur les schistes siluriens de
la bande de Sambre et de Meuse (voir coupe fig. 6, n° 6).

Les couches coblentziennes, qui leur succèdent dans la série, les
recouvrent en stratification concordante.

Le tableau suivant montrera quelle est la succession des couches
dont se compose le système gedinnien, tant dans l'Ardenne que dans
la bande septentrionale ou du Condroz.

Tableau indiquant le classement stratigraphique des couches du système gedinnien.

CLASSIFICATION DE DUMONT (1848).		CLASSIFICATION DE M. GOSSELET (1873).	
	BANDE MÉRIDIONALE OU DE L'ARDENNE.		BANDE SEPTENTRIONALE OU DU CONDROZ.
Étage supérieur.	Schiste vert passant au psammite avec grès verdâtre bien développé et peu ou point d'arkose.	*Schistes bigarrés d'Oignies*, rouge lie de vin ou vert clair et quartzites.	*Psammites et schistes compactes de Fooz.* Quartzites et schistes bigarrés, rouge lie de vin ou vert clair.
	Schiste ordinairement celluleux, rouge lie de vin ou violet avec psammite et renfermant quelques bancs de grès verdâtre et d'arkose.		
	Schiste vert passant au psammite avec grès verdâtre et arkose.		
Étage inférieur.	Phyllade ou schiste noir bleuâtre fossilifère.	*Schistes fossilifères de Mondrepuits.*	
	Poudingue à petits éléments ou pisaire, formé de quartz blanc et passant à l'arkose.	*Arkose de Weismes.*	*Arkose de Dave.*
	Poudingue à gros éléments ou pugilaire.	*Poudingue de Fepin.*	*Poudingue d'Ombret.*

Calcaire de Naux.   Le phyllade fossilifère qui termine l'étage inférieur du système gedinnien est surmonté, en face de Naux, sur la Semois, d'un banc de calcaire de 5 à 6 mètres d'épaisseur. C'est le plus ancien calcaire du pays. Il est quartzifère, pyritifère et composé, en majeure partie, de lamelles qui paraissent être des fragments de tiges de crinoïdes, et de grains de quartz en proportion variable. Dumont y mentionne aussi des fragments d'Orthocères et des cristaux de sidérite.

Cornstones?   Les schistes qui surmontent les roches poudingiformes du Gedinnien de la bande septentrionale renferment des rognons calcaires variant depuis la grosseur d'une noisette jusqu'à celle du poing. M. Ch. de la Vallée Poussin, en appelant l'attention sur ces rognons dont il a constaté la présence, toujours au même niveau, à Hermalle, à Ombret, à la Sarte, à Bousalle, à Couline, à Grand-Pré, etc., est porté à y voir une miniature des *cornstones* de l'Angleterre (1867).

Au-dessous des couches à nodules calcaires se trouve le grès poudingiforme de Bousalle et à la base de celui-ci un conglomérat à gros éléments parmi lesquels MM. de la Vallée Poussin et Renard ont recueilli des galets volumineux d'une roche amphibolique dont l'aspect extérieur ne rappelle aucune des roches cristallines actuellement connues en Belgique (voir la planche II, fig. 6).

On exploite la plupart des roches du système gedinnien pour moellons et pour empierrer les routes. Le poudingue est encore utilisé comme pierre de taille et pour les ouvrages de hauts-fourneaux. _Usages._

L'arkose blanche est utilisée comme pierre de construction à Weismes, près de Malmédy, et l'arkose rougeâtre de Neuville, près Salm-Château, a servi jadis pour faire des colonnes.

De grandes carrières ont été ouvertes récemment par M. Catoir dans l'arkose du bois de Fepin, pour l'exploitation des pavés.

II. — SYSTÈME COBLENTZIEN.

—

SYNONYMIE : Système coblentzien de l'Ardenne Dumont, 1848. — Phyllades de Houffalize d'Omalius, 1868). — Taunusien et partie du Coblentzien de M. Gosselet 1879).

Dumont a divisé son système coblentzien en deux étages dont l'un constitue les crêtes du Taunus, etc., et l'autre la majeure partie du Hundsrück, etc. De là les noms de taunusien et de hundsrückien donnés à ces étages.

ÉTAGE TAUNUSIEN OU INFÉRIEUR.

L'étage taunusien est vers le bas, principalement composé de grès _Roches._ blanc ou gris bleuâtre, parfois zonaire et passant au quarztite vers le haut; ce sont des poudingues pisaires, des psammites ou des quartzophyllades zonaires, des arkoses et des schistes ou phyllades noir-bleuâtre ou gris-bleuâtre.

L'arkose est quelquefois pailletée de pyrophyllite ou de bastonite et le phyllade renferme parfois des lamelles d'ottrélite et accidentellement de petits cristaux de grenat aux environs de Bastogne.

Les roches taunusiennes du bord septentrional du bassin de Dinant, auxquelles M. Gosselet a donné le nom de « grès du bois d'Ausse, » diffèrent de celles de l'Ardenne en ce que le grès blanc alterne avec des schistes rouges et présente aussi ce caractère d'être, en général, légèrement pénétré de grains de feldspath kaolinisé, comme je l'ai reconnu récemment (1876).

Les fossiles taunusiens paraissent être très-rares en Belgique, mais on en a trouvé un certain nombre à Anor, au sud de Trélon (France), dans des carrières de grès dont certains bancs sont pétris de brachiopodes. Les principales espèces sont, d'après M. Gosselet :

Spirifer macropterus.	*Leptœna laticosta.*
Spirigera undata.	*Avicula lamellosa.*
Leptœna Murchisoni.	*Pleurodyctium problematicum.*
— *Sedgwichi.*	

L'étage taunusien de l'Ardenne renferme aussi des empreintes végétales, notamment dans une petite carrière abandonnée, située à l'extrémité du bois de Tellin, sur le bord S. du bassin méridional.

M. Hébert, qui a recueilli aussi un certain nombre de fossiles dans les grès d'Anor (1855), après M. Delanoue (1850), a fait remarquer que les espèces les plus communes sont aussi celles qui se trouvent le plus abondamment, soit dans la grauwacke des bords du Rhin, soit dans les assises dévoniennes de Néhou (Manche).

C'est en se basant sur la faune du grès taunusien d'Anor que M. Gosselet est porté à donner au Taunusien la même importance qu'au Gedinnien et au Coblentzien auquel il rattache l'Ahrien et une partie de l'Eifelien de Dumont. A l'E. de Masbourg (Luxembourg belge), M. Gosselet dit avoir recueilli (1860) sur la route de Nassogne à Saint-Hubert, dans les schistes noirs qui alternent avec les grès, les espèces suivantes: *Leptœna Murchisoni, Leptœna depressa* et *Chonetes plebeia.*

Les roches de l'étage taunusien reposent généralement en stratification concordante sur les schistes gedinniens et sont surmontées de même par les roches de l'étage hundsrückien.

Toutefois ces dernières faisant parfois défaut, comme on va le voir dans la bande septentrionale, les grès blancs taunusiens s'y trouvent directement en contact avec les grès vert sombre ahriens.

Les phyllades taunusiens sont exploités pour la fabrication des *Usages.* ardoises à Grand-Voir, à Pont-le-Prêtre et surtout à la Géripont et à Bertrix. On exploite aussi à Rogery et à Beho des arkoses schistoïdes pour la confection des pierres à faux.

Le grès taunusien est exploité comme pavés principalement dans les belles carrières de Birlenfosse et autres sur le bord nord du bassin méridional.

ÉTAGE HUNDSRÜCKIEN OU SUPÉRIEUR.

L'étage hundsrückien ou supérieur est formé de quartzophyllades *Roches.* feuilletés ou irréguliers à la partie inférieure et de phyllades à la partie supérieure.

La partie inférieure de ce système de roches se distingue surtout par la présence des roches quartzeuses, l'abondance des fossiles et sa superposition aux roches taunusiennes.

Presque tous les minéraux signalés par Dumont dans son système *Minéraux.* coblentzien de l'Ardenne se rapportent à l'étage hundsrückien. Ce sont :

Pyrite.	Wad.	Aragonite.
Mispickel.	Oligiste.	Cérusite ?
Chalkopyrite ?	Limonite.	Calcite.
Galène.	Pholérite.	Sidérite.
Manganèse hydraté.	Pyromorphite ?	Barytine.

M. de Koninck a publié dans les dernières éditions de l'*Abrégé de* *Fossiles.* *Géologie* de d'Omalius une liste de fossiles dévoniens provenant des phyllades des environs de Houffalize, qu'on trouvera à la fin de ce volume.

D'après M. Gosselet (1875), l'étage hundsrückien serait caractérisé par les espèces suivantes :

Spirifer macropterus.	*Strophomena depressa.*
Spirigera undata.	*Chonetes plebeia.*
Rhynchonella Daleidensis.	*Grammysia Hamiltonensis.*
Leptæna Murchisoni.	*Pleurodyctium problematicum.*

Les principaux gîtes fossilifères sont : Houffalize, Montigny-sur-Meuse, Amberloup près Saint-Hubert, La Roche, Sugny, etc.

Superposition.　L'étage hundsrückien repose sur l'étage taunusien du même système dont il n'est pas toujours facile de le distinguer par ses caractères lithologiques, comme on peut le voir sur la Meuse dans la bande méridionale du bassin de Dinant (coupe fig. 7).

La coupe, figure 8, montre que cet étage fait défaut dans la bande septentrionale du même bassin.

C'est l'ensemble des roches hundsrückiennes et taunusiennes qui, par suite des plissements ramenant plusieurs fois au jour les mêmes couches, donnent leur aspect si pittoresque aux bords du Rhin entre Bonn et Mayence, où il s'étend sur une largeur d'environ vingt lieues.

Usages.　Les ardoisières de Laviot, du moulin d'Our et d'Alle sont ouvertes dans la partie inférieure de l'étage hundsrückien, tandis que les ardoisières de Neufchâteau, de Mortehan, de Martilly et celles plus importantes d'Herbeumont et de Martelange sont exploitées dans la partie supérieure du même étage.

Les quelques bancs de calcaire schisteux qui sont intercalés dans le phyllade hundsrückien, notamment près de Bouillon, ont été exploités pour faire de la chaux.

De tous les minéraux de l'étage hundsrückien le seul qui donne lieu à une exploitation importante sur le territoire belge, est la galène de Longwilly, près de Bastogne. Ce gîte plombifère, décrit par M. Benoît, se trouve à la partie inférieure des roches hundsrückiennes.

Il existe aussi dans ces dernières, des bancs de calcaire schisteux, qui ont été exploités dans quelques localités comme *castine* et qui se lient intimement aux phyllades en prenant une texture schistoïde, comme c'est le cas pour les quelques bancs de calcaire qui ont été exploités près de Bouillon.

III. — SYSTÈME AHRIEN.

SYNONYMIE : Système ahrien de l'Ardenne (Dumont, 1848). — Grès noir de Vireux et grès vert de Wépion (Gosselet, 1873). — Partie du Coblentzien de M. Gosselet (1879).

Le système ahrien est principalement composé de couches et de massifs alternatifs de schistes, de grès, d'arkoses et de psammites. Le grès ahrien est généralement d'un aspect terne, gris-bleuàtre foncé ou gris-verdâtre sale et plus rarement blanc. On y observe parfois des roches calcareuses et comme minéraux accidentels de l'anthracite et de la stibine (Dumont). *(Roches et minéraux.)*

Dumont n'a pas cru devoir diviser le système ahrien en étages, mais il fait remarquer, néanmoins, qu'il existe entre sa partie supérieure et sa partie inférieure, des différences qui motiveront peut-être un jour cette division.

Le système ahrien est très-pauvre en fossiles et l'on ne peut guère y citer, d'après M. Gosselet, que : *(Fossiles.)*

Homalonotus crassicauda.	*Retzia Oliviani.*
Spirifer subcuspidatus.	*Leptæna Murchisoni.*

Le grès ahrien de la bande septentrionale présente dans la carrière du bois Collet, sur la commune de Wépion, une couche très-riche en débris de végétaux *Sagenaria* (Gosselet, 1873), que M. Crépin rapporte au *Lepidodendron Gaspianum* (1875).

Le système ahrien a dans l'Ardenne et dans l'Eifel sa stratification en concordance avec celle du système coblentzien sur lequel il repose ainsi qu'avec celle des systèmes eifeliens qui le surmontent. *(Superposition.)*

Dans la bande méridionale il repose sur l'étage hundsrückien, comme le montre la coupe figure 7, tandis que dans la bande septentrionale il se trouve en contact avec l'étage taunusien, ce qu'indique la coupe figure 8.

Le grès ahrien est exploité à Vireux, etc., pour faire des pavés et on l'emploie comme matériaux de construction dans beaucoup de localités. *(Usages.)*

IV. — SYSTÈME DU POUDINGUE DE BURNOT.

—

SYNONYMIE : Système du poudingue de Burnot (d'Omalius). — Partie du système eifelien quartzo-schisteux inférieur de Dumont (E^t). — Schistes rouges de Vireux de M. Gosselet. (1873). — Partie du Coblentzien de M. Gosselet (1879).

Roches.
Un système de couches de couleur rouge ou verte dont la roche la plus remarquable est le poudingue qui s'observe particulièrement bien au petit hameau de Burnot sur la Meuse, continue notre série sédimentaire. D'Omalius lui donne le nom de *poudingue de Burnot*, et, bien que la roche qui lui a valu cette dénomination, ne forme que quelques bancs vers la partie supérieure d'une masse épaisse de grès, de psammite et de schiste, ce système n'en est pas moins un des horizons géologiques les mieux marqués de nos terrains primaires.

Le poudingue est composé de galets de quartz et de quartzite, variant en épaisseur et réunis par un ciment siliceux ou argilo-siliceux; des galets de phtanite noirâtre s'y trouvent également et donneraient, d'après d'Omalius, un moyen de distinguer ce poudingue de Burnot de celui de Fepin qui semble en être dépourvu.

Le système des roches rouges de Burnot apparaît avec ses bancs de poudingue, dans la bande N. du bassin méridional, mais dans la bande S. qui traverse la Meuse à Vireux, ce système se montre, à partir de Xhoris, exclusivement formé de schistes et de grès, si l'on en excepte le poudingue de Weris.

Le système du poudingue de Burnot forme donc ainsi la bordure septentrionale de l'Ardenne, de Xhoris à Momignies, et constitue aussi une bande assez épaisse qui, sortant de dessous le terrain crétacé dans les environs de Valenciennes, s'étend dans la direction de la Sambre et de la Meuse, jusque près de Liége. A partir de ce point, elle se prolonge, d'une part, sur l'Ourthe vers Xhoris et, d'autre part, le long de la Vesdre vers Eupen, en Prusse. Enfin, ce système de couches se montre encore sur les deux bords du bassin septentrional, mais il y est réduit à une très-faible épaisseur et ordinairement recouvert par d'autres dépôts.

C'est ce poudingue du bassin septentrional qui se trouve représenté figure 6, n° 2.

M. Gosselet le considère comme étant d'âge plus récent que le poudingue du bassin méridional ou poudingue du Burnot proprement dit et le place à la base du calcaire de Givet qui sera étudié plus loin.

Comme minéraux accidentels, on ne cite guère dans le système de Burnot que des traces de malachite, d'azurite et de barytine.

Deux échantillons du poudingue de Burnot recueillis par Dumont à Grand-Poirier (ferme de la commune de Marchin), renferment des fragments de roches feldspathiques et amphiboliques. L'un des échantillons a quelque ressemblance avec la phorphyroïde de Pitet ; l'autre rappelle certaines roches hornblendifères des formations anciennes de l'Amérique.

Les fossiles sont très-rares dans le poudingue, comme c'est le cas pour toutes nos couches dévoniennes colorées en rouge.

Néanmoins, M. Firket a trouvé récemment à Fraipont des blocs de poudingue fossilifères renfermant le *Stringocephalus Burtini* et l'*Uncites gryphus*, fossiles caractéristiques du calcaire de Givet.

Le poudingue du bord S. du bassin de Namur renferme des végétaux tels que ceux du gîte de Naninnes dont on peut voir la position stratigraphique précise sur la coupe figure 6, n° 2.

M. Crépin, qui a exploré ce gîte récemment, n'a pu y reconnaître que deux espèces : *Lepidodendron Gaspianum*, Daw., et *Archæocalamites radiatus ?* Stur.

Les schistes cuivreux de Rouveroy qu'on rapporte au poudingue de Burnot, ont fourni aussi des empreintes d'une fougère (*Filicites pinnatus*, Coem.) ainsi que d'autres débris végétaux que feu l'abbé Coemans rapportait aussi à une fougère (*Filicites lepidorachis*, Coem.), mais que M. Gilkinet croit plutôt appartenir au groupe des Lycopodiacées et à une nouvelle espèce de Lépidodendron (*Lepidodendron Burtonense*, Gilk.).

Les roches rouges de Burnot reposent en stratification concordante sur les grès ahriens et sont surmontées de même par les calcaires dévoniens.

Les roches poudingiformes rapportées à ce système par Dumont dans le bassin septentrional, sont surmontées normalement par le calcaire dévonien et sur le bord nord de ce bassin, on les voit reposer en stratification discordante, sur les schistes siluriens du Brabant (fig. 5).

Puissance.　C'est principalement sur la Meuse que le système du poudingue de Burnot est le plus développé. On lui attribuait, entre Godinne et Dave, une épaisseur de 1,500 à 1,800 mètres, mais depuis qu'il est reconnu que la plus grande partie des roches qu'on y rapportait, représentent le terrain rhénan de l'Ardenne, son épaisseur paraît devoir être réduite à 350 ou 400 mètres.

Usages.　Le poudingue de Burnot est utilisé comme pierres réfractaires pour hauts-fourneaux, et dans ce cas, c'est le poudingue blanc qui est le plus recherché parce qu'il est composé, en majeure partie, de quartz blanc et qu'il est dépourvu de pâte psammitique fusible.

Le grès et les psammites qui accompagnent le poudingue sont employés pour la fabrication des meules de moulins, des pavés et pour l'empierrement des chemins.

On utilise aussi toutes ces roches comme moellons pour les constructions.

V. — SYSTÈME DES SCHISTES DE HIERGES.

—

Synonymie : Partie du système eifelien quartzo-schisteux supérieur de Dumont (E²). — Grauwacke de Hierges de M. Gosselet (1873). — Partie du Coblentzien de M. Gosselet (1879).

Roches et fossiles.　Ce système est formé de schistes grossiers grisâtres, passant au psammite et à un grès verdâtre exploité à Hierges, sur la Meuse. Ces schistes sont caractérisés par la présence du *Spirifer cultrijugatus* et constituent ce que M. Gosselet appelle la grauwacke de Hierges, sur le bord S. du bassin de Dinant et la grauwacke rouge de Rouillon sur le bord N. du même bassin.

M. Gosselet distingue deux niveaux fossilifères dans les schistes de Hierges, le premier étant caractérisé surtout par le *Sp. arduennensis* et le second, par le *Sp. cultrijugatus.*

Les espèces les plus abondantes à ces deux niveaux sont les suivantes :
1° Niveau inférieur :

Spirifer subcuspidatus.	*Rhynchonella pila.*
— *arduennensis.*	*Chonetes plebeia.*
Rhynchonella Daleidensis.	*Pleurodyctium problematicum.*

2° Niveau supérieur :

Spirifer cultrijugatus.   *Rhynchonella Orbignyana.*   *Calceola sandalina.*

Les schistes de la partie supérieure de cette assise sont imprégnés Oligiste. de fer oligiste qui y forme de petites concrétions et passe à la pyrite au toit de la mine.

On exploite ce minerai à Momignies, entre la station et la frontière française, mais on peut le suivre encore jusqu'à Ohain en France, où, d'après M. Gosselet, une faille rejette la couche ferrugineuse 700 mètres vers le N. Cette dernière peut être suivie également vers l'ouest jusqu'à Couplevoie entre Fourmies et Glageon.

VI. — SYSTÈME DES SCHISTES ET CALCAIRE DE COUVIN.

—

SYNONYMIE : Partie du système eifelien quartzo-schisteux supérieur (E²) et partie du système eifelien calcareux (E³) de Dumont. — Système du calcaire de Couvin de d'Omalius. — Assise des schistes à calcéoles de M. Gosselet (1873).

Les schistes de Hierges passent insensiblement à des schistes argi- Roches
et fossiles. leux moins grossiers et caractérisés par l'abondance de la *Calceola sandalina*. Ce sont les schistes à calcéoles proprement dits.

Mais à mesure qu'on s'élève dans la série, on voit ces schistes englober, à différents niveaux, des noyaux de calcaire et passer à cette roche qui s'étend sous la forme de bandes et de lentilles. C'est sur une de ces grandes lentilles de calcaire qu'est bâtie la ville de Couvin. Dans cette dernière localité ainsi qu'à Macon il existe, au-dessus du calcaire, un niveau de schiste caractérisé par l'*Orthoceras nodulosum*, qui paraît devoir être rapproché des couches à calcéoles.

Enfin apparaît un niveau non moins bien caractérisé que celui du poudingue de Burnot, c'est celui du calcaire de Givet, dont la faune présente, comme on le verra plus loin, un faciès tout spécial.

Le système des schistes et calcaire à calcéoles se trouve donc limité Superposition. par ces deux horizons et forme une bande peu épaisse qui s'étend sur tout le bord S. du bassin méridional, entre Xhoris et Momignies.

MM. Cornet et Briart en ont découvert aussi dans ces derniers temps quelques affleurements sur le bord N. du même bassin, notamment à Roisin dans la vallée de l'Hogneau, à quelques centaines de mètres du Caillou-qui-Bique.

Leur présence a été reconnue depuis la vallée de l'Hogneau jusque celle de l'Eau-d'Heure.

En 1874 M. Ladrière a signalé la présence des schistes à calcéoles dans le Nord de la France : à Bellignies, à Hon-Hergies et à Taisnières, canton de Bavay.

La coupe, figure 10, montre l'allure et la composition des couches à calcéoles près de Nisme.

Fig. 10. — *Coupe des schistes et calcaire à calcéoles, près de la chapelle de Nisme.*

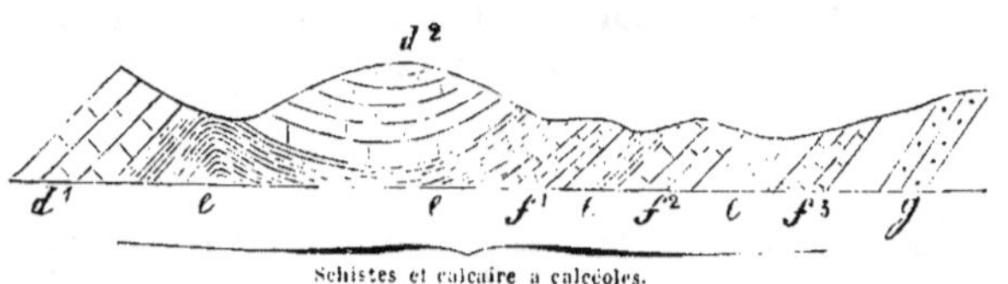

D'après M. J. GOSSELET (*Bull. de l'Acad. roy. de Belg.*, 2ᵉ sér., t. XXXVII, p. 93, fig. 1, 1874).

d^1 Calcaire à stringocéphales.
d^2 Id. Id.
(Plateau très-riche en fossiles).

e Schistes à calcéoles.
f^1 Calcaire rougeâtre encrinitique.
f^2, f^3 Calcaire bleu.

g Grauwacke.

Nota. On désigne sous le nom de *Grauwacke* des roches qui sont intermédiaires entre le schiste et le grès.

Puissance. — L'épaisseur du système des couches à calcéoles paraît être assez considérable, mais n'a pas encore été déterminée avec précision.

Usages. — Le calcaire est exploité dans plusieurs carrières, notamment à Wallers près de la frontière où l'une d'elles fournit du marbre composé presque exclusivement de tiges d'encrines, ce qui lui donne l'apparence du *petit granit* des Écaussines. Il en est de même sur le territoire d'Ohain.

Observation. — Les six systèmes de roches qui viennent d'être passés en revue, constituent ce que les géologues sont convenus d'appeler le terrain dévonien inférieur.

Ce terrain est loin, comme on le voit, de présenter de l'homogénéité; c'est même un de nos groupes formé des éléments les plus disparates.

On ne saurait mieux le définir qu'en disant qu'il est composé de toutes les couches s'étendant entre le terrain ardennais ou le terrain silurien et le calcaire de Givet dont la faune va nous donner un point de repère très-précis.

Quant à la faune de notre terrain dévonien inférieur, il serait difficile de la bien définir en peu de mots.

Toutefois le *Pleurodyctium problematicum* semble être spécial à cet ensemble de couches.

On sait, en effet, que ce fossile se trouve, non-seulement dans le Coblentzien, mais aussi dans l'Ahrien, le poudinge de Burnot et les schistes à *Spirifer cultrijugatus*.

M. Gosselet, qui depuis 1860 s'est attaché principalement à étudier le groupement de nos dépôts dévoniens au point de vue de leurs faunes, les a répartis dans trois grands groupes qui sont, en commençant par le plus ancien :

1° Assise des schistes de Gedinne correspondant au système gedinnien de Dumont;

2° Assise de la grauwacke comprenant les systèmes coblentzien et ahrien ainsi que la grauwacke de Hierges à *Spirifer cultrijugatus* (partie du système eifelien de Dumont);

3° Assise des schistes a calcéoles (partie du système eifelien de Dumont).

Plus récemment (1879), le même géologue a cru devoir distraire de son assise de la grauwacke, le Taunisien de Dumont, ainsi que les schistes et calcaire de Couvin, pour en faire des groupes à part d'une importance égale, sous le rapport paléontologique, aux autres groupes.

C'est ce qu'est destiné à montrer le tableau ci-après :

CLASSIFICATION DE DUMONT (1849).		DÉVONIEN BELGE (INFÉRIEUR ET MOYEN).		CLASSIFICATION DE M. GOSSELET (1879).
		Dévonien moyen.		
		Calcaire de Givet à Stringocéphales.		Givetien.
Système eifelien.	calcareux . . .	*Dévonien inférieur.*		
		Schistes et calcaire de Couvin à *Calceola sandalina*		Eifelien.
	quartzo-schisteux	Schistes de Hierges	à *Sp. cultrijugatus* . / à *Sp. arduennensis* .	
		Poudingue de Burnot		Coblentzien.
Système ahrien		Ahrien . . . ·		
Système coblentzien.	hundsdrückien.	Hundsrückien		
	taunusien . .	Taunusien		Taunusien.
Système gedinnien		Gedinnien		Gedinnien.
Silurien et Cambrien.				

TERRAIN DÉVONIEN MOYEN.

Entre les roches rouges de Burnot et les schistes de la Famenne qui seront étudiés plus loin, il existe de puissants dépôts de calcaires et de schistes qui semblent, à première vue, constituer un seul et même terrain.

Cependant ces dépôts présentent des faunes très-différentes suivant le niveau stratigraphique où on les observe. C'est ainsi qu'on vient de voir que les calcaires de la base sont associés à des schistes à calcéoles qui les classent dans le terrain dévonien inférieur. D'autre part les calcaires et les schistes de la partie supérieure renferment des fossiles qui les rangent dans le terrain dévonien supérieur, comme l'ont surtout bien montré les dernières recherches de M. Gosselet (1876). Ce sont les schistes et calcaire de Frasne.

Le terrain dévonien moyen ne comprend donc plus, dès lors, que les bancs de calcaire qui se trouvent intercalés entre les couches à calcéoles et les couches de Frasne. Ce sont ces bancs qu'on désigne sous le nom de *Calcaire de Givet*.

SYSTÈME DU CALCAIRE DE GIVET.

—

SYNONYMIE : Système du calcaire de Givet de d'Omalius. — Partie du système eifelien calcareux (E⁵) de Dumont. — Givetien de M. Gosselet (1879).

Ce système est constitué presque exclusivement par un calcaire **Roches.** coloré en noir par des matières anthraciteuses et alternant avec des lits schisteux. Il forme les escarpements des bords de la Meuse, au S. de Givet, sous la citadelle de Charlemont où il semble présenter une structure en éventail, mais ce n'est là qu'une fausse apparence produite par une faille, comme l'a reconnu M. Gosselet.

On ne rencontre pas dans le calcaire de Givet, non plus que dans nos autres calcaires dévoniens, ces concrétions siliceuses ou phtanites si abondantes dans le calcaire carbonifère.

En outre, nos calcaires dévoniens présentent encore un autre caractère distinctif : c'est, d'après Dumont, la présence de parties cristallines, blanches dans l'intérieur de la roche, mais brunissant à la surface et se présentant alors sous la forme de taches jaune d'ocre.

Ces taches ne se rencontrent que peu ou point dans le calcaire carbonifère.

Les espèces minérales sont peu nombreuses dans le système du calcaire de Givet; on y cite : **Minéraux.**

Galène.	Oligiste.	Sidérite.
Chalkopyrite.	Fluorine.	Barytine.

Le calcaire de Givet est surtout caractérisé par l'abondance des **Fossiles.** Stringocéphales, ces singuliers bivalves chez lesquels des appendices externes compliqués aboutissent au crochet qui dépasse considérablement le bord de l'autre valve.

Le *Cyathophyllum quadrigeminum*, et le *Spirifer mediotextus* se rencontrent aussi très-fréquemment dans ce système. Certains bancs sont pétris de Murchisonies et autres gastéropodes.

Les principaux gîtes fossilifères du calcaire de Givet sont à Nisme et à Dourbes, à Vierves, à Vaucelles, etc.

Il correspond par sa faune au calcaire eifelien de Paffrath (Prusse).

Superposition.   Le calcaire de Givet est en stratification concordante avec les couches à calcéoles sur lesquelles il repose comme avec les couches de Frasne qui le surmontent.

Dans l'Entre-Sambre-et-Meuse où il est surtout bien développé, M. Gosselet lui assigne comme limite inférieure, des bancs de calcaire schisteux où abondent : *Calceola sandalina*, *Pentamerus galeatus*, *Gyroceras Eifeliense* et comme limite supérieure, une couche de calcaire argileux et de schistes, remplie de fossiles : *Spirifer disjunctus*, *Spirifer orbelianus*, *Spirifer aperturatus*, *Atrypa reticularis*, *Orthis striatula*.

On n'a pas encore pu établir de division stratigraphique dans le calcaire de Givet; néanmoins on observe, d'une manière presque constante, à la partie supérieure de ce système, des bancs de polypiers (*Stromatopora polymorpha*). Il faut noter aussi qu'il existe à Givet, à la base du calcaire de ce nom, 50 à 100 mètres de couches caractérisées par l'abondance du *Spirifer mediotextus* et l'absence de Stringocéphales.

Bassin
de Namur.   Le calcaire de Givet existe aussi dans le bassin de Namur où il succède aux poudingues de Pairy-Bony et d'Horrues qui ont été rapportés par Dumont, comme on l'a vu plus haut, au système du poudingue de Burnot. M. Gosselet, au contraire, les réunit au calcaire de Givet et les regarde, par conséquent, comme la base de notre terrain dévonien moyen.

La découverte récente signalée ci-dessus page 67, de fossiles caractéristiques du calcaire de Givet dans le poudingue de Fraipont, sur la Vesdre, semblerait appuyer cette manière de voir.

Sur le bord méridional du bassin de Namur, le calcaire de Givet est peu épais, près de la Meuse, comme le montre la coupe figure 12, et paraît même disparaître vers Andenne; il manque sur la Sambre.

Sur le bord septentrional du même bassin le calcaire de Givet se montre parfois très-fossilifère, notamment à Alvaux, près de Mazy, sur l'Orneau.

Des schistes rouges et des poudingues d'un âge encore indéterminé succèdent au calcaire d'Alvaux et paraissent devoir être classés, de même que les calcaires de Rhisne qui les surmontent, dans le terrain dévonien supérieur, comme on le verra plus loin.

Le calcaire de Givet est exploité comme marbre dans la localité qui lui a donné son nom, notamment dans les nombreuses carrières de Trois-Fontaines. Dans la carrière de marbre de Rancennes on exploite sous le nom de *Florence*, un banc pétri de *Favosites reticulata* et sous celui de *Sainte-Anne*, une véritable lumachelle de Stringocéphales.

Aux environs de Couvin on exploite comme marbre, depuis Vierves jusqu'à la frontière du département des Ardennes, un calcaire compact, noir, moucheté de blanc. Au four à chaux de Vierves on exploite, sous le marbre, 10 mètres de calcaire noir dont un banc contient de petites Murchisonies.

De nombreuses carrières ont aussi été ouvertes dans les bandes de calcaire de Givet que traverse la Meuse, notamment à Yvoir, à Rivière, à Tailfer, etc., sur le bord N. du bassin méridional ou de Dinant ainsi que plus au N., à Wépion, sur le bord S. du bassin septentrional ou de Namur.

TERRAIN DÉVONIEN SUPÉRIEUR.

Le terrain dévonien supérieur est représenté en Belgique par les puissants dépôts schisteux et psammitiques qui séparent le calcaire de Givet du calcaire carbonifère.

Ces dépôts ont été groupés en deux systèmes qui sont, en commençant par le plus ancien :

I. — Système des schistes de la Famenne.
II. — Système des psammites du Condroz.

L'étude détaillée de ces dépôts présente de grandes difficultés et la plus sérieuse de toutes consiste dans la facilité avec laquelle les roches dont ils se composent s'altèrent sous l'influence des agents atmosphériques. C'est ainsi qu'on voit les bancs épais de psammites devenir terreux et passer aux schistes et ces derniers se diviser en menus débris qui, par leur uniformité, ne permettent plus de distinguer les couches les unes des autres.

En outre, l'espace occupé par les schistes, généralement peu propre à l'agriculture, est fréquemment couvert de bois et l'on n'y voit que peu de coupes. Il est donc souvent impossible de se rendre compte de l'allure du terrain et des actions mécaniques qui ont pu l'affecter dans les temps géologiques. Néanmoins ces difficultés n'ont point arrêté les géologues, comme on pourra s'en convaincre par la description de chacun des deux grands systèmes quartzo-schisteux.

I. — SYSTÈME DES SCHISTES DE LA FAMENNE.

—

SYNONYMIE : Système condrusien quartzo-schisteux inférieur (C⁴) et partie du système eifelien calcareux (E⁵) de Dumont.

Le système des schistes de la Famenne est constitué principalement par des schistes, des calschistes, du calcaire et de l'oligiste oolitique.

Ces roches sont réparties par M. Gosselet dans trois assises qui sont, par ordre d'ancienneté :

1° Schistes et calcaire de Frasne à *Rhynchonella cuboïdes*.
2°   —   de Matagne à *Cardium palmatum*.
3°   —   de la Famenne à *Cyrthia Murchisoniana*.

Roches. SCHISTES ET CALCAIRE DE FRASNE *à Rh. cuboïdes*. — Cette assise est formée de schistes et de calcaire auquel s'appliquent bien les vues de d'Omalius sur la disposition particulière de cette roche en lentilles dans nos dépôts primaires.

Les schistes sont argileux, plus ou moins feuilletés et renferment des nodules argilo-calcaires.

Le calcaire est généralement bleu clair ou bleu gris, plus rarement bleu foncé; il est fréquemment aussi rouge ou rose veiné de rouge et de vert; il a une texture demi-saccharoïde.

Les lentilles qu'il forme, au milieu des schistes, constituent tantôt de petits mamelons coniques isolés qui simulent de loin des cônes volcaniques, tantôt quelques couches adossées à une colline de calcaire gris. C'est sur ce calcaire qu'est bâti le village de Frasne, canton de Couvin, qui a donné son nom à l'assise.

Le calcaire n'a pas de position fixe dans l'assise; on l'observe à tous les niveaux comme le montre la coupe figure 11.

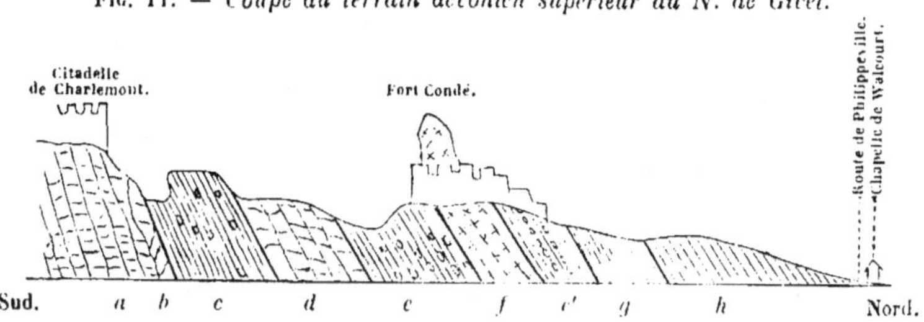

FIG. 11. — *Coupe du terrain dévonien supérieur au N. de Givet.*

D'après M. GOSSELET (*Bull. de la Soc. géol. de France*, 1860, t. XVIII, p. 24, fig. 1).

Schistes de la Famenne . . *h.* Schistes verdâtres à *Spirifer disjunctus.*

Schistes de Matagne . . . *g.* Schistes noirs à *Cardium palmatum.*

Schistes et calcaire de Frasne à *Rh. cuboïdes.*

*ee'.*Schistes à *Rhynchonella cuboïdes, Sp. euryglossus,* renfermant de point en point des nodules considérables de calcaire bigarré (*f*).

d. Calcaire bleu foncé en bancs réguliers.

c. Schistes remplis de nodules argilo-calcaires qui renferment à la base des *Receptaculites Neptuni.*

b. Bancs de calcaire irrégulier renfermant des *Spirifer disjunctus*, à larges area.

a. Calcaire de Givet.

On a déjà vu, par ce qui précède, que le calcaire eifelien de Dumont doit être divisé en deux parties dont l'inférieure seule correspond au calcaire de Givet et dont la supérieure représente le calcaire de Frasne. Mais il résulte des dernières recherches de M. Gosselet que ce dernier est toujours beaucoup plus épais et plus important que le calcaire de Givet tant sous le rapport orographique qu'économique.

Le calcaire eifelien renferme un certain nombre de gîtes métalli- Gîtes métallifères.

fères; de là le nom de *calcaire métallifère* qui fut donné jadis à nos calcaires dévoniens.

Le massif calcaire de Philippeville, en particulier, contient beaucoup de gîtes métallifères dont plusieurs font l'objet d'exploitations considérables.

On a déjà vu qu'un certain nombre de minéraux accessoires sont renseignés dans le calcaire de Givet, mais il est possible que plusieurs d'entre eux appartiennent plutôt au calcaire de Frasne. J'ai pu constater qu'il en est ainsi, notamment pour la chalkopyrite qui fut exploitée à différentes reprises à Hautgné (Sprimont).

Fossiles.　L'assise des schistes et calcaire de Frasne renferme un grand nombre de fossiles dont le plus abondant est la *Rhynchonella cuboïdes* qui sert même souvent à la dénommer.

On n'a pas encore pu reconnaître dans cette assise de niveaux paléontologiques constants; toutefois on sait qu'il existe vers le bas de cette assise, un niveau où deux espèces, *Spirifer disjunctus* et *Atrypa reticularis*, y atteignent une très-grande taille, ce qui l'a fait appeler par M. Gosselet le « Niveau des monstres. »

Le *Spirifer orbelianus* est aussi très-constant à ce premier niveau au-dessus duquel apparaît assez communément un polypier (*Receptaculites Neptuni*).

Superposition.　Les schistes et calcaire de Frasne reposent en stratification concordante sur le calcaire de Givet et sont recouverts de même, soit par les schistes à *Cardium palmatum*, soit par les schistes de la Famenne proprement dits.

On a déjà vu, par la coupe figure 11, la disposition des couches de Frasne dans le bassin méridional ou de Dinant; la coupe figure 12 donne la composition de ces mêmes couches sur le bord S. du bassin septentrional ou de Namur.

On voit, d'après cette coupe, combien les couches du calcaire de Frasne prédominent aux dépens de celles du calcaire de Givet, sur le bord méridional du bassin de Namur.

L'escarpement mis à nu par la nouvelle route d'Haillot à Andenelle (Andenne) montre que le calcaire de Givet y est réduit à une bien faible épaisseur, si toutefois il y existe. C'est, au moins, ce qui ressort de la description que donne de cette coupe M. Ch. de la Vallée Poussin (1876) qui n'y a rencontré ni les bancs à Stringocéphales ni même les couches à Stromatopores.

Mais à Visé, M. Horion a établi, dès 1859, que le calcaire dévonien qui s'observe sur la rive droite de la Meuse et sur la rive gauche de la Berwine présente, à sa base, les couches à *Stromatopora* et *Alveolites* du calcaire de Givet et à sa partie supérieure, les couches à *Rhynchonella cuboïdes.*

Le calcaire de Frasne de Malplaquet, près de Philippeville, paraît être formé des mêmes couches contournées et repliées plusieurs fois sur elles-mêmes, comme le montre la coupe théorique figure 13.

Fig. 12. — *Coupe des calcaires dévoniens à Wépion (rive gauche de la Meuse).*

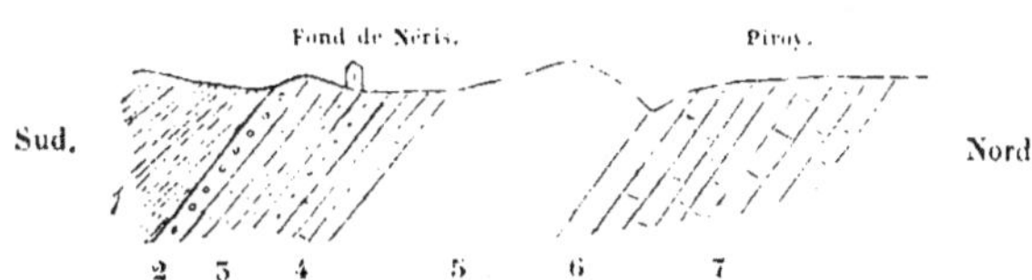

D'après M. Gosselet (*Ann. de la Soc. géol. du Nord,* 1876, t. III, p. 69).

Schistes et calcaire de Frasne.	7. Calcaire compacte à *Spirifer disjunctus,* visible sur	20ᵐ,00.
	6. Banc formé de polypiers (*Cyathophyllum cœspitosum, Alveolites*) et *Spirifer disjunctus.*	0ᵐ,50.
	5. Schistes grossiers.	10ᵐ,00.
Calcaire de Givet.	4. Calcaire à *Murchisonia* et *Stringocephalus Burtini* .	6ᵐ,00.
	3. Grès avec débris de végétaux.	8ᵐ,00.
	2. Poudingue de Pairy-Bony	1ᵐ,00.
	1. Schistes siluriens.	

Le calcaire de l'assise de Frasne est exploité comme marbre sous le nom de *Rouge de Flandre, Cerfontaine,* etc. _{Usages.}

D'après M. Dewalque (*Prodrome,* p. 102) il fournit le marbre *griotte* ou *rouge, royal* ou *impérial, uni* ou *strié,* le *Léopold,* l'*incarnat,* le *Luçon,* le *gris de Vodelée,* le *bleu de Vodelée,* le *bleu antique,* le *royal bleu rosé,* etc.

De nombreuses carrières sont ouvertes dans le calcaire de Frasne de l'Entre-Sambre-et-Meuse et l'on a déjà vu que la plus grande partie des calcaires dévoniens exploités sur la Meuse, entre Yvoir et Tailfer, se rapportent à cette assise.

BANDE DE RHISNE. — La Carte géologique indique sur les deux bords
du bassin de Namur, l'existence d'une bande de calcaire cifelien. Seulement, tandis que la bande très-étroite du bord méridional se rapproche par sa composition, comme vient de le montrer la figure 12, de
celles du bassin de Dinant, la bande du bord septentrional ou bande de
Rhisne, comme on peut l'appeler, offre une composition toute différente
et beaucoup plus complexe.

FIG. 13. — *Coupe théorique du massif calcaire de Philippeville.*

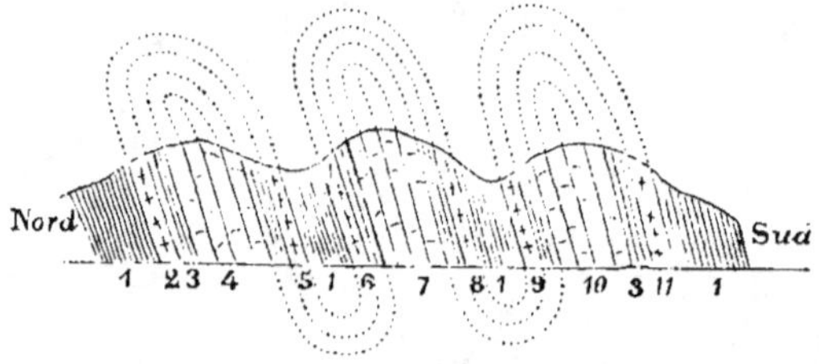

D'après M. GOSSELET (Mémoire de 1860, pl. IV, fig. 26, p. 158).

11. Calcaire rouge non observé.
10. Calcaire bleu (carrière de Vodecée, au N. de la route de Philippeville à Givet).
 9. Calcaire rouge (carrière au S. de Vodecée).
 8. Calcaire rouge (carrière au S. de Villers-le-Gambon).
 7. Calcaire bleu affleurant sur la route au S. de Villers-le-Gambon, Neuville, Samart.
 6. Calcaire rouge non observé.
 5. Calcaire rouge (carrière près de la scierie, au S. de Franchimont; carrière sur le
      chemin de Franchimont à Merlemont).
 4. Calcaire bleu (château de Santour).
 3. Schistes intercalés entre le calcaire rouge et le calcaire bleu.
 2. Calcaire rouge (grande carrière de Merlemont, carrière de Wedechine).
 1. Schistes de la Famenne.

A l'exception du calcaire d'Alvaux, qu'on a vu ci-dessus, page 74,
devoir être rapporté, par ses fossiles, au calcaire de Givet, toutes les
autres couches de la bande de Rhisne sont maintenant classées dans
la série dévonienne supérieure, mais la place exacte qu'elles doivent
occuper dans cette série reste encore indéterminée.

Non-seulement on n'a pas rencontré jusqu'ici dans les calcaires de Rhisne la *Rhynchonella cuboïdes* et autres fossiles caractéristiques du calcaire de Frasne, mais ces deux sortes de calcaires diffèrent notablement par leurs caractères minéralogiques et stratigraphiques.

Néanmoins, M. Gosselet, se basant sur certaines analogies paléontologiques, principalement des Coralliaires, qui lui paraissent exister entre les calcaires de Rhisne et du Boulonnais, d'une part, et ceux de Frasne et du N.-E. de l'arrondissement d'Avesnes, d'autre part, est porté à synchroniser ces calcaires.

Ceux-ci ne représentent donc, dans cette hypothèse, qu'une seule et même assise variable dans ses caractères minéralogiques, paléontologiques et stratigraphiques, suivant la position qu'elle occupe dans le grand bassin dévonico-carbonifère de Belgique.

La cause des différences signalées devrait être recherchée dans les conditions géographiques et l'on aurait ainsi un exemple d'*équivalent* stratigraphique.

Toute ingénieuse que puisse paraître cette interprétation, on peut prévoir qu'elle ne résistera pas à une étude stratigraphique détaillée comme celles qui ont été entreprises récemment, pour d'autres terrains, et qui ont conduit, comme on le verra plus loin, à des conclusions toutes différentes.

Les couches eifeliennes de la bande de Rhisne sont, de bas en haut :

1° Grès et poudingue de Mazy.
2° Schistes et dolomie de Bovesse.
3° Calcaires de Rhisne.

Dans la vallée de l'Orneau, au S. de Gembloux, on observe, au-dessus du calcaire exploité dans le hameau d'Alvaux, des grès et schistes rouges accompagnés de bancs de poudingue dont les caractères les ont fait réunir par Dumont, aux roches analogues de l'étage de Burnot. Ils s'en distinguent, néanmoins, en ce qu'ils passent au macigo et même au calcaire; ce poudingue lui-même renferme parfois des cailloux assez volumineux de calcaire; des grès gris se trouvent aussi associés à ces roches. En outre, leur superposition au calcaire d'Alvaux, ainsi que la présence du *Spirifer disjunctus* et de la *Rhynchonella boloniensis* montre que les roches rouges et grises de Mazy appartiennent bien au terrain dévonien supérieur.

Aux roches de Mazy succèdent des schistes argileux renfermant des lentilles calcaires, comme celle qui fut exploitée à Bovesse, et un banc de dolomie saccharoïde brune. Cette dolomie prend un grand développement dans la vallée de la Senne où M. Gosselet lui attribue une épaisseur d'environ 100 mètres.

6

Les fossiles de ces couches sont, d'après le même géologue :

Spirifer disjunctus.	*Orthis striatula.*	*Cyathophyllum cœspitosum.*
— *Bouchardi.*	*Leptæna Ferquensis.*	*Acervularia pentagona.*
Spirigera concentrica.	*Chonetes armata.*	— *Goldfussi.*
Atrypa reticularis.	*Strophalosia productoïdes.*	*Favosites cervicornis.*
Rhynchonella boloniensis.	*Streptorhynchus umbraculum.*	*Alveolites.subæqualis.*

Calcaires de Rhisne. On rencontre ensuite une série de calcaires dont M. Gosselet évalue l'épaisseur à 200 mètres et dans laquelle il distingue les trois niveaux suivants :

1° Le calcaire noduleux de Rhisne, qui commence par des schistes remplis de gros nodules calcaires. Ce sont ces calcaires noduleux qu'on exploite pour faire de la chaux dans les grandes carrières de Rhisne;

2° Le calcaire noir exploité comme marbre à Golzinne; ce calcaire est très-homogène, à cassure conchoïdale, en lits peu épais, passant souvent au calschiste;

3° Le calcaire de la ferme Fanué, en bancs plus irréguliers, moins purs, souvent dolomitiques.

Les principaux fossiles des calcaires de Rhisne sont les suivants :

Spirifer disjunctus.	*Atrypa reticularis.*	*Orthis striatula.*
Spirigera concentrica.	*Rhynchonella boloniensis.*	*Productus subaculeatus.*

Schistes de Matagne. Roches. SCHISTES DE MATAGNE à *Cardium palmatum.* — Cette assise est formée presque exclusivement de schistes noirs, durs et homogènes qui se divisent soit en petits fragments polyédriques, soit plus souvent, en feuillets très-minces comme de petites ardoises. Mais ils renferment parfois aussi des nodules argilo-calcaires ou même des masses de calcaire rouge ou gris clair, tout à fait semblables aux lentilles de l'assise de Frasne. On voit, d'après cela, qu'il doit être fort difficile, dans beaucoup de cas, de distinguer les roches de l'assise de Matagne, de celles de Frasne sur lesquelles elles reposent, comme de celles des schistes de la Famenne qui les surmontent.

Néanmoins leur couleur foncée permet, en général, de les distinguer à distance et certains fossiles dont le plus commun est la *Cardiola retrosrata* (*Cardium palmatum*) s'y rencontrent avec une constance si remarquable que M. Gosselet a pu indiquer les schistes de Matagne par une teinte spéciale sur sa Carte géologique des calcaires dévoniens de l'Entre-Sambre-et-Meuse (1874).

Les fossiles sont généralement transformés en limonite dans les schistes de Matagne et le plus souvent aussi, réduits à l'état d'empreintes, comme c'est le cas, non-seulement pour le *Cardium palmatum* qui prédomine dans cette assise, mais également pour les Cypridines (*Cypridina serrato-striata*) et pour quelques autres espèces telles que : *Camarophoria subreniformis, Goniatites retrorsus, Bactrites subconicus.*

Fossiles.

Les schistes de Matagne constituent une assise très-régulière, mais fréquemment recouverte de prairies et de marécages. Ils sont surtout bien développés aux Matagnes et à Gimnée. On peut les suivre d'une manière presque constante, depuis Virelles jusqu'à Givet où la coupe du Fort-Condé, figure 11, détermine bien nettement leur position stratigraphique. On ne les a pas encore observés à l'E. de la Meuse.

Superposition.

M. Gosselet a montré qu'au S. de Mariembourg, deux failles amènent une triple répétition des schistes à *Terebratula cuboïdes* et des schistes à *Cardium palmatum* et qu'on aurait pu croire que ces derniers étaient intercalés dans les premiers, si la tranchée du chemin de fer de Couvin n'avait permis de bien constater l'existence des failles.

A la descente de la route de Chimay à Beaumont, les schistes à *Cardium palmatum* ont été exploités pour *sabler* les chemins du parc du prince de Chimay.

Usages.

Schistes de la Famenne p.p. dits à *Cyrtina Murchisoniana*. — Ces schistes, de nature argileuse, sont vert foncé, moins durs et moins finement feuilletés que ceux de Matagne; quelquefois ils sont d'un brun violacé, entremêlés de nodules et se délitent en baguettes ou fragments allongés terminés par des surfaces planes.

Schistes
de la Famenne
p.p. dits.
Roches.

Les schistes alternent à la partie supérieure de l'assise, avec des bancs de psammite tout à fait semblables à ceux de la base du système des psammites du Condroz.

Sur les deux bords, septentrional et méridional, du bassin de Namur, les schistes verts sont associés à des schistes bleu-violet qui renferment les couches d'oligiste oolitique dont les gisements ont été bien étudiés par MM. les ingénieurs Gonthier et Francquoy.

Fossiles. Cette oligiste, qui fait l'objet de grandes exploitations, renferme les mêmes fossiles que les schistes encaissants. Ce sont :

Spirifer disjunctus.	*Rhynchonella boloniensis.*
Athyris concentrica.	*Productus subaculeatus.*

M. Gosselet a signalé, récemment, deux niveaux paléontologiques distincts dans les schistes de la Famenne proprement dits :

Le type du premier niveau se trouve dans la belle coupe de la tranchée, déjà fort ancienne, du chemin de fer de l'Entre-Sambre-et-Meuse, au S. du village de Senzeilles.

Les fossiles les plus caractéristiques de ce premier niveau sont les suivants :

Cyrtina Murchisoniana.	*Rhynchonella Omaliusi.*
Spirigera reticulata.	*Camarophoria crenulata.*
Rhynchonella triæqualis.	*Orthis arcuata.*

Les couches qui renferment ces fossiles constituent la colline du fort des Vignes et une partie des escarpements de la Meuse; elles y reposent directement sur les schistes à *Cardium palmatum*.

Le niveau fossilifère supérieur peut s'observer : au N. de la station de Mariembourg, sur le chemin de Roly; dans la Fagne, au N. de Romerée, dans la tranchée disposée pour le chemin de fer qui doit unir les stations de Romerée et de Romedenne; dans la tranchée du chemin de fer, près du pont de Sains-le-Nad; près de la station d'Aublain et sur les bords du ruisseau du Schloup, à l'E. de Givet, route de Beauraing.

Les fossiles de ce second niveau sont :

Spirifer disjunctus.	*Spirigera Roissyi.*	*Rhynchonella acuminata.*
Cyrtina Murchisoniana.	*Rhynchonella Dumonti.*	*Strophalosia productoïdes.*
— — var. *major.*	— *pugnus.*	*Productus aculeatus.*

Sur les bords du Schloup, on constate la superposition des couches à *Rh. Dumonti* sur les couches à *Rh. Omaliusi*, bien que l'observation de cette disposition stratigraphique soit contrariée par une faille, en ce point.

Au-dessus des schistes à *Rh. Dumonti* on observe, dans les tranchées du chemin de fer d'Avesnes, ce que M. Gosselet appelle les « schistes calcarifères de Sains » et qu'il caractérise, paléontologiquement, par les espèces suivantes :

Spirifer laminosus.	*Spirigera Roissyi.*	*Orthis arcuata.*
— *strunianus.*	*Rhynchonella letiensis.*	*Clisiophyllum Omaliusi.*

Je reviendrai plus loin sur ces schistes, en parlant des psammites du Condroz.

L'assise des schistes de la Famenne proprement dits recouvre la vaste région qui lui a donné son nom et qu'elle frappe de stérilité. Il est probable que les schistes dont elle se compose, sont affectés de nombreux plissements, mais ce n'est qu'une étude stratigraphique détaillée qui pourra fixer définitivement les idées sur ce point.

De même aussi pour les limites supérieures et inférieures qu'il est impossible de déterminer actuellement.

La coupe, figure 17, montre l'allure de cette assise et de l'oligiste qu'elle renferme dans le bassin de Namur.

On n'utilise guère dans les schistes de la Famenne que l'oligiste oolitique dont les principales exploitations sont celles d'Isnes-les-Dames, de Vezin, d'Houssoy, de Ville-en-Waret, de Marchovelette et de Couthuin, sur le bord N. du bassin septentrional; et près de Huy, sous le bois de Chaumont, sur le bord S. du même bassin.

II. — SYSTÈME DES PSAMMITES DU CONDROZ.

—

SYNONYMIE : Psammites du Condroz de d'Omalius. — Système condrusien quartzo-schisteux supérieur (C²), de Dumont.

Le système des psammites du Condroz ne présente pas une grande variété dans sa composition minéralogique, quoique les différences de texture et de couleur des roches qui le constituent lui donnent des aspects fort différents suivant les parties du pays où on l'observe.

Il est formé principalement de psammite, de schiste, de macigno et d'anthracite.

Le *psammite* est un grès quartzeux, généralement micacé, renfermant une certaine quantité d'argile diversement colorée, ce qui donne à la roche les teintes les plus variées. Parmi celles-ci, il faut citer la teinte rouge qui, sans être aussi fréquente que dans notre terrain dévonien inférieur, se retrouve, néanmoins, d'une manière constante, à de certains niveaux.

Le psammite est presque toujours pailleté de mica, lequel domine parfois, surtout quand la roche offre une tendance à se diviser en feuillets minces, au point de lui donner un aspect argentin ou jaunâtre et métalloïde.

La texture du psammite est *grésiforme*, *schisto-grésiforme*, *schistoïde*, *cariée* ou *terreuse*. Il est généralement très-différent suivant qu'on l'observe dans le fond des vallées ou sur les plateaux; dans le premier cas il est plus dur et présente des teintes vives, ce qui permet de l'exploiter pour en faire des pavés, des dalles, des pierres d'appareils, des meules à aiguiser, etc.

Sur les plateaux, au contraire, il est généralement peu cohérent, souvent friable et passe même à l'état arénacé. Dans cet état, il offre une teinte jaunâtre, toute particulière, qui lui a valu le nom de *pire d'avóne* (pierre d'avoine) en Condroz.

J'ai acquis la certitude que c'est bien là le résultat d'une altération, comme d'Omalius a été porté à l'admettre, il y a longtemps déjà.

Le psammite devient fréquemment *calcarifère* par l'abondance des fossiles qu'il renferme, sans passer pour cela à un véritable macigno. Il devient aussi quelquefois *charbonneux* par l'altération de ses nombreux débris de végétaux.

Le *schiste* qui accompagne le psammite précédent et dont il est fort difficile de le séparer, tant ces deux roches sont intimement liées, se désagrége facilement sous l'influence des agents atmosphériques et se transforme fréquemment sur les plateaux, en une argile collante.

Le psammite altéré et le schiste qui l'accompagne sont généralement confondus, tant en Belgique que dans le Hainaut français, sous les noms d'*agaize*, d'*agoche* ou d'*agasche*.

Le *macigno* peut être regardé, d'une manière générale, comme un véritable psammite quartzeux assez foncé, légèrement pailleté, im-

prégné de calcaire, lequel donne à la roche sa texture noduleuse si
caractéristique. Seulement, tandis que parfois les nodules calcaires
sont à peine marqués, tant la roche est tenace et compacte, d'autres
fois, au contraire, les mêmes nodules se détachent par l'altération,
et la roche prend alors une texture caverneuse et plus ou moins terreuse et cariée.

Le macigno est quelquefois aussi schisteux; il renferme des crinoïdes spathiques et passe à un calcaire quartzeux et au calschiste.

L'*anthracite* se présente sous la forme d'une houille terreuse; elle a
été signalée par Dumont à Chabaufosse près de Limet, sur la commune de Vierset, et je l'ai rencontrée moi-même à différents niveaux,
sous la forme de lits charbonneux provenant de la décomposition des
végétaux.

Parmi les minéraux accessoires que renferme l'étage des psammites Minéraux.
du Condroz en Condroz, on peut citer : la *galène* cubique (Comblain-
au-Pont)? la *calcite*, diversement cristallisée, dans les psammites à
pavés de l'Ourthe; la *malachite* mentionnée par Dumont comme rare
à la surface des délits (Huy); la *sidérite* (Poulseur, d'après Dumont);
la *barytine* (La Rochette près Chaudfontaine, d'après M. L.-L. de
Koninck); des rognons de silex, rappelant un peu les phtanites carbonifères, dans les carrières de Monfort, etc.

Plusieurs filons et amas couchés de limonite sont exploités dans
l'étage des psammites surtout en Condroz et dans l'Entre-Sambre-et-
Meuse.

Presque toutes les couches des psammites du Condroz contiennent Fossiles
des fossiles, mais ceux-ci sont loin d'y être répartis d'une manière
uniforme. Tandis que certaines couches, qui sont le plus grand
nombre, n'en contiennent que de loin en loin quelques rares spécimens, au point que le caractère paléontologique peut à peine être
utilisé dans la pratique, d'autres couches, au contraire, sont telle-
ment remplies de fossiles que la gangue ne forme plus que la moindre
partie du banc. Mais si les fossiles sont parfois aussi nombreux, ils
ne sont guère, à beaucoup près, aussi variés. Ainsi les bancs si fossilifères, dont il vient d'être parlé, sont presque exclusivement composés
de *Spirifer disjunctus*, auxquels se joignent des *Rhynchonella pleurodon* (*Rh. boloniensis*) et, accidentellement, quelques autres formes.

J'ai pu, néanmoins, à l'occasion de mes études stratigraphiques sur ces dépôts, réunir environ une centaine de formes différentes parmi lesquelles il y en a un certain nombre de nouvelles pour la science.

Les fossiles animaux sont généralement dans un mauvais état de conservation, ce qui en rend l'étude fort difficile; aussi, m'eût-il été souvent impossible d'en tirer parti, sans le secours de notre éminent paléontologiste, M. de Koninck.

On trouvera plus loin la liste de ces fossiles avec leur répartition dans le puissant système des psammites du Condroz.

Mais les fossiles de cet étage n'appartiennent pas tous au règne animal; plusieurs horizons sont même caractérisés par de véritables couches de débris de végétaux fossiles.

M. Crépin a déjà commencé la description de ces végétaux en faisant connaître la petite flore d'Évieux, sur l'Ourthe (1874).

La flore des psammites du Condroz se présente sous deux aspects bien différents. Ce sont, d'une part, des traces d'axes assez volumineux que leur mauvais état de conservation n'a pas rendus susceptibles d'une détermination précise, mais qui représentent peut-être les restes de tiges de *Calamites*. D'autre part, ce sont principalement des empreintes d'une espèce nouvelle très-abondante (*Rhacophyton condrusorum*) que l'on rapporte, avec doute, à la famille des Lycopodiacées; des empreintes d'une fougère nouvelle (*Sphenopteris flaccida*); de magnifiques empreintes d'une variété de la belle fougère du gîte de Kiltorkan, en Irlande (*Palaeopteris hibernica*), quelques rares spécimens d'une troisième fougère (*Triphyllopteris elegans*) et d'un Lepidodendron (*Lepidodendrum notum*).

Sans vouloir entrer prématurément, dans des considérations sur la présence et la répartition de ces végétaux dans les psammites du Condroz, j'ai fait remarquer, cependant, combien il est intéressant de retrouver, longtemps avant la période houillère, une flore essentiellement terrestre au milieu de dépôts essentiellement marins.

Les psammites du Condroz de notre bassin septentrional se prolongent, d'une part, dans le Boulonnais ainsi qu'en Angleterre et même jusqu'en Irlande, et d'autre part, on les retrouve encore aux environs de Stolberg, près d'Aix-la-Chapelle.

En Écosse, ils sont connus sous le nom de *Yellow sandstone* à *Holoptychius*.

Dans le Devonshire et le Cornouaille, ils sont représentés par le

Petherwin group, et la petite faune recueillie dans la carrière Marwood, en Angleterre, et décrite par Phillips, semble indiquer que les roches qui la renferme se rapportent exclusivement à quelque partie supérieure des psammites du Condroz.

Les psammites du Condroz reposent en stratification concordante *Superposition.* sur les schistes de la Famenne. Ils forment des plis dont les voûtes constituent des collines longitudinales, tandis que les bassins sont occupés par le calcaire carbonifère. C'est ce qui explique pourquoi dans tout le Condroz et l'Entre-Sambre-et-Meuse les psammites sont en bosses et à un niveau généralement supérieur à celui du calcaire.

Il résulte de l'étude stratigraphique détaillée du système des psam- *Division.* mites dans toute la Belgique que c'est sur l'Ourthe, en Condroz, qu'il acquiert sa plus grande épaisseur, ce qui justifie pleinement le nom de « psammites du Condroz » sous lequel d'Omalius l'a désigné depuis longtemps. C'est aussi sur l'Ourthe que ce système est le plus utilisé dans l'industrie.

Ce qui frappe surtout, lorsqu'on étudie les psammites du Condroz, c'est l'uniformité de représentation des couches dont ils se composent dans toute la Belgique. Et, en effet, ce qu'on trouve sur l'Ourthe, on le retrouve dans le bassin de Theux; dans le bassin septentrional, entre Aix-la-Chapelle et Ath et dans le Boulonnais; dans la vallée du Hoyoux; sur les plateaux du Condroz; dans la vallée de la Meuse et dans l'Entre-Sambre-et-Meuse.

Envisagée en elle-même, la série stratigraphique uniforme des psammites du Condroz se groupe sous quatre aspects lithologiques spéciaux et bien distincts qui sont, en commençant par le plus ancien et en leur donnant à chacun le nom de la localité où je l'ai reconnu le mieux développé :

1° Psammites stratoïdes d'Esneux.

2° Macigno noduleux de Souverain-Pré.

3° Psammites à pavés de Monfort.

4° Psammites et macigno d'Évieux.

Toutes les couches de psammites peuvent, presque sans exception, se grouper autour de ces quatre types pétrographiques. Cette constatation est d'autant plus importante que ces quatre types conservent dans toute la Belgique leur position stratigraphique respective et **sont** caractérisés, en général, par la prédominance de certains fossiles.

Dans ces conditions, il était naturel de diviser les psammites du Condroz en quatre assises ayant chacune des caractères minéralogiques, paléontologiques et stratigraphiques qui permettent de les reconnaître aisément, chaque fois qu'elles sont ramenées au jour par des plis, comme sur l'Ourthe, ou par des failles, comme sur le Hoyoux.

Lacunes.   Partout en Belgique où les psammites du Condroz sont représentés, les principales couches dont ils se composent offrent une constance des plus remarquables dans leurs caractères pétrographiques et paléontologiques.

Seulement, certains groupes de couches diminuent d'épaisseur et finissent même par disparaître complétement, ce qui constitue les profondes *lacunes* que je me suis attaché à mettre en évidence, par mes études stratigraphiques et par le levé des psammites sur les feuilles de la Carte géologique (Hastière, Dinant et Achène) qui ont figuré à l'Exposition universelle de Paris en 1878.

L'existence de ces lacunes s'appuie sur de nombreuses coupes, relevées minutieusement à travers les bandes psammitiques des différents bassins et ne saurait être contestée.

On verra plus loin que les recherches de M. Dupont sur le calcaire carbonifère ont, dès 1862, amené ce géologue au même résultat, en lui faisant découvrir la constitution lacunaire de cet étage. Comme les vues de M. Dupont furent combattues avec persistance par certains géologues, j'ai été heureux de pouvoir contribuer par mes recherches, à fixer définitivement les esprits sur cette importante question.

La méthode à suivre dans ces sortes d'études repose sur l'établissement de l'*échelle stratigraphique* précise des dépôts que l'on étudie et sur la comparaison des couches de chaque affleurement avec la coupe type qui a fourni cette échelle.

Le tableau suivant fera connaître l'échelle stratigraphique des psammites du Condroz en Belgique; il donne pour chaque assise, d'abord ses caractères généraux et constants, puis les caractères détaillés et non moins constants des principales subdivisions de ces assises. Il sert aussi de légende pour la Carte géologique de la Belgique, dressée par ordre du gouvernement.

ÉCHELLE STRATIGRAPHIQUE DES PSAMMITES DU CONDROZ EN BELGIQUE

D'après M. MOURLON (*Bull. de l'Acad. royale de Belgique,*
1875, t. XXXIX).

—

ASSISE I. — D'ESNEUX.

Psammite stratoïde et schiste vert fossilifères avec abondantes traces de tiges de crinoïdes.

(Puissance approximative : 150 mètres.)

Ps I. — Cette assise est la plus uniforme et la plus simple dans sa composition ; aussi est-ce la seule pour laquelle je n'ai pu établir de subdivisions.

Elle est formée d'un psammite peu micacé, gris-bleuâtre ou verdâtre, le plus souvent recouvert d'un léger enduit ferro-manganique qui s'observe principalement dans la tranchée du chemin de fer, un peu au N. de la station d'Esneux. Il se présente en bancs variant de 0^m,10 jusqu'à 2 mètres et même 5 mètres d'épaisseur. Cette roche se montre partagée en petites zones de quelques centimètres, formées alternativement de psammite plus argileux, plus foncé et parfois schistoïde et de psammite plus grésiforme et plus pâle. C'est cette disposition particulière en petites zones qui fait que la roche présente généralement une surface gaufrée et souvent aussi déchiquetée. Elle offre aussi quelquefois une surface cannelée et se montre souvent recouverte de traces vermiculaires de tailles et de formes très-variées : les plus grandes ont reçu de M. Gœppert le nom de *Chondrites major* et les petites constitueraient, pour cet auteur, une autre espèce de vers. Quoi qu'il en soit, ce caractère n'est pas spécial à cette assise. Le fossile le plus constant et le plus caractéristique de cette assise est représenté par une tige d'encrine mince et allongée se rapprochant du genre *Poteriocrinus.*

ASSISE II. — DE SOUVERAIN-PRÉ.

Macigno noduleux à *Orthotetes consimilis,* de Kon. (nov.-sp.), en bancs puissants vers le bas, alternant avec des psammites à la partie supérieure.

(Puissance approximative : 100 mètres.)

Partie
inférieure
Ps. IIa.

a'. Macigno noduleux et schisteux ;

a''. Macigno noduleux compacte, à stratification confuse, traversé de petites veines calcaires blanchâtres et cristallines ;

a'''. Macigno noduleux en bancs puissants atteignant jusqu'à 1^m,60 d'épaisseur, régulièrement stratifié et séparé du macigno *a''* par un ou plusieurs bancs épais de psammite grésiforme ;

Partie supérieure Ps. II*b*.

b'. Psammite alternant avec des bancs de macigno noduleux, fossilifères ;

b''. Psammite sans macigno ;

b'''. Macigno noduleux géodique, très-fossilifère ; de nombreux Spirifers avec leur test blanchâtre, se détachent sur le fond gris bleuâtre foncé du macigno.

ASSISE III. — DE MONFORT.

Psammite à *Cucullæa Hardingii,* en bancs puissants, gris-bleuâtres vers le bas, devenant rougeâtres et bigarrés à la partie supérieure. Cette assise renferme d'abondantes traces de débris de végétaux et particulièrement d'axes assez volumineux de *Calamites.*

(Puissance approximative : 130 mètres.)

Partie inférieure Ps. III*a*.

a'. Psammite gris-bleuâtre foncé, devenant presque noir par altération et alternant avec un psammite plus grésiforme et plus pâle en bancs peu épais rappelant un peu parfois le psammite stratoïde I ; ce psammite présente, vers le bas, un banc très-puissant, ayant un aspect tourmenté et une structure mamelonnée ;

a''. Psammite grésiforme gris-bleuâtre pâle, finement pailleté, en bancs très-épais atteignant jusqu'à 5 mètres de puissance vers le bas (*gros banc*) et renfermant des traces de débris de végétaux, principalement d'axes assez volumineux de *Calamites* (psammite à pavés de Monfort et d'Yvoir) ;

Partie supérieure Ps. III*b*.

b'. Psammite grésiforme ayant une tendance à se diviser en feuillets très-minces et très-micacés, blanchâtre, jaunâtre et gris-bleuâtre devenant rosâtre et parfois aussi verdâtre par altération, renfermant des traces de débris de végétaux (psammite à pavés d'Attre et des Écaussines) ;

b''. Psammite grésiforme rouge et bigarré (psammite à pavés de Huy) ;

b'''. Psammite grésiforme grisâtre, devenant jaune à la surface, par altération, et plus rarement noir, alternant avec quelques bancs rouges et des schistes à végétaux.

ASSISE IV. — D'ÉVIEUX.

Psammites et schistes à végétaux alternant à la partie supérieure avec des bancs épais de macigno passant parfois au calcaire à crinoïdes.

(Puissance approximative : 200 mètres.)

Partie inférieure Ps. IV*a*.	*a'*.	Psammite et schiste avec d'abondants débris de végétaux (gite d'Évieux), alternant à la partie supérieure avec de petits bancs de macigno ;
	a''.	Psammite schisto-grésiforme, pailleté, en bancs puissants, devenant rougeâtre par altération et renfermant des traces de débris de végétaux ;
Partie supérieure Ps. IV*b*.	*b'*.	Psammite et schiste gris-bleuâtres avec bancs de macigno noduleux variant de 0m,50 à 0m,50 d'épaisseur (psammite à pavés d'Hastière-par-delà) :
	b''.	Psammite et schiste bleu-verdâtres avec macigno en bancs très-puissants, passant an calcaire à crinoïdes (Hastière-Lavaux).

La puissance totale des psammites du Condroz peut donc être éva- Puissance. luée approximativement à 600 mètres.

Toutes les couches des psammites du Condroz étant ainsi groupées Répartition de en quatre assises, on verra plus loin, par la liste des fossiles ani- la faune. maux et végétaux qui y ont été rencontrés, quel est, dans l'état actuel de nos connaissances, la répartition de ces fossiles dans les différentes assises. Ce qui frappe surtout dans ce relevé, c'est l'absence complète dans les assises inférieures I et II, des débris de végétaux si abondants dans les assises supérieures III et IV.

De même aussi, certains fossiles animaux tels que les Cucullées, n'ont encore été rencontrés que dans les assises supérieures, alors qu'une nouvelle espèce d'*Orthotetes* (*O. consimilis*, de Kon.) caractérise l'assise II par son extrême abondance et que des traces de tiges de crinoïdes minces et allongées se rencontrent avec une remarquable constance dans les psammites stratoïdes de l'assise I.

Voyons maintenant quelle est la constitution des psammites du Coupes. Condroz dans leurs principaux affleurements :

Vallée de l'Ourthe. — La coupe de l'Ourthe, qui a fourni l'échelle stratigraphique ci-dessus, a une longueur d'environ 10 kilomètres, depuis Esneux jusqu'à Comblain-la-Tour.

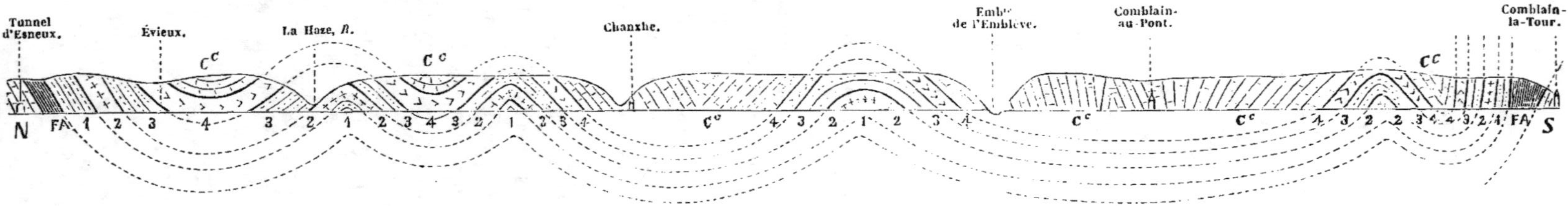

Fig. 14. — *Diagramme de la disposition des* assises des psammites du Condroz *sur l'Ourthe, entre Esneux et Comblain-la-Tour.*

D'après M. Mourlon (*Bull. de l'Acad. royale de Belgique*, t. XXXIX, pl. I, 1875).

Fig. 15. — *Diagramme de la disposition des* assises des psammites du Condroz *sur la Meuse, entre Heer et Hastière-par-delà.*

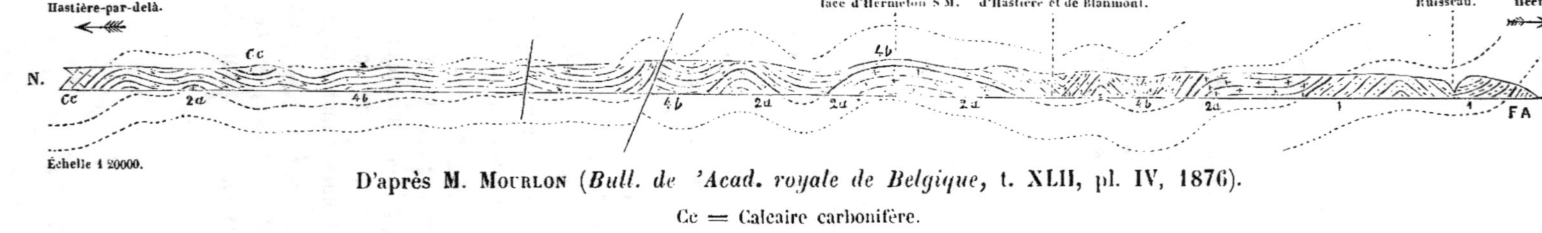

D'après M. Mourlon (*Bull. de 'Acad. royale de Belgique*, t. XLII, pl. IV, 1876).

Cc = Calcaire carbonifère.

4. Assise IV. — D'Évieux.	2. Assise II. — De Souverain-Pré.
3. — III. — De Monfort.	1. — I. — D'Esneux.

FA = Schistes de la Famenne.

Nota. Pour les détails de la coupe fig. 15, voir l'échelle stratigraphique ci-dessus, pp. 91-95.

Les psammites y forment cinq plis remplis par le calcaire carbonifère, comme le montre le diagramme fig. 14. Ce dernier est établi sur les données positives que m'ont fourni les nombreuses coupes partielles qui s'observent sur les deux rives de l'Ourthe, tant dans les tranchées du chemin de fer que le long de la route et dans les nombreuses carrières ouvertes dans la vallée.

Bassin de Theux. — La vallée où coule le ruisseau de Spa, présente, entre Theux et Franchimont, d'importants affleurements qu'une étude attentive m'a permis de raccorder avec certitude aux psammites de l'Ourthe.

La coupe suivante fera connaître la composition détaillée de ces affleurements.

Fig. 16. — *Coupe des psammites du Condroz entre Theux et* **Franchimont.**

D'après M. Mourlon (*Bull. de l'Acad. roy. de Belg.*, t. XL, 1876).

En suivant la voie ferrée on rencontre à quelques centaines de mètres de la station de Theux :

1. Psammite très-micacé, parfois terreux et passant à un schiste verdâtre.

2. Psammite schisto-grésiforme pailleté passant à un schiste qui prend à la surface une teinte blanchâtre assez fréquente à ce niveau.

Ce psammite, en bancs presque verticaux, renferme, notamment en 2', d'abondants débris de végétaux tout à fait semblables à ceux du gîte d'Évieux. J'y ai recueilli aussi des débris de poissons?

Il alterne avec des bancs à texture terreuse.

3. Psammite grésiforme très-pailleté avec débris de végétaux semblables à ceux que j'ai rencontrés souvent à la partie supérieure de l'assise de Monfort.

4. Psammite grésiforme altéré en bancs contournés, inclinés d'environ 45° S. et à stratification confuse vers le bas.

Sur la rive gauche du ruisseau et à la partie supérieure du flanc occidental de la vallée, on observe une carrière abandonnée dans laquelle on a exploité un banc de psammite grésiforme gris-bleuâtre, finement pailleté, qui paraît être incliné de 20° N. et atteindre une épaisseur de 5 à 6 mètres. C'est le *gros banc* et le *blanc banc* de Monfort dont on trouve, parmi les éboulis de la carrière, les parties terreuses pétries d'abondants *Calamites?* (traces d'axes assez volumineux).

5. Macigno noduleux passant à un calcaire à crinoïdes spathiques.

6. Psammite d'Esneux avec des parties schistoïdes verdâtres et un banc de psammite grésiforme intercalé à la partie supérieure.

On le voit, les différentes assises des psammites du Condroz présentent dans le bassin de Theux, les mêmes relations stratigraphiques que sur l'Ourthe, en Condroz.

Bassin de Namur. — Sur les deux bords du bassin septentrional ou de Namur les psammites conservent encore les mêmes dispositions que sur l'Ourthe et dans le bassin de Theux, et cela depuis Aix-la-Chapelle jusque Ath, dans le Hainaut et même jusque dans le Boulonnais. Seulement, sur tout cet espace, certaines assises disparaissent partiellement ou en totalité et constituent d'importantes lacunes, comme le montre la coupe figure 17.

Fig. 17. — *Coupe du terrain dévonien en face de l'abbaye de Marche-les-Dames.*

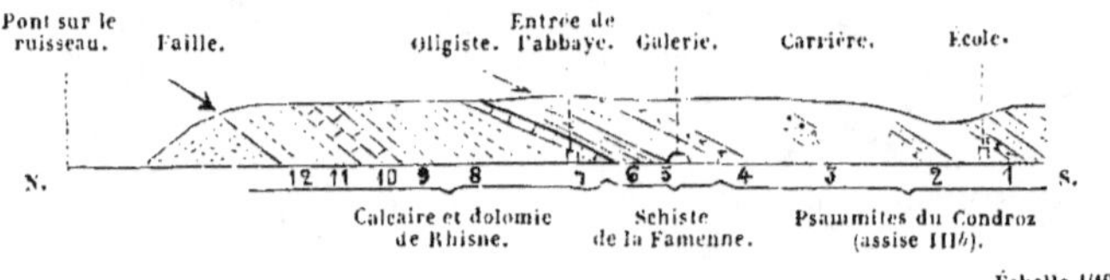

D'après M. MOURLON (*Bull. de l'Acad. royale de Belgique*, t. XL., 1876).

1. Psammite verdâtre avec traces de débris de végétaux, en bancs peu épais, peu inclinés et alternant avec un schiste verdâtre qui semble résulter de sa décomposition.

2. Psammite semblable au précédent, mais plus micacé et reposant sur un calcaire siliceux de teinte pâle, légèrement pailleté et faisant peu effervescence avec les acides.

Ce calcaire a été mis à nu en creusant dans l'ancien chemin qui conduit au hameau de Wartet, un peu avant d'arriver aux éboulis de l'exploitation d'oligiste.

3. Psammite grésiforme gris-verdâtre en bancs épais inclinés, 20° S., s'observe dans une petite carrière abandonnée où il est surmonté d'un calcaire siliceux bleuâtre bigarré de jaunâtre. Ce dernier se désagrége facilement, devient sableux et prend alors une teinte jaunâtre, quelquefois d'un blanc éclatant et passe à une véritable brèche à la partie supérieure.

4. Psammite grésiforme gris-verdâtre, finement pailleté, dont un banc atteint 0^m,80 à la base et passe à un psammite schistoïde renfermant d'abondantes traces de débris de

végétaux semblables à celles des psammites n° 1 et d'autres fossiles tels que *Rhynchonella pugnus*, etc.

5. Minerai d'oligiste oolitique, fossilifère (*Spirifer disjunctus*, var. *Archiaci, Athyris concentrica*, dans un schiste bleu-violet caché par les éboulis d'exploitation.

6. Schiste verdâtre ayant une tendance noduleuse.

7. Dolomie en bancs massifs fossilifères. (*Rh. pleurodon ?*)

8. Dolomie géodique altérée, en partie recouverte de détritus dolomitiques et devenant schistoïde vers le bas. Inclinaison 17° S.

9. Dolomie schistoïde à l'état de détritus ayant, à première vue, l'apparence d'un psammite, mais se présentant, vers le bas, en bancs bien stratifiés, inclinés 40° S.

10. Calcaire bleu peu foncé, alternant avec des bancs dolomitiques et renfermant d'abondants polypiers dont un banc est presque exclusivement formé à la partie supérieure : *Acervularia Davidsoni*, M. Edw. et H.

11. Roche altérée rappelant la dolomie n° 9.

12. Détritus dolomitiques.

Toutes les couches de psammites de la coupe de Marche-les-Dames sont donc comprises entre le calcaire carbonifère (assise I), qui apparaît un peu au S. de la coupe, et les schistes bleu-violet, avec couches de minerai oligiste qui constituent un horizon bien défini et très-constant des schistes de la Famenne dans cette partie du bassin.

Les schistes verdâtres (schistes de la Famenne proprement dits) viennent ensuite et sont séparés du calcaire carbonifère (assise I) par un ensemble de calcaires et de dolomies dans lesquels M. Gonthier a parfaitement reconnu la continuation des couches analogues de Rhisne (1867). Seulement d'après ce géologue, les couches de Rhisne formeraient, en ce point, un pli anticlinal, et toute la série précédente se reproduirait en sens inverse, au delà de la dolomie. Une observation attentive m'a démontré, au contraire, que toutes les couches de la coupe de Marche-les-Dames sont inclinées au S. et ramenées au jour par une faille, comme l'indique la coupe figure 17.

Le fait le plus saillant de cette coupe de Marche-les-Dames, c'est que les psammites du Condroz s'y trouvent réduits à la partie supérieure de l'assise de Monfort, de sorte que les psammites d'Évieux qui devraient les surmonter, n'y existent pas, non plus que les psammites d'Esneux, le macigno de souverain Pré et la partie inférieure des psammites de Monfort sur lesquels ils reposent dans la série normale.

Ces lacunes sont donc très-importantes et l'on ne saurait douter de leur réalité puisque je les ai reconnues dans treize coupes différentes entre Huy et Ath et dans deux coupes du Boulonnais.

Vallée de la Meuse. — L'étude des psammites du Condroz dans la vallée de la Meuse m'a permis de reconnaître que ce système dévonien y conserve les mêmes relations stratigraphiques que partout ailleurs, en ce sens qu'il n'y a pas de superpositions interverties et que les groupes représentés conservent de point en point leur même composition.

Seulement, ici encore, une ou plusieurs des quatre assises psammitiques font complétement défaut et constituent par conséquent aussi de profondes lacunes. C'est principalement à l'aide de ces lacunes, dont l'existence n'avait pas même été soupçonnée, qu'il faut attribuer les difficultés qui ont arrêté si longtemps l'étude de la partie de la Meuse comprise entre Hastière et Heer, la seule qui n'avait fait l'objet d'aucune publication spéciale depuis les travaux de Dumont.

Les psammites du Condroz reviennent cinq fois à la surface le long de la Meuse et leurs couches qui se prolongent vers l'E. et vers l'O. forment, en allant du S. au N., les bandes d'Hastière, d'Anseremme, d'Yvoir, de Lustin, dans le bassin de Dinant et la bande de Wépion dans le bassin de Namur.

Le tableau suivant montrera la répartition des lacunes qui affectent ces différentes bandes.

DÉSIGNATION des ASSISES DES PSAMMITES du Condroz.	BANDE de Wépion.	BANDE de Lustin.	BANDE d'Yvoir.	BANDE d'Anseremme.	BANDE d'Hastière.
Assise IV. — D'Évieux . { sup .	lacune	lacune	lacune	lacune	+
{ inf. .	lacune	lacune	lacune	lacune	lacune
Assise III. — De Monfort { sup.	+	+	+	+	lacune
{ inf. .	lacune	+	+	+	lacune
Assise II. — De Souverain-Pré.	lacune	lacune	traces	+	+
Assise I. — D'Esneux. . . .	lacune	lacune	+	+	+

Il ressort de ce tableau que les psammites du Condroz ne sont complétement représentés dans aucune des cinq bandes psammitiques que traverse la Meuse.

On voit aussi qu'ils diminuent d'épaisseur, par suite des lacunes qui les y affectent, depuis la bande d'Anseremme où l'assise IV seule fait défaut, comme le montre la coupe figure 18, jusqu'à la bande de Wépion où ils ne sont plus représentés que par la partie supérieure de l'assise III.

Bande
d'Anseremme.

Fig. 18. — *Coupe des psammites du Condroz sur la rive gauche de la Meuse, au S.-O. du haut-fourneau de Moniat.*

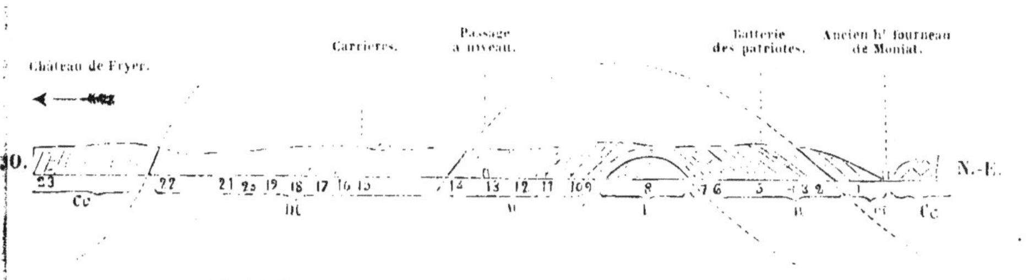

D'après M. Mourlon (*Bull. de l'Acad. roy. de Belg.* t. XLII, 1876).

1. Psammite grésiforme en bancs puissants, fréquemment cariés et fortement fissurés à la partie supérieure.

2. Schiste en bancs épais se divisant en fragments obliques aux joints de stratification, ayant une tendance noduleuse, à stratification confuse et renfermant de petits articles de crinoïdes blanches.

3. Macigno noduleux et schisteux à crinoïdes.

4. Psammite grésiforme en bancs puissants incl. 50° N., contournés et intercalés dans le macigno.

5. Macigno recouvert en majeure partie d'éboulis.

6. Psammite grésiforme gris-bleuâtre en bancs inclinés 25° N., intercalés dans le macigno.

7. Macigno noduleux et schisteux sans stratification apparente, très-altéré et recouvert d'éboulis à la partie inférieure.

8. Psammite stratoïde traversé de petites failles et constituant un remarquable représentant des psammites déchiquetés et à surface gaufrée d'Esneux.

Ce psammite est très-fossilifère dans certains bancs qui présentent parfois de petites veines de calcaire cristallin. Le fossile le plus caractéristique par son abondance est la petite tige de crinoïde mince et allongée de l'assise I. Il forme par ondulation un beau pli dont l'axe anticlinal passe dans la tranchée du chemin de fer.

9. Macigno noduleux et schisteux en bancs très-puissants, à stratification confuse et devenant caverneux par altération.

10. Psammite et schiste fossilifères en bancs incl. 45° S. et intercalés dans le macigno.

11. Macigno semblable aux couches n° 9 et passant au calcaire à crinoïdes vers le bas.

12. Schiste semblable au schiste n° 2 et alternant avec des bancs de psammite grésiforme. L'un de ces bancs, très-puissant, présente des cavités nodulaires allongées dans le sens de la stratification.

13. Schiste semblable au précédent et bien visible derrière la maisonnette du passage à niveau.

14. Idem, en bancs épais, fossilifères, renfermant de petits articles de crinoïdes blanches.

15. Psammite micacé, formé presque exclusivement de mica jaune, surmonté de puissantes couches de psammite passant à un schiste vert.

16. Psammite grésiforme très-micacé en bancs très-puissants, surtout à la partie supérieure, reposant sur un psammite grésiforme bleuâtre fossilifère (*Productus?*), devenant terreux et caverneux par altération.

17. Psammite grésiforme bleuâtre en bancs puissants, très-fissurés, parfois très-micacés, rougeâtres et ayant une tendance à se feuilleter.

18. Psammite grésiforme bleuâtre très-fossilifère (*Rhynchonella pleurodon*, cc., *Cucullœa Hardingii?*) prenant une teinte gris-foncé par altération, ce qui lui donne alors un caractère particulier en ce que ses nombreux fossiles, qui ont conservé leur test blanchâtre, tranchent nettement sur le fond gris de la roche. En s'altérant davantage, ce psammite devient terreux et carié. Il est surmonté de petits bancs de psammite grésiforme alternant avec des schistes à tendance noduleuse. Incl. 55° S.

19. Psammite grésiforme en bancs peu épais, incl. 55° S., alternant avec un psammite schistoïde passant au schiste et teinté en blanc à la surface.

20. Psammite bleuâtre passant au schiste.

21. Psammite avec traces de débris de végétaux, au milieu de la végétation.

22. Psammite altéré, ferrugineux, passant à un sable jaune et devenant parfois très-argileux et gris-blanchâtre. Ce psammite s'observe dans un déblai qui se trouve aujourd'hui presque entièrement caché par la végétation. Il est très-fossilifère et renferme, outre des traces de débris végétaux, des tiges de crinoïdes et quelques espèces se rapportant aux genres *Spirifer* et *Productus?*

23. Calcaire à crinoïdes en bancs inclinés 75° S., formant un petit escarpement au milieu de la végétation.

Bande d'Hastière. Quant à la bande d'Hastière, elle est surtout remarquable en ce que les psammites de l'assise III, qui donnent lieu à d'importantes exploitations de pierre à pavés dans les autres bandes, font ici complétement défaut (fig. 15).

Les quelques petites carrières de psammites à pavés de la bande d'Hastière appartiennent à l'assise IV qui acquiert un développement très-considérable par ondulation, sur les deux rives de la Meuse et présente à sa partie supérieure, une grande épaisseur de macigno, passant au calcaire à crinoïdes.

Ces dernières roches pourraient être aisément confondues avec le macigno de l'assise IV et même avec le calcaire carbonifère, si elles n'avaient été l'objet d'une étude stratigraphique détaillée.

Les coupes figures 15 et 18 montrent que le psammite stratoïde de l'assise I et le macigno de l'assise II qui s'observent dans les deux bandes d'Hastière et d'Anseremme sont surmontés dans la première bande par les psammites et macigno de l'assise IV et dans la seconde par les psammites à pavés de l'assise III. On serait donc tout naturellement porté à considérer les psammites et macigno de la bande d'Hastière comme étant les équivalents des psammites à pavés de la bande d'Anseremme.

Mais si l'on prend comme terme de comparaison les psammites de l'Ourthe (fig. 14), on y voit les roches de l'assise IV reposer sur celles de l'assise III.

Ainsi s'évanouit, au moins en ce qui concerne les psammites du Condroz, la théorie des équivalents stratigraphiques qui a été le principal obstacle à l'étude détaillée de nos terrains primaires.

Une des grandes difficultés que présente l'étude de nos terrains quartzo-schisteux, c'est la facilité avec laquelle les roches qui les composent, s'altèrent sous l'influence des agents atmosphériques.

Qu'il me soit permis de rappeler à cette occasion un curieux exemple de ces altérations, que j'ai signalé, il y a quelques années déjà, dans les psammites du Condroz traversés par les tranchées de la ligne du Luxembourg.

Lorsque je parcourus la première fois ces tranchées, je fus particulièrement frappé de ce que les roches rapportées par Dumont aux psammites du Condroz, se présentaient fréquemment sous la forme de schistes verdâtres et rougeâtres rappelant parfois complétement les schistes de la Famenne.

Aussi, quelle ne fut pas ma surprise, lorsque je retournai plus tard dans les mêmes tranchées, d'y observer sur celle des deux parois qui avait été entamée pour l'établissement d'une seconde voie, des bancs épais de psammite grésiforme sur le prolongement des schistes.

Il est aisé de voir, d'après cela, combien il est indispensable de bien étudier les caractères d'altération des roches quartzo-schisteuses.

C'est probablement pour n'avoir pas tenu suffisamment compte de ces caractères que M. Gosselet a été porté récemment à considérer les schistes de Sains aux environs d'Avesnes, comme étant les équivalents de tout le système des psammites du Condroz.

Les schistes de Sains s'observent dans les tranchées du chemin de fer d'Avesnes, entre les schistes de la Famenne et ce que M. Gosselet appelle le calcaire d'Étrœungt, et comme la faune ne semble pas varier sensiblement dans toute cette série, le savant professeur de Lille ne croit pas pouvoir y admettre l'existence d'une lacune importante.

Mais si je m'en rapporte aux données fournies par M. Gosselet lui-même, je dirai que le psammite stratoïde d'Esneux de mon assise I et le macigno de Souverain-Pré de mon assise II, qui ont ensemble une épaisseur de 250 mètres, semblent y faire complétement défaut et constituer ainsi une lacune de quelque importance.

Quant aux schistes de Sains avec banc de psammite à *Strophalosia productoïdes*, ils ne représentent que quelque partie altérée des assises supérieures, comme cela se voit dans les tranchées de chemin de fer ci-dessus mentionnées où le fossile précité se rencontre fréquemment.

Observation. Un point important qui résulte aussi de mes observations sur les psammites de la Meuse, c'est que les dépôts analogues qui se trouvent en face les uns des autres, sur les deux bords de la vallée, ne sont pas toujours au même niveau. Ainsi, tandis que dans la bande d'Anseremme, les psammites forment, sur la rive gauche, un beau pli constitué par les assises I, II et III, sur la rive droite, au contraire, on n'observe que les psammites à pavés de l'assise III, les autres roches des assises I et II n'ayant pas été portées au jour de ce côté.

Ce fait démontre qu'il existe, en de certains points, un relèvement de l'un des bords de la vallée et que ce relèvement a agi dans la bande d'Anseremme, sur le bord O.

On verra plus loin que M. Dupont avait déjà constaté un fait analogue en étudiant le calcaire carbonifère de la vallée de la Meuse.

Usages. Les psammites du Condroz des assises de Monfort et d'Évieux sont exploités sur une très-grande échelle dans la vallée de l'Ourthe, particulièrement à Monfort, à Esneux, à Comblain-au-Pont, etc.; dans la vallée du Hoyoux, au S. de Barse, au S. du vallon de Chabaufosse et à Pont-de-Bonne.

Les belles carrières d'Olne et de Chaudfontaine, sur la Vesdre, ainsi que celles de Lustin, d'Yvoir et d'Anseremme sur la Meuse sont ouvertes dans les psammites de l'assise de Monfort.

Celles d'Attre et des Écaussines n'exploitent que la partie supérieure de cette dernière assise.

Le macigno de l'assise de Souverain-Pré est quelquefois utilisé aussi pour empierrer les routes. On y a ouvert de petites carrières, notamment en Condroz, à l'E. de Flagotier et à l'extrémité orientale de la petite bande de Fontin (Esneux), ainsi qu'en Ardenne, au S.-E. de Custinne, entre ce village et la route de Givet à Barvaux.

Les psammites stratoïdes de l'assise I d'Esneux sont impropres à la fabrication des pavés, mais on y a cependant ouvert quelques rares petites carrières, au S.-E. de Falmagne et de Custinne, entre la Meuse et la Lesse.

TERRAIN CARBONIFÈRE

—

SYNONYMIE : *Carboniferous system* des géologues anglais. — Terrain houiller de d'Omalius (1868). — Systèmes condrusien calcareux et houiller de Dumont.

Le terrain carbonifère constitue au point de vue industriel, le plus important de nos dépôts sédimentaires.

Non-seulement il renferme nos célèbres carrières de pierre de taille des Écaussines, de Soignies, de Samson, nos marbres noirs de Dinant, etc., ainsi que nos mines de zinc et de plomb du Bleyberg et des environs de Liége, le minerai de fer de l'Entre-Sambre-et-Meuse, mais il est aussi la source de notre principale richesse industrielle par les abondantes couches de houille qu'on y exploite et qui peuvent compter parmi les plus riches du continent.

Ce terrain forme une série de bassins dans les dépressions résultant du plissement des terrains plus anciens.

Il commence par de puissants dépôts de calcaires sur lesquels repose la houille. De là sa division en deux systèmes :

I. — Système du calcaire carbonifère.

II. — Système houiller.

I. — SYSTÈME DU CALCAIRE CARBONIFÈRE.

—

SYNONYMIE : Système condrusien calcareux de Dumont. — Étage inférieur du terrain houiller ou calcaire de Falmignoul (d'Omalius, 1868).

Roches.   Le système du calcaire carbonifère est, comme son nom l'indique, formé presque exclusivement de calcaire, mais il renferme aussi de la dolomie et plus rarement du schiste et des lits d'anthracite.

Le *calcaire* présente une grande variété de couleur et de structure;

tantôt il est formé de petites lamelles cristallines dues à des débris d'encrines qui lui ont valu le nom, fort impropre d'ailleurs, de *petit granit,* tantôt il est très-compacte gris ou noir, parfois bréchiforme et très-rarement oolitique.

Le calcaire carbonifère contient à diverses hauteurs, des concrétions siliceuses blondes ou noires, disséminées en rognons ou en bandes et ces concrétions ont été désignées depuis longtemps, sous le nom de *phtanites,* bien que la plupart se rapportent au silex corné, pyromaque, jaspe et jusqu'au psammite.

On considère généralement ces phtanites comme ayant une origine propre et bien distincte de celle des calcaires qui les renferment, mais l'étude macroscopique et microscopique qui vient d'en être faite simultanément, en Irlande par MM. Hull et Hardman et en Belgique par M. Renard, a montré qu'il en est tout autrement.

L'examen que fit notamment M. Renard, tant à l'œil nu qu'à l'aide des plaques minces, des échantillons recueillis en 1877 à l'occasion des levés de la Carte géologique, a démontré que l'origine des phtanites est due à la substitution moléculaire de la silice gélatineuse à une partie de la masse calcaire.

La *dolomie* est plutôt grenue que cristalline; elle forme généralement de grandes masses traversées de fissures perpendiculaires aux couches, qui donnent lieu à des escarpements verticaux ruiniformes. Tels sont les rochers si pittoresques que longe la voie ferrée dans la vallée de la Meuse, entre Namur et Huy. Ces rochers se font remarquer à distance par leur teinte foncée et les innombrables cavités qu'ils présentent le plus souvent.

D'après M. Dewalque, certaines masses dolomitiques paraîtraient liées à des éjections geyseriennes et seraient plutôt métamorphiques.

Un certain nombre de minéraux se rencontrent accidentellement Minéraux. dans le calcaire carbonifère. Ce sont :

Anthracite.	Chalkopyrite.	Malachite.	Gypse.
Blende.	Limonite.	Azurite.	Barytine.
Pyrite.	Oligiste.	Fluorine.	
Sperkise.	Quartz.	Talc.	

Les filons métallifères et meubles sont très-nombreux dans le cal- Filons. caire carbonifère : les uns consistent en limonite, pyrolusite, pyrite martiale, galène, blende, calamine, etc.; les autres sont formés d'argile jaune et rouge, d'argile sanguine, d'argile sableuse, d'argile lithomarge.

Amas de sables et d'argiles.

Dans l'Entre-Sambre-et-Meuse et dans certaines parties du Condroz, le calcaire est fréquemment interrompu par des amas considérables de sables blancs, roses, rouges, jaunes et violets, associés à de l'argile plastique blanche, rouge, violette, jaune ou bigarrée ainsi qu'à de la limonite.

Des cailloux de quartz blanc et des blocs de phtanite sont aussi associés quelquefois aux sables et aux argiles. M. l'ingénieur Dor y a signalé du phosphate de chaux à Ramelot près de Huy.

La présence du soufre a été aussi reconnue dans l'argile plastique d'Holtinne par M. Malaise et dans celle d'Andenne, où il formait des nids avec lignite, par MM. Firket et Gillet.

Toutes ces matières meubles dont d'Omalius a fait connaître le premier le gisement en forme de dykes, formaient pour Dumont un terrain particulier qu'il a nommé *geyserien*.

A l'occasion des levés de la Carte géologique, M. Dupont a pu s'assurer par des sondages, que les amas de sables, d'argiles et de minerai de fer sont encore beaucoup plus étendus qu'on ne se le figurait.

Toutefois il n'est pas impossible que les argiles, par exemple, qui se trouvent généralement au niveau des schistes de la base du calcaire carbonifère, résultent de la décomposition sur place de ces derniers, comme la coupe 22 en montrera plus loin un curieux exemple pour les schistes houillers.

Division.

Dès 1808, d'Omalius reconnut que le calcaire carbonifère de la Belgique appartient aux *terrains de transition*, mais ce n'est que vingt-deux ans plus tard que Dumont y établit, le premier, des subdivisions.

Le grand stratigraphe montre, en effet, dans son célèbre Mémoire de 1830, qu'on peut distinguer dans ce système calcareux, les trois assises suivantes :

> Assise supérieure : Calcaire à *Productus*.
>
> Assise moyenne : Dolomie.
>
> Assise inférieure : Calcaire à crinoïdes.

A partir de 1842, M. de Koninck entreprit la description des animaux fossiles de notre calcaire carbonifère. L'éminent paléontologiste y reconnut l'existence de deux faunes dont l'une recueillie dans le calcaire de Visé et l'autre dans celui de Tournai, présentaient chacune un assez grand nombre d'espèces particulières. Il en conclut que tout en étant contemporaines, elles avaient été déposées dans des bassins différents.

Mais lorsqu'en 1845 sir Roderick Murchison, Éd. de Verneuil et de Keyserling firent connaître qu'en Russie le *Productus giganteus* et le *Spirifer mosquensis*, bien que très-répandus dans le calcaire carbonifère de ce pays, ne s'y rencontrent jamais ensemble, M. de Koninck reconnut qu'il en était de même en Belgique.

En effet, tandis qu'à Visé le *Productus giganteus* abonde et que le *Spirifer mosquensis* y fait défaut, à Tournai, au contraire, ce dernier s'y rencontre abondamment, tandis que le premier ne s'y trouve jamais. Seulement comme il était admis qu'en Russie le calcaire à *Productus giganteus* était plus ancien que celui à *Spirifer mosquensis*, M. de Koninck crut pouvoir conclure de l'identité des caractères paléontologiques à l'identité de la position stratigraphique des roches qui les avaient fournis. C'est ainsi qu'en 1847 il admit que le calcaire de Visé était à la base et celui de Tournai au sommet de la formation.

En 1860, M. Gosselet montra que c'est l'inverse qui est la réalité et confirma ainsi l'exactitude des vues de Dumont. Cet habile observateur, reprenant l'étude du calcaire carbonifère sur le terrain même, reconnut dans le Hainaut français, six groupes de couches distincts et tenta d'en opérer le raccordement avec plusieurs affleurements de notre pays, particulièrement avec ceux du Hainaut belge. Voici quels sont ces groupes :

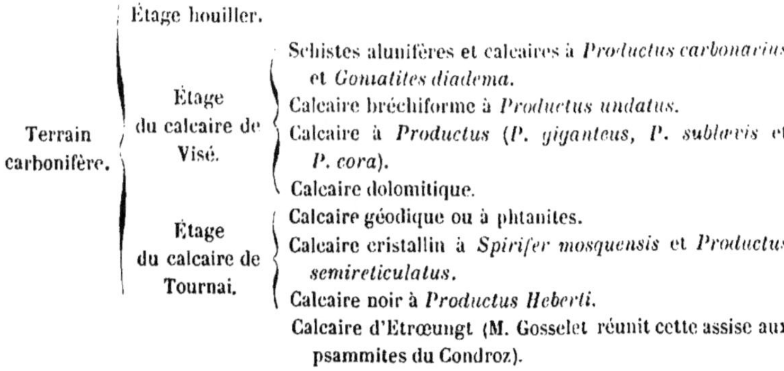

Le mémoire dans lequel se trouvent consignées ces recherches, donna un essor nouveau à la géologie de nos terrains primaires. Aussi, dès l'année suivante, voit-on M. Dupont entrer résolûment dans la carrière en faisant connaître les nombreux fossiles qu'il avait recueillis aux environs de Dinant et leur répartition dans les douze gîtes qu'il y avait explorés. Tel fut le point de départ des travaux qui devaient donner, quelques années plus tard, la clef de la géologie détaillée de nos terrains primaires par la méthode de l'*échelle stratigraphique*.

Après avoir fait connaître une faune nouvelle, celle d'Anseremme et de Waulsort, ainsi que les autres riches gisements fossilifères des environs de Dinant, M. Dupont donna, en 1863, le classement stratigraphique des couches de ces localités dans leurs relations avec les gisements fossilifères de Tournai et de Visé, illustrés par les travaux de M. de Koninck.

Ce classement stratigraphique n'a pu se faire que par la découverte de la méthode stratigraphique, attendu que les couches qui fournissent la faune d'Anseremme et de Waulsort étaient circonscrites aux environs de Dinant. Leur introduction dans la série ne pouvait avoir lieu qu'en relevant soigneusement la succession des couches du puissant système et ce travail conduisait fatalement à la découverte des *lacunes*.

M. Dupont a groupé ces couches en six assises d'après leurs relations constantes, jointes à un même horizon fossilifère et à un caractère minéralogique uniforme. Il a désigné chacune de ces assises par le nom de la localité où il l'a reconnue le mieux caractérisée.

Le tableau suivant est destiné à faire connaître l'échelle stratigraphique du calcaire carbonifère en Belgique, échelle qui a servi, en quelque sorte, de base à la légende de la Carte géologique.

ÉCHELLE STRATIGRAPHIQUE DU CALCAIRE CARBONIFÈRE DE LA BELGIQUE

D'après M. Éd. Dupont (*Bull. de l'Acad. roy. de Belg.*, 1865, t. XX,
avec modifications par l'auteur).

—

ASSISE I. — DES ÉCAUSSINES.

Calcaire bleu à crinoïdes et *Spirifer Tornacensis*, avec schistes et calcschistes.

(Puissance approximative : 150 mètres.)

a. Calcaire bleu à crinoïdes avec des lits de schistes intercalés, plus abondants à la base du groupe.

b. Schistes vert sombre non micacés, à *Spirifer octoplicatus*.

c. Calcaire bleu à crinoïdes avec lits de schistes intercalés à la base. (*Calcaire des Écaussines.*)

d. Calschistes noirs et marbre noir avec bandes de phtanites. (*Calcaire a chaux hydraulique de Tournai.*)

e. Calcaire bleu à crinoïdes, souvent avec bandes de phtanites noir et gris. (*Calcaire d'Yvoir.*)

ASSISE II. — DE DINANT.

Calcaire à cassure largement conchoïde, gris violacé à la base, noir à la partie supérieure.

(Puissance approximative : 60 mètres.)

a. Calcaire gris violacé, très-compacte, sans fossiles et contenant des bandes et des rognons de phtanite.

b. Calcaire noir, très-compacte.

ASSISE III. — D'ANSEREMME.

Dolomie et calcaire veinulé de bleu à *Fenestella* et à *Spirifer subcinctus*.

(Puissance approximative : 100 mètres.)

a. Calcaire gris compacte; calcaire blanchâtre à crinoïdes ; calcaire veinulé de bleu.

b. Dolomie gris violacé à crinoïdes ; dolomie bigarrée.

c. Calcaire blanchâtre veinulé de bleu, rempli de *Fenestella*.

d. Calcaire gris pâle et bleu à crinoïdes, surmonté de calcaire gris jaune marbré avec bandes de phtanites gris, blancs et rouges à crinoïdes.

ASSISE IV. — DE WAULSORT.

Calcaire à *Spirifer striatus* et *Spirifer cuspidatus*, dolomie, calcaire blanchâtre et violacé.

(Puissance approximative : 100 mètres.)

a. Calcaire dolomitique fossilifère; calcaire gris veinulé de bleu, fossilifère, avec noyaux cristallins.

b. Dolomie grise avec bancs de dolomie noirâtre et des bancs de phtanites blanc laiteux.

c. Calcaire gris veinulé de bleu: calcaire gris pâle et violacé compacte, passant à la brèche rouge et rose (*Marbre de Walsin*) et contenant des bandes et rognons de phtanites gris et blonds; calcaire bleu foncé.

ASSISE V. — DE NAMUR.

Calcaire noir compacte et dolomie noire à grands Évomphales.

(Puissance approximative : 150 mètres.)

a. Calcaire noir, compacte, avec bandes de phtanites quartzeux noirs et de phtanites calcarifères. (*Calcaire à carreaux de Dinant, calcaire de Bachant.*)

b. Calcaire noir et bleu à crinoïdes, dolomie noirâtre à crinoïdes alternant avec du calcaire dolomitique bleu foncé et gris; bandes de phtanites calcarifères.

c. Dolomie noire géodique.

d. Dolomie noire à gros grains alternant avec des bandes de calcaire gris.

e. Calcaire gris, à grains cristallins, alternant avec de la dolomie noire : *Productus cora.*

ASSISE VI. — DE VISÉ.

Calcaire à *Productus giganteus.*

(Puissance approximative : 250 mètres.)

a. Calcaire blanc et gris subcompacte avec grains cristallins foncés : *Productus cora, Chonetes papilionacea.*

b. Calcaire compacte gris pâle et foncé, noir, à phtanites (*Calcaire de Basècles*), souvent bréchiforme ; calcaire bleu foncé grenu; calcaire veiné de bleu et à *Productus undatus.*

c. Brèche à pâte rouge, brune, grise, etc. (*Brèche de Waulsort.*)

d. Calcaire noir zoné de gris cendré, en bancs d'épaisseur variable avec bandes de phtanites.

e. Calcaire gris-bleu traversé de filets spathiques (marbre bleu belge d'Anhée).

Puissance.   La puissance totale du calcaire carbonifère de la Belgique peut donc être évaluée à 800 mètres.

Lacunes.   On a vu par ce qui précède, que la série des dépôts primaires qui se succèdent jusqu'au calcaire carbonifère n'est complète que sur le bord septentrional de l'Ardenne ou, si l'on veut, sur le bord S. du bassin de Dinant.

Partout ailleurs, au contraire, le long des arêtes siluriennes du Brabant et du Condroz, comme sur les bords de la Hesbaye, plusieurs membres importants de cette série font défaut.

Le calcaire carbonifère se trouve représenté partout entre le terrain dévonien et les schistes houillers, mais il est à remarquer que sauf dans un massif restreint, celui de Falmignoul, près de Dinant, il n'est complet sur aucun point du pays. Les diagrammes figures 19 et 20 sont destinés à montrer l'allure et la répartition des assises du calcaire carbonifère sur la Meuse entre Bouvignes et Falmignoul.

La série de ces couches est affectée de *lacunes* variées, de plus en plus accentuées à mesure qu'on avance du S. vers le N. ou vers l'E. Ainsi à Namur elle ne comprend déjà plus que trois assises dont l'une est très-atrophiée, et au N. de Liége, elle n'est plus représentée que par l'assise VI ou assise de Visé, laquelle est, elle-même, très-réduite en épaisseur.

Nos terrains primaires semblent donc être soumis à une loi de réduction de puissance du S. au N. Cette loi, démontrée pour le terrain carbonifère et pour une partie du terrain dévonien, est destinée, sans doute, à se généraliser.

On a vu plus haut que la description des psammites du Condroz a été faite d'après la méthode de l'échelle stratigraphique qui donne des résultats assurés, dont l'un des plus importants a été de démontrer la constitution lacunaire de ce système dévonien, ce qui confirme pleinement les vues de M. Dupont sur le calcaire carbonifère. Antérieurement à ces travaux, les géologues préféraient admettre que les couches varient sensiblement d'un point à un autre. C'est cette opinion qui empêcha de reconnaître plus tôt le phénomène des lacunes et d'établir une échelle stratigraphique qui permet pour chaque terrain, de classer avec sûreté les couches dont il se compose dans chacun des massifs où il est représenté.

Le calcaire carbonifère renferme un très-grand nombre de fossiles Fossiles. et l'on compte déjà plus de six cents espèces parmi ceux qui ont été dénommés jusqu'ici.

Les beaux travaux de M. de Koninck sur la faune de ce calcaire remontent à 1842 et n'ont pas peu contribué à en faire un des dépôts les mieux connus.

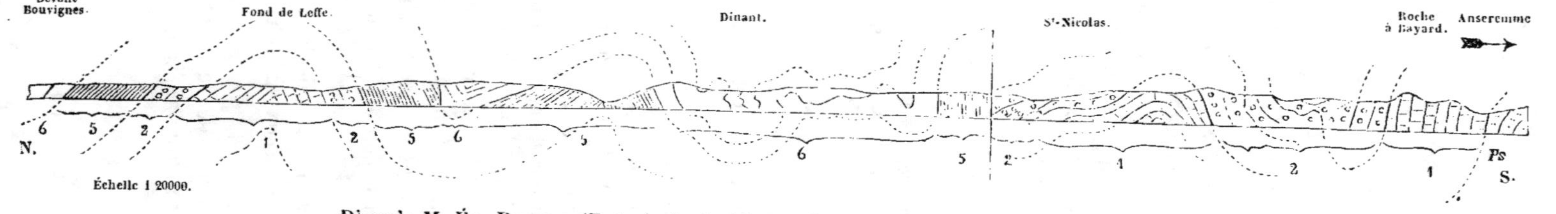

Fig. 19. — *Diagramme de la disposition des assises du calcaire carbonifère sur la rive droite de la Meuse, entre Bouvignes et Anseremme.*

D'après M. Éd. Dupont (Extrait du Spécimen de planches de coupes, publié en 1879).

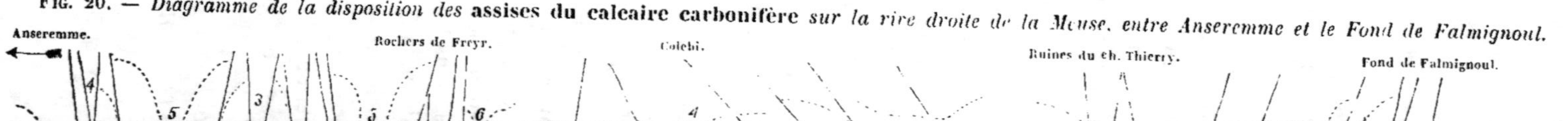

Fig. 20. — *Diagramme de la disposition des assises du calcaire carbonifère sur la rive droite de la Meuse, entre Anseremme et le Fond de Falmignoul.*

D'après M. Éd. Dupont (Extrait du Spécimen de planches de coupes, publié en 1879).

6. Assise VI. — De Visé.
5. — V. — De Namur.
4. — IV. — De Waulsort.

5. Assise III. — D'Anseremme.
2. — II. — De Dinant.
1. — I. — Des Écaussinnes.

Ps = Psammites du Condroz.

Mais comme ces travaux se rapportent presque exclusivement aux Fossiles (*suite*). fossiles du calcaire de Tournai et à ceux du calcaire de Visé, il s'ensuit que tous ceux provenant des environs de Dinant restaient encore à décrire.

Une étude complète de cette faune, l'une des plus importantes et des plus variées des terrains primaires, devenait donc indispensable et comme tous les éléments en ont été réunis au Musée royal d'histoire naturelle, pour mettre M. de Koninck en mesure de les décrire, cet éminent paléontologiste se décida à en entreprendre la description dans les *Annales du Musée*. Cette nouvelle description portera à environ douze cents, le nombre des espèces recueillies jusqu'à ce jour.

Dès à présent M. de Koninck reconnaît trois grandes périodes fauniques dans la série du calcaire carbonifère :

« Le niveau inférieur comprenant les assises I et II et une partie de l'assise III, renferme le *Spirifer mosquensis;* il est caractérisé, dans son faciès général, par la faune du calcaire de Tournai et des Écaussines avec des variantes qui paraissent en relation avec la position stratigraphique. Le niveau moyen est formé par la partie supérieure de l'assise III et par l'assise IV. Plus local que les deux autres niveaux, il puise ses traits distinctifs dans la présence des *Spirifer striatus* et *Syringothyris cuspidatus* et a pour représentants principaux les couches des Pauquys, près de Waulsort et celles de Dréhence.

Le niveau supérieur renferme les assises V et VI. Bien que l'assise V n'ait pas encore fourni d'une manière incontestable, de *Productus giganteus*, elle se rattache, néanmoins, au calcaire de Visé par ses *Euomphalus*, *Productus* et *Chonetes* de grande taille. »

On peut citer, en outre, les espèces suivantes comme caractérisant surtout par leur abondance, les diverses assises de notre calcaire carbonifère :

Pour l'assise I. — Des Écaussines : *Cyathophyllum plicatum*, *Syringopora distans, Chonetes variolaria*.

Pour l'assise II. — De Dinant : on est occupé à y faire des recherches.

Pour l'assise III. — D'Anseremme : *Orthis resupinata*.

Pour l'assise IV. — De Waulsort : *Spirifer striatus*, *Sp. cuspidatus*.

Pour l'assise V. — De Namur : les grands Évomphales (*Euomphalus æqualis, E. acutus*).

Pour l'assise VI. — De Visé : *Productus undatus, P. sublævis*.

On trouvera à la fin de cet ouvrage, la liste des fossiles carbonifères de la Belgique, d'après M. de Koninck, et leur répartition dans les différentes assises, d'après M. Dupont.

Cette liste s'est augmentée notamment des poissons et des Nautiles, dont la description forme le tome II des *Annales du Musée* (1878).

Cette description ne comprend pas moins de quarante-quatre espèces de poissons au lieu de dix qui lui étaient connues antérieurement et cinquante-deux espèces de Nautiles au lieu de treize qu'il décrivait en 1845 et 1851. Chacune de ces quatre-vingt-seize espèces semble caractériser un niveau, sans jamais passer, pour ainsi dire, dans un autre. Si ce dernier fait se vérifie pour les autres groupes, on reconnaîtra avec M. Dupont, que « la faune du calcaire carbonifère ne se présente plus, ainsi qu'on l'a cru si longtemps, comme l'équivalent de celle d'un simple étage, crétacé ou tertiaire, mais bien comme caractérisant une période aussi étendue que les périodes crétacée ou tertiaire elles-mêmes. »

Rappelons enfin que M. Brady a signalé, dans notre calcaire carbonifère, l'existence de foraminifères qu'il a étudiés et décrits sur des échantillons recueillis par M. Ernest Vanden Broeck, dans une carrière des environs de Namur (assise V), au lieu dit « les Fonds d'Arquet ».

Les principaux gîtes fossilifères du calcaire carbonifère sont en Belgique : Tournai, Soignies, Malnes, Feluy, pour l'assise I ; Anseremme, Freyr, Dréhence, pour l'assise III ; les Pauquys, Furfooz, pour l'assise IV ; Namur pour, l'assise V ; Visé, Namêche, Lèves, Viesville, pour l'assise VI.

 Le calcaire carbonifère repose en stratification concordante sur le système dévonien des psammites du Condroz.

A Visé, il se montre en contact avec le calcaire dévonien sans interposition des psammites du Condroz, ni des schistes de la Famenne. On peut vérifier ce fait dans trois carrières des bords de la Meuse où M. Horion l'a constaté le premier, en 1859, dans la carrière du fond de la gorge, au N. du four à chaux de Richelle ; dans la carrière de ce four même et plus au S. dans celle qui aboutit à la route, vis-à-vis du kiosque au sommet de la montagne.

Il présente dans le Condroz et l'Entre-Sambre-et-Meuse, une allure tout à fait remarquable. Emboîté dans les plis des psammites dévoniens, il y forme tantôt des bassins profonds qui encaissent des schistes houillers, tantôt, au contraire, il ne présente que des digitations qui relient ces bassins.

Il est d'ordinaire très-disloqué et des failles, en découpant les plis, ont amené fréquemment des interruptions dans la série des couches.

Dans le Hainaut il offre, au contraire, une disposition régulière qui contraste avec la précédente : il n'y est incliné que de 12^u à 15°, mais les bancs, au lieu de pencher régulièrement vers le S., ondulent de manière à maintenir les mêmes couches sur une longueur de plusieurs kilomètres.

M. Dupont a reconnu que c'est dans les endroits où les plis sont les plus nombreux et les plus profonds qu'il y a le plus de failles ; le même géologue a remarqué aussi que les bords S. des plis synclinaux sont, dans la plupart des cas, renversés ou voisins de la verticale et que les bords N. de ces plis sont, en général, beaucoup moins inclinés et les renversements exceptionnels qu'ils ont éprouvés, très-peu étendus. C'est ce qui explique pourquoi les carrières de marbre noir des environs de Dinant qui sont ouvertes dans les couches dont le pendage est au N. ou qui sont renversées, ont été généralement abandonnées.

Les études stratigraphiques de M. Dupont sur le calcaire carbonifère de la vallée de la Meuse lui ont aussi permis de constater qu'en de certains points, notamment près d'Yvoir et à Waulsort, le bord E. de la vallée a subi un relèvement.

M. Dupont croit trouver l'explication de ce fait dans la grande fracture qui a produit la vallée où coule cette partie de la Meuse et qu'il considère comme une grande faille.

En admettant cette interprétation il faudra reconnaître, toutefois, que ce n'est pas toujours le bord E. de la faille qui a été relevé, mais quelquefois, au contraire, le bord opposé, comme je l'ai reconnu au point où la Meuse traverse la bande psammitique d'Anseremme.

La coupe, figure 21, montre la constitution et l'allure du calcaire carbonifère sur la Sambre, près de Landelies. C'est une des plus intéressantes que fournit ce terrain en Belgique, par les dislocations, les renversements, les plis compliqués et les nombreuses failles qu'elle présente sur une longueur d'environ 1,500 mètres.

En outre, on remarquera que, tandis que les coupes, figures 19 et 20, montrent la série complète du calcaire sur la Meuse, la coupe, figure 21, dénote l'existence de lacunes importantes, les assises II, III et IV y faisant complétement défaut.

Les nombreuses cavernes devenues célèbres par les beaux travaux de Schmerling dans la province de Liége et de M. Dupont dans la province de Namur, s'observent sur les flancs des vallées creusées dans le calcaire carbonifère. Toutefois on en connaît aussi dans le calcaire dévonien, notamment à Esneux, à Han et la caverne de Gendron sur la Lesse, est ouverte dans le macigno de l'assise II de l'étage dévonien des psammites du Condroz.

Nous ne connaissons que les cavités souterraines mises à découvert par le creusement des vallées, mais il doit en exister beaucoup d'autres sous les plateaux, car il n'est pas rare de voir les cours d'eau permanents ou temporaires se perdre dans les roches calcareuses pour reparaître plus ou moins loin dans les vallées.

Aiguigeois.   On donne en Condroz le nom d'*aiguigeois* aux orifices par où les eaux se perdent et dont un certain nombre se trouvent presque au contact des psammites dévoniens.

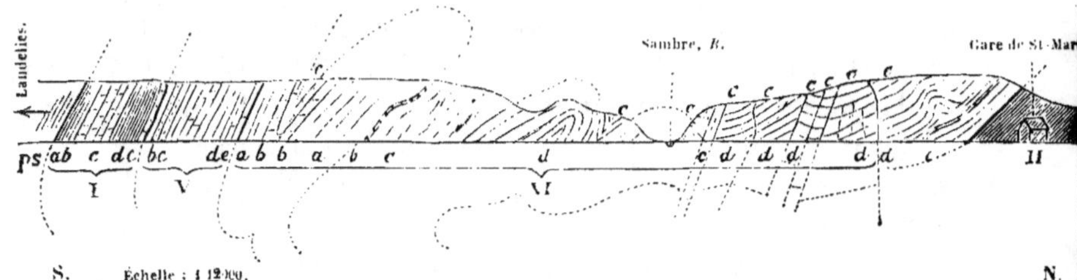

FIG. 21. — *Coupe du calcaire carbonifère sur la Sambre, près de Landelies.*

D'après M. Éd. Dupont (*Bull. de l'Acad. royale de Belg.*, 1873, 2ᵉ série, t. XXXIX, pl. I, fig. 4, p. 286).

H = Terrain houiller.   *ps* = psammites du Condroz.

Nota. — Pour la légende de cette coupe, voir l'échelle stratigraphique du calcaire carbonifère, pp. 109-110.

Usages.   Le calcaire carbonifère donne lieu à de nombreuses applications industrielles. Il est largement exploité dans le Hainaut et sur l'Ourthe sous le nom de *petit granit.*

Seulement, tandis que dans cette dernière région les bancs sont fortement renversés, plissés, et par conséquent fissurés, dans le Hainaut, au contraire, ces mêmes bancs offrent notamment à Soignies, aux

Écaussines et à Maffles une inclinaison qui ne dépasse pas généralement 15° et la propriété qu'ils possèdent dans cette région d'être rarement fissurés permet d'en extraire des blocs qui donnent un aspect monumental aux constructions modernes de nos cités.

C'est aussi le calcaire carbonifère qui fournit la chaux hydraulique de Tournai exploitée dans de nombreuses carrières, entre Allain et Péronne; les calcaires employés comme pierre de construction et comme pierre à chaux, entre Namur et Liége, ceux qui alimentent de *castine* les hauts-fourneaux des environs de Liége et de Charleroi; les marbres noirs de Dinant, de Basècles et des environs de Namur, le marbre brèche de Waulsort.

Enfin il faut citer la dolomie qu'on a essayé d'utiliser et qui renferme, entre Namur et Moresnet, les filons de pyrite, de galène, de blende et de calamine qui font l'objet de grandes exploitations.

La limonite est aussi très-abondante dans le calcaire carbonifère, particulièrement dans les schistes de la base qui le séparent des psammites du Condroz.

II. — SYSTÈME HOUILLER.

SYNONYMIE : Système houiller de Dumont. — Partie du terrain houiller de d'Omalius.

Le système houiller de la Belgique est formé, d'après la légende de la Carte géologique, d'ampélite, de psammite, de schiste et de houille. Ces roches sont réparties par Dumont dans deux étages dont l'inférieur dit sans houille est peu développé, tandis que le supérieur ou étage houiller, proprement dit, acquiert une épaisseur considérable.

M. Dewalque rapporte dans son *Prodrome* que « Dumont rangeait encore dans l'étage houiller, sans houille, des grès ou plutôt des quartzites grisâtres ou noirâtres, avec empreintes végétales, que l'on rencontre surtout dans la partie N.-E. du bassin de Liége et qui sont encore plus remarquables près d'Aix-la-Chapelle. Nous les laisserions plus volontiers, ajoute M. Dewalque, à la base de l'étage suivant : ils nous paraissent correspondre à sa partie sans houille dans la Westphalie (*Flötzleerer Sandstein*), que Dumont a coloriée comme houiller inférieur sur la *Carte géologique de la Belgique et des provinces voi-*

sines, et que nous considérons comme l'équivalent du *millstone grit* des îles Britanniques. »

L'existence des roches dont parle ici M. Dewalque a été signalée depuis quelque temps dans bon nombre de localités, tant dans le bassin du Hainaut, que dans celui de Liége.

Ces roches sont des grès blanchâtres passant au poudingue et à l'arkose et séparées du calcaire carbonifère par des schistes houillers renfermant quelques couches de houille.

Cet ensemble de dépôts présente de telles analogies minéralogiques avec ceux du *millstone grit* de la Grande-Bretagne qu'il semble préférable de voir les représentants de ces derniers dans notre assise schisteuse limitée supérieurement par des grès et des poudingues, plutôt que de les rechercher dans l'ampélite de Chokier, comme on l'a fait généralement jusque dans ces derniers temps.

Dès lors, la limite de l'étage houiller inférieur doit être notablement relevée dans notre série et le nom de *houiller sans houille* ne peut plus convenir pour désigner l'étage inférieur du système houiller.

ÉTAGE INFÉRIEUR.

L'étage houiller inférieur tel qu'il est limité ici, d'après les considérations qui précèdent, comprend deux assises : la première renfermant l'ampélite de Chokier et les phtanites houillers et la seconde, les schistes houillers terminés supérieurement par le poudingue de Monceau-sur-Sambre.

Ampélite de Chokier. — Cette assise n'est représentée que par de l'ampélite alunifère ou des phtanites.

Ampélite. L'ampélite alunifère est une roche de couleur noire, à texture schistoïde, imprégnée de pyrites, et renfermant aussi de petits cristaux de gypse ainsi que des concrétions, des enduits et des veines de couperose et d'alun de plume.

Elle renferme quelques lits argileux dont le supérieur contient des sphéroïdes de calcaire, passant quelquefois à la sidérose, exhalant une odeur fétide sous le choc du marteau et remplies de restes de poissons et de mollusques marins dont les plus abondants sont :

Goniatites diadema, Goldf.	*Productus carbonarius*, de Kon.
— *atratus*, Goldf.	*Mytilus ampeliticola*, de Ryckh.

On observe dans l'ampélite, de curieuses concrétions en forme de *cornets*, qui ont été prises pour des polypiers.

L'épaisseur de l'ampélite varie de 2 à 30 mètres.

Elle a été exploitée pour la fabrication de l'alun entre Huy et Liége et notamment à Chokier.

Dans les environs de Mons, de Charleroi et de Namur ainsi que dans la partie N.-E. de la province de Liége, l'ampélite est remplacée par des couches quartzeuses grises ou noirâtres, connues sous le nom de *phtanites*, qui passent au schiste, au quartzite et au psammite. Phtanites.

On y trouve quelquefois un fossile marin, *Posidonomya Becheri*, Bronn, et M. Briart y a recueilli un *Productus*.

M. de Koninck a signalé la présence d'un pygidium d'une espèce de Trilobite appartenant au genre *Phillipsia*, dans des échantillons de phtanite recueillis par MM. les ingénieurs Faly et Libert, à la plaine de Casteau (Maisières), près de Mons.

Cette assise renferme peu de végétaux ; toutefois, on cite près de Casteau, quelques empreintes qui se rapportent probablement au *Bornia transitionis*, Göpp., qu'on trouve dans l'ampélite de Chokier, à Samson.

A Hozémont, près de Liége, les phtanites reposent directement sur le terrain dévonien.

L'épaisseur des phtanites atteint 68 mètres dans le Hainaut.

Poudingue de Monceau-sur-Sambre. — On a vu ci-dessus, qu'il existe en Belgique des roches tout à fait semblables à celles qui, en Angleterre, sont représentées par un psammite appelé *millstone grit*, qui passe au grès, au poudingue, à l'arkose et qui contient aussi quelques couches de houille, notamment dans le Yorkshire. Poudingue.

J'ai cru bien faire de réunir cet ensemble de roches sous le nom qui rappelât tout à la fois la roche la plus caractéristique et la localité où elle paraît être le mieux développée.

M. R. Malherbe a rencontré ces roches en de nombreux points de la province de Liége, et notamment près de Charneux.

MM. Briart et Cornet ont reconnu l'existence de ces mêmes roches dans le Hainaut. Ils en ont observé quatre affleurements principaux dans la partie S.-E. du bassin du Centre, sur une longueur d'environ 4 $\frac{1}{2}$ kilomètres.

Ces affleurements sont situés sur une même ligne, à peu près parallèle à la limite bien connue du calcaire carbonifère qui se trouve à environ 900 à 1,000 mètres au S. et que l'on peut suivre depuis Fontaine-l'Évêque jusqu'à Landelies, sur la Sambre.

M. Faly a poursuivi cette même bande ou *bande de Monceau*, bien au delà de la Sambre, ce qui lui assigne une longueur d'au moins 8 kilomètres.

Plus à l'E., M. Faly a retrouvé encore de nombreux affleurements de ces roches qui constituent ce qu'il appelle la *bande de Couillet* qui chemine parallèlement à l'affleurement septentrional du calcaire de Loverval. Il a reconnu aussi que ces mêmes roches forment dans le versant septentrional du bassin, la *bande de Courcelles*.

L'assise de grès qui se trouve au N. de la station d'Andenne paraît être le prolongement de la bande de Courcelles.

De son côté, M. Firket a signalé l'existence du poudingue houiller en place dans des carrières de la rive droite de la Meuse à Gives (Ben-Ahin) ainsi que celle des puissants bancs de grès qui le recouvrent à Seilles.

Il a pu s'assurer que le poudingue de Gives est exactement au même niveau que celui d'Amay, signalé par Dumont.

M. l'ingénieur Hock a retrouvé les grès puissants à gros grains et le poudingue houiller qui leur est subordonné, dans le N.-E. de la province de Namur, depuis Gives jusque Groynne, sur une longueur de 7 kilomètres, et depuis Seilles jusque Hautebise, sur une largeur de 2 ¹/₂ kilomètres.

Usages. On exploite encore actuellement ces roches pour pavés dans le Hainaut, notamment le long du chemin de fer qui réunit les houillères de Courcelles N. au chemin de fer de Charleroi à Bruxelles.

Il en est de même dans la province de Namur, où l'on en fait aussi des pavés près de la ville d'Andenne, au sommet et sur le versant N. de la Montagne du Calvaire.

Parmi les substances minérales que l'on exploite dans le terrain houiller inférieur il faut citer, outre les schistes alunifères, les grès quartzeux noirs et les phtanites pour l'empierrement des chemins ainsi que des minerais de plomb.

ÉTAGE SUPÉRIEUR.

Les roches qui constituent notre terrain houiller proprement dit, Roches.
sont : le schiste, le grès, le psammite et la houille.

Le *schiste* houiller est généralement feuilleté, souvent pailleté, quelquefois bituminifère, et présente une teinte grisâtre ou bleuâtre qui devient noire au contact des couches de combustible.

C'est la roche encaissante de la houille. Elle forme ce que les mineurs désignent par les noms de *toit* ou de *roc* et de *mur*, c'est-à-dire le dessus et le dessous de la couche exploitée lorsque celle-ci est dans sa position normale, auquel cas on dit qu'elle est en *plateure*. Dans le cas contraire, elle est en *droiteure*.

Le schiste du toit diffère de celui du mur en ce qu'il est ordinairement bien feuilleté, très-mince et recouvert d'empreintes de feuilles de fougères et de tiges de *Lepidodendron*, de *Calamites*, de *Sigillaria* et d'autres plantes houillères. Celui du mur, au contraire, forme une masse non feuilletée, avec peu de mica, à cassure irrégulière et traversée en tous sens, par les racines de certaines plantes arborescentes (*Stigmaria ficoides*) qui ont contribué à former la houille.

En outre, le schiste du toit acquiert par l'action du feu une teinte rouge-brique très-prononcée, due à la présence de l'oxyde de fer, tandis que celui du mur donne par la cuisson, des produits blancs ou gris. Le mur représente la terre végétale sur laquelle s'élevaient les forêts aujourd'hui ensevelies et métamorphosées de l'époque houillère. Ces forêts avaient, alors comme aujourd'hui, la propriété d'enlever le fer disséminé dans le sol.

Le schiste est la roche dominante de notre terrain houiller, puis viennent le *grès* et le *psammite*, que l'on confond souvent sous le nom de *grès houiller*, de *cuerelle*, etc.

Les grès houillers se présentent en bancs épais et sont généralement traversés par des fissures qui ont quelquefois plusieurs centimètres de largeur et qui sont souvent remplies par de l'eau. Ce liquide se rencontre aussi dans les fissures des schistes et même dans les vides étroits des plans de clivage de la houille.

Les eaux que l'on rencontre dans le terrain houiller sont souvent char- Sel marin.
gées de sel marin comme l'ont reconnu M. R. Malherbe dans le bassin de

Liége et M. R. Laloy dans le département du Nord. En outre, le premier de ces géologues a pu constater par les analyses de M. C. Renard de Liége, que les grès houillers renferment des chlorures, de même que les eaux qui en émergent, bien que celles-ci en contiennent plus que la roche.

M. l'ingénieur Cornet avait déjà constaté dans certains bancs du calcaire carbonifère à Maffles, à Soignies, aux Écaussines et à Feluy, une grande quantité de géodes cristallines remplies d'eau très-salée.

Argile plastique.

Les schistes houillers passent quelquefois à une véritable argile plastique et les psammites à une argile sableuse et micacée.

La coupe, figure 22, en montre un curieux exemple dans le terrain houiller d'Assesse.

FIG. 22. — *Coupe de la tranchée du chemin de fer au N.-O. d'Assesse.*

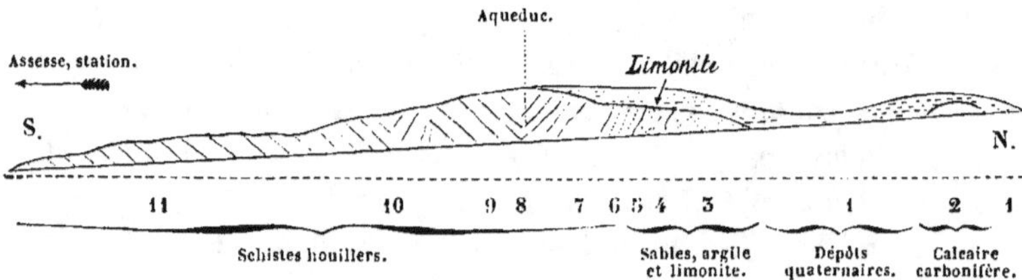

D'après M. Mourlon (*Bull. de l'Acad. roy. de Belgique*, 2ᵉ série, t. XLI, 1876, p. 540, planche, fig. 6).

1. Limon brun avec cailloux à la base.
2. Calcaire carbonifère (Assise VI).
3. Sables blanc et jaune.
4. Argile d'un bleu pâle avec des parties d'un noir foncé par places.
5. Limonite concrétionnée et terreuse.
6. Schistes noirs décomposés avec blocs de phtanite décomposé dans la masse.
7. Schistes décomposés.
8. Schistes noirs décomposés, passant à une argile bleue et parfois jaune avec blocs de phtanite disséminés dans la masse.
9. Idem avec rangées de psammite micacé schistoïde d'un bleu pâle à la partie inférieure, zonaires et parfois colorés en rouges.
10. Schistes décomposés et transformés partiellement en une argile bleue dans laquelle se détachent des lignées de psammite zonaire en voie de décomposition, d'un bleu pâle vers le bas.
11. Schistes décomposés recouverts, en majeure partie, d'éboulis.

M. Firket a signalé des faits analogues dans le bassin de Liége, notamment au puits St-Nicolas de la Société charbonnière de l'Espérance, à Montegnée où le terrain houiller, recouvert de 2ᵐ,40 d'Hervien et de 1ᵐ,40 de limon hesbayen, présentait la succession suivante, de haut en bas :

« Psammite houiller, micacé, gris brunâtre, fracturé et altéré 0ᵐ,95
» Argile grise, plastique, analogue à l'argile réfractaire d'Andenne 0ᵐ,40
» Schiste houiller, etc., etc. »

M. Firket a constaté que d'anciennes exploitations ont provoqué dans ce puits, des affaissements, et fracturé la couche de psammite, ce qui a permis aux eaux pluviales de traverser la smectique hervienne et d'altérer le schiste au point de le transformer en argile.

La *houille* se présente ordinairement en couches dont l'épaisseur Houille. varie de quelques centimètres jusqu'à plus de 2 mètres. Ces couches sont composées d'un ou de plusieurs lits de houille contigus ou séparés par des lits de schistes argileux et charbonneux, quelquefois par des lits non contigus de sidérose ou de pyrite oolitique et plus rarement par des lits de grès ou de psammite.

Les lits de houille sont souvent divisés naturellement par des joints parallèles à la stratification et remplis par une substance ayant l'aspect du charbon de bois et à laquelle on a donné le nom de *houille daloïde*. Celle-ci est ordinairement très-pure et plus grasse que la houille qui la renferme.

La houille entre pour moins d'un trentième dans la masse totale du terrain.

Le nombre des couches de houille, en un point quelconque, est généralement proportionnel à l'épaisseur que présente le terrain houiller sur ce point : c'est ainsi qu'on en connaît dans le Borinage cent trente à cent soixante dont les deux tiers sont exploitables alors que dans la province de Liége, Dumont n'en a reconnu que quatre-vingt-cinq.

Le terrain houiller renferme quelques couches subsidiaires de *cal-* Calcaire. *caire à crinoïdes* ayant de certaines analogies avec celui de l'assise I du calcaire carbonifère.

Déjà, en 1825, Cauchy signalait l'existence de ces bancs dans le terrain houiller de la province de Namur, près du village de Moustier.

Tout récemment, M. Émile Brunin découvrait un fait analogue dans une tranchée pratiquée à travers le bois de Baudour pour le chemin de fer de St-Ghislain à Erbiseul.

Ce calcaire est plus siliceux que le calcaire à crinoïdes de Soignies et des Écaussines et renferme, d'après MM. Cornet et Briart, qui l'ont fait connaître, le *Choneles Laguessiana*, de Kon. et le *Productus carbonarius*, de Kon.

Grisou.   Les fissures des roches houillères et du charbon sont aussi quelquefois remplies par l'hydrogène protocarboné, si connu sous le nom de *grisou*. Ce gaz inflammable existe dans la composition intime de certaines houilles dont il remplit peut-être les cellules.

En général, on peut dire que les dégagements de ce gaz inflammable sont au maximum d'intensité dans les couches de houille grasse à coke et que leur importance diminue pour finir même par s'annuler complétement, à mesure qu'on s'élève vers les charbons Flénu ou que l'on descend vers les charbons maigres à courte flamme (Cornet, 1878).

Minéraux.   Les minéraux qu'on trouve disséminés dans le terrain houiller sont les suivants :

Sidérite.	Pholérite.	Calcite.	Millérite.
Pyrite.	Quartz.	Hatchetine.	Barytine.

M. l'ingénieur Cornet rapporte que la pyrite existe en masses considérables dans un puits naturel rencontré en 1876 par les travaux du puits Ste-Julie du charbonnage de Rieu-du-Cœur, à Quaregnon. Elle y possède les caractères minéralogiques de la pyrite de filons.

De minces lits de fer carbonaté qui ont rarement plus de 0^m,10 d'épaisseur se rencontrent dans les schistes houillers et ont donné lieu à quelques tentatives d'exploitation qui ont été bientôt abandonnées.

Fossiles.   Notre terrain houiller présente une faune peu variée; on y a découvert cependant, tant dans le bassin de Mons et du Centre que dans celui de Liége, divers niveaux fossilifères, toujours renfermés dans des schistes noirs, compactes, onctueux et comprenant de nombreuses coquilles marines dont la plupart sont rapportées au genre *Cardinia*.

Dans le bassin de Liége, M. R. Malherbe a reconnu sept niveaux différents de *Cardinia* (*Anthrocosia*).

De leur côté, MM. Briart et Cornet ont fait connaître sept niveaux fossilifères dans le bassin de Mons.

Ces niveaux sont situés relativement entre eux et à l'assise des phtanites de la manière suivante :

7ᵉ niveau, à 1,700 mètres au-dessus des phtanites					séparés par 550 mètres.
6ᵉ — 1,500 — — —					— 620 —
5ᵉ — 530 — — —					— 90 —
4ᵉ — 440 — — —					— 160 —
3ᵉ — 280 — — —					— 130 —
2ᵉ — 50 — — —					— 70 —
1ᵉ — 20 — dans l'assise des phtanites					

En 1867, M. P.-J. Van Beneden et feu Coemans ont fait connaître un gastéropode pulmoné terrestre provenant du bassin de Mons, en même temps que le premier insecte fossile rencontré dans notre terrain houiller et que ces savants rapportent aux Névroptères.

Plus récemment, en 1875, M. Preudhomme de Borre y a ajouté plusieurs autres espèces provenant des parties supérieures du terrain houiller des environs de Mons. Parmi ces espèces se trouveraient des Éphémères (*Breyeria borinensis*), des Acridiides (*Pachytylopsis Persenairei*) et peut-être aussi des Névroptères et des Orthoptères.

M. de Koninck a fait aussi connaître l'existence d'un petit crustacé découvert par M. Persenaire dans le schiste houiller du charbonnage de *Belle et Bonne*, près Mons. Ce crustacé est représenté par l'empreinte et la contre-empreinte d'un Décapode Brachyure que M H. Woodward a décrit sous le nom de *Brachypyge carbonis* (1878).

Les restes reconnaissables d'une végétation exubérante qui a donné naissance à la houille, se présentent sous la forme de troncs, de racines et de feuilles dans nos couches de houille. Ce sont principalement des cryptogames vasculaires, représentés par des fougères, des *Calamites. Sphenophyllum, Annularia* et *Lepidodendron*. A ces cryptogames, viennent se joindre de nombreux représentants du genre *Sigillaria* rapporté avec doutes aux Cycadées et des gymnospermes appartenant au genre *Cordaites*.

La plus grande partie, sinon la totalité des espèces de nos plantes houillères, sont représentées dans les collections du Musée, par un grand nombre de spécimens.

Ces collections ont été réunies par feu l'abbé Coemans avec le concours des ingénieurs de nos charbonnages et particulièrement de MM. Cornet et Briart.

M. Crépin a contribué aussi pour une bonne part à enrichir avec l'aide de M. Persenaire, les collections de l'État.

En me communiquant obligeamment la liste de nos végétaux houillers qu'on trouvera plus loin, M. Crépin ajoute : « Cette liste, il est vrai, n'est pas complète, car nous possédons en Belgique un certain nombre d'espèces qui n'ont pu encore être identifiées exactement et qui ne sont pas citées ; mais telle qu'elle est, elle suffit, néanmoins, pour faire reconnaître l'âge de nos couches houillères en général. Celles-ci appartiennent au terrain houiller moyen proprement dit, comprenant les étages sous-moyen, moyen et supra-moyen.

» Il est à remarquer que les couches supérieures du bassin de Mons possèdent une flore à peu près identique avec celle de la concession de Bully-Grenay et que l'ensemble de notre flore houillère est à peu près le même que celui de la flore du bassin du nord de la France.

» Au point où en est arrivée l'étude de nos végétaux houillers, il n'est pas encore possible de caractériser les flores de nos divers étages houillers et de fournir ainsi des renseignements suffisants pour distinguer rigoureusement, au point de vue botanique, les étages sous-moyen, moyen et supra-moyen. »

Superposition. Le terrain houiller remplit une profonde vallée qui résulte de la dépression des terrains plus anciens et traverse notre pays à peu près de l'E. à l'O.

Cette vallée, dont le fond est très-ondulé dans le sens de la longueur, est interrompue au ruisseau de Samson, non loin de Namur, où les strates houillères les plus inférieures arrivent au niveau de la surface, dans l'axe de la vallée.

A partir de ce point, l'ensemble de la formation s'incline, d'un côté, à l'O. vers Mons pour constituer le bassin dit du Hainaut qui renferme les importants districts miniers du Borinage, du Centre et de Charleroi ; et de l'autre, à l'E. pour former le bassin de Liége.

Il résulte de cette disposition d'ensemble que la profondeur de la vallée houillère augmente à mesure qu'on s'éloigne de Namur, soit à l'O., soit à l'E. ; aussi, les parties du terrain houiller les plus voisines de cette ville ne renferment-elles que les couches inférieures qui donnent la *houille maigre* à courte flamme.

Dans le bassin du Hainaut, on ne commence à rencontrer ce que l'on appelle les *houilles grasses* que près de Charleroi, et ce n'est qu'aux environs de Mons qu'on trouve les houilles à longue flamme, connues sous le nom vulgaire de *charbon Flénu*. Celles-ci sont très-recherchées pour la préparation du gaz d'éclairage et on les exploite dans les couches supérieures de la formation houillère.

Une disposition semblable des couches se montre lorsqu'on se dirige de Namur vers Liége. C'est près de cette dernière ville de même qu'à l'O. de Mons, que le fond de la vallée présente le plus de profondeur. En effet, tandis que près de Namur il se trouve à 200 mètres environ au-dessus du niveau de la mer, on estime qu'il atteint, au contraire, 2,575 mètres au-dessous de ce même niveau, près de Boussu à l'O. de Mons.

FIG. 25. — *Diagramme de la disposition des couches du terrain houiller, à l'O. de Mons.*

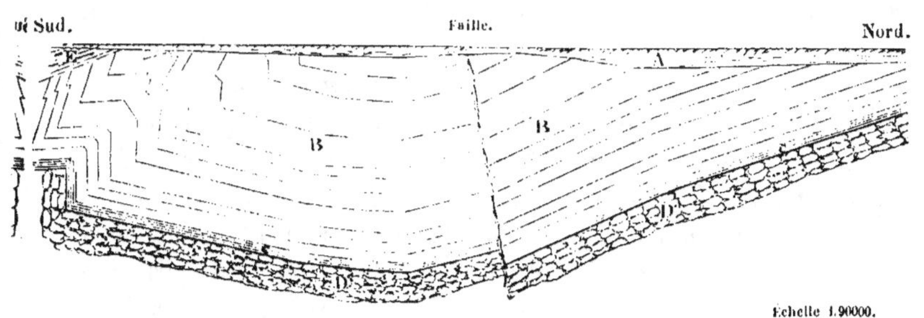

D'après M. l'ingénieur CORNET (*Patria belgica*, t. I, p. 155, fig. 10).

A. *Terrains morts* des mineurs, composés de dépôts modernes, quaternaires, tertiaires et crétacés.

B. Terrain houiller proprement dit.

C. Phtanites.

D. Calcaire carbonifère.

E. Grès, schistes et quartzites de Wihéries, rapportés par Dumont à son *système coblentzien*.

Considéré dans le sens perpendiculaire à l'axe de la vallée, l'ensemble des couches houillères présente des dispositions très-remarquables et qui varient suivant les points où on les observe.

Sur toute la longueur du versant septentrional de la vallée, les couches gisent en grandes plateures très-régulières que l'on voit reposer sur les phtanites ou sur l'ampélite.

Le versant S., au contraire, est comme refoulé sur lui-même et les couches y forment plusieurs séries de dressants et de plateures.

Ce mode remarquable de gisement est attribué à la même cause qui a plissé nos terrains primaires, c'est-à-dire au mouvement de refoulement latéral du S. vers le N. qui, à la fin de l'époque houillère, s'est opéré dans le bassin primaire méridional.

Faille du Midi.

Ce mouvement ne s'est pas borné à comprimer et à plisser les couches houillères, depuis le Pas-de-Calais jusqu'à la frontière orientale de notre pays; mais il a aussi donné lieu à la production d'une immense faille parallèle à la vallée et sur la paroi inférieure de laquelle les terrains primaires, formant le versant N. du bassin méridional, ont glissé et se sont avancés jusque sur le terrain houiller.

On comprend, dès lors, pourquoi ce dernier, qui est renversé, se trouve recouvert le long de la faille par des couches dévoniennes plus ou moins anciennes suivant que la direction de la faille s'infléchit plus vers le N. ou vers le S. relativement à la direction des couches.

L'amplitude du rejet de la faille est très-variable; elle paraît être la plus grande dans les départements du Pas-de-Calais et du Nord et dans la partie méridionale du district houiller du Borinage.

Dans cette dernière région, les couches, en s'inclinant au S. à partir de leur affleurement, constituent de grandes plateures dont l'ensemble est connu sous le nom de *Comble du Nord*. Ce versant se termine à une ligne nommée *Naye*, qui correspond sensiblement à l'axe de la vallée houillère et au S. de laquelle les couches pendent au N. pour former le versant dit *Comble du Midi*. A une distance assez considérable de la Naye, les couches dans le Comble du Midi se relèvent brusquement, presque verticalement, et même se renversent pour former diverses séries de plateures et de dressants.

Le diagramme, figure 25, montre l'allure du terrain houiller à l'O. de Mons.

Les complications produites par les perturbations mécaniques qu'a subies notre terrain houiller, donnent quelquefois lieu à des problèmes étranges.

Voici l'un des cas les plus remarquables sur lesquels la géologie ait eu à se prononcer.

Il y a plus de trente ans, la *Société nationale* ayant résolu d'enfoncer une bure pour la recherche du charbon, dans la commune de Thulin, au couchant de Mons, on traversa, comme le montre la coupe, figure 24, décrite par Dumont (Mém. de 1848, pp. 525 et suiv.) et figurée par M. Cornet dans un Mémoire de M. Gosselet (*Annales des sciences géologiques*, 1875, t. IV) :

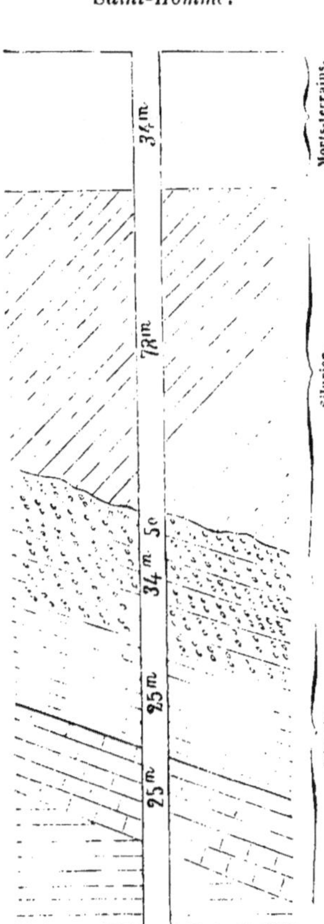

Fig. 24. — *Coupe de la bure du Saint-Homme.*

Schistes houillers.

34 mètres de dépôts tertiaires et crétacés que les mineurs du Hainaut appellent *morts-terrains ;*

78 mètres de schistes noirs bleuâtres avec bancs de psammites intercalés, incl. au S. de 55° ;

34^m,50 de poudingue en bancs, incl. de 4° vers le N ;

25 mètres de schistes et de psammites très-souvent calcarifères, passant au calchiste et au *macigno* et accompagnés de bancs de calcaire argileux.

Enfin les travaux d'approfondissement avaient été poussés à 11 mètres dans les bancs de calcaire, lorsque la Société se décida à recourir aux lumières de l'auteur de la Carte géologique.

L'éminent stratigraphe reconnut à la vue des échantillons provenant de la bure du St-*Homme*, que les couches des étages dévoniens inférieur et moyen s'étaient renversées sur le terrain houiller, et qu'on pouvait, par conséquent, atteindre celui-ci en poursuivant les travaux d'enfoncement à travers toutes ces couches, c'est-à-dire, d'après ses inductions, sur une épaisseur de 276 mètres, le calcaire traversé devant avoir, d'après cela, 104^m,50.

Certaines raisons ne permirent pas de continuer les travaux d'approfondissement. Mais les exploitations entreprises dans un autre puits ont maintenant sanctionné la remarquable interprétation de Dumont, en établissant que le terrain houiller gît bien, en ce point, sous le calcaire dévonien qui a été renversé.

Seulement l'épaisseur du calcaire a été moindre que ne l'avait annoncé Dumont, mais cette épaisseur pouvant varier d'une localité à l'autre, comme cela a été observé pour le calschiste et le poudingue dont la puissance augmente en avançant de l'E. à l'O., l'illustre géologue n'avait, du reste, considéré ce résultat que comme approximatif.

Failles. Des failles nombreuses et d'une extension verticale et horizontale souvent considérable, découpent notre terrain houiller, de même que tous nos autres terrains primaires et ajoutent leur complication à celles qui résultent des renversements dont on vient de voir un des cas les plus extraordinaires qui aient été constatés jusqu'à présent.

Puits naturels. MM. Briart et Cornet ont fait connaître en 1870, qu'il existe dans le terrain houiller du Hainaut, certains accidents analogues à ceux qui ont été signalés dans nos terrains crétacés et tertiaires, sous les noms de *Puits naturels* et d'*Orgues géologiques*, ainsi que de *Marquois* (par les carriers de l'Artois).

Ce sont, en effet, de véritables puits, à sections curvilignes plus ou moins régulières, traversant les couches houillères obliquement ou normalement à la stratification.

Ces excavations diffèrent surtout des failles en ce qu'elles ne sont jamais accompagnées de rejetages ; elles n'ont de commun avec elles que la nature des roches qui constituent leur remplissage.

Ce sont des débris de houille, de schiste, de grès houiller, éboulés des parois, parmi lesquels on rencontre accidentellement des lignites, des argiles et des sables crétacés ; mais, jusqu'ici, pas de roche tertiaire.

On a rencontré de ces puits naturels dans plusieurs charbonnages du Hainaut, notamment dans ceux de Bascoup à Chapelle-lez-Herlaimont, de Sars-Longchamps, à la Louvière, du Grand-Hornu à Hornu, de Maurage, de Quaregnon, etc.

Notre grande vallée houillère du bassin de Namur s'étend au delà de nos frontières, d'un côté jusqu'en Westphalie et, de l'autre, jusque dans le département du Pas-de-Calais et peut-être même jusqu'en Angleterre dans le bassin du Somersetshire.

Bassin de Dinant. L'étage houiller est peu développé dans le bassin de Dinant où il se montre composé de phtanites, de psammites et de schistes, mais on n'y trouve que peu ou point de houille. Il forme dans cette région les petits bassins de Florennes, d'Anhée, de Bois-Borsu, d'Assesse, de Bende, de Modave et de Linchet.

On a déjà vu plus haut que le grès houiller est utilisé comme pierre à pavés et comme meules à aiguiser. *Usages.*

Quant à la houille, il suffit pour donner une idée de son importance en Belgique de rappeler qu'on en extrait maintenant chaque année 4 à 5 millions de tonneaux de 1,000 kilogrammes; en 1875, ce chiffre s'est élevé à 15,778,401 tonneaux.

Dans un travail récent (1878), publié par M. l'ingénieur Cornet, les couches de houille exploitées en Belgique sont divisées en quatre classes d'après les différentes propriétés physiques et chimiques du combustible qu'elles fournissent.

« 1° *La houille maigre à longue flamme* ou *houille Flénu.* — C'est un charbon brillant à cassure fibreuse, ne se réduisant pas en poussière, mais en petits fragments à surface lisse, ne tachant que peu les doigts, et partagé naturellement par deux plans de clivages obliques qui donnent aux morceaux la forme de prismes à bases rhombes.

» Le charbon Flénu s'enflamme très-rapidement et brûle sans coller avec une flamme vive et longue, en donnant beaucoup de fumée. Distillé en vase clos, il fournit une grande quantité de gaz d'éclairage, mais ne laisse, comme résidu, qu'un coke en petits morceaux, très-friable, dont on ne peut guère faire usage.

» Le charbon Flénu est très-estimé par toutes les industries qui ont besoin de flammes longues ou d'une grande quantité de chaleur à produire rapidement à un moment donné. Il est principalement employé au chauffage des chaudières de bateaux à vapeur, au puddlage du fer, à la cuisson des tuiles, des carreaux et de la faïence, dans la fonte du verre à vitres et à glaces et dans la fabrication du gaz d'éclairage. Il convient beaucoup pour les industries qui emploient le four Siemens.

» Certains charbons Flénu ont fourni jusqu'à 550 mètres cubes de gaz éclairant, par mille kilogrammes de houille employée.

» 2° *La houille maigre à longue flamme* ou *demi-grasse.* — C'est un charbon noir à cassure schisteuse, se réduisant assez facilement en poussière, tachant les doigts, se partageant naturellement en blocs assez friables qui affectent la forme de parallélipipèdes et renferment assez souvent de minces lits de houille daloïde.

» Cette houille s'allume plus difficilement que le charbon Flénu, et brûle moins rapidement avec une flamme assez longue et en s'agglutinant. Soumise à la distillation, elle fournit moins de gaz d'éclairage que le charbon Flénu; mais le résidu est un coke d'assez bonne qualité que l'on peut utiliser au chauffage domestique et à quelques autres usages.

» La houille demi-grasse est employée principalement pour le chauffage des chaudières à vapeur, les usages domestiques, la fabrication du gaz d'éclairage et la fabrication du coke de métallurgie, quoique ce coke soit ordinairement d'assez faible densité et poreux.

» 3° *La houille grasse maréchale* ou *houille grasse.* — Cette houille est ordinairement très-friable, très-poussiéreuse et tachant les doigts. Elle a un aspect gras caractéristique, et renferme beaucoup de houille daloïde. Les gros morceaux affectent la forme de parallélipipèdes.

» La houille grasse maréchale s'allume plus difficilement et brûle moins rapidement que les charbons des deux classes précédentes. Sa flamme est relativement courte, et les morceaux de houille en ignition ont une grande tendance à s'agglutiner. Soumise à la distillation, elle produit un coke pesant, dur, très-recherché par la métallurgie. Aussi la majeure partie de cette houille, extraite en Belgique, sert à alimenter les nombreux fours à coke qui y sont établis. Elle est aussi très-estimée pour le chauffage domestique et les foyers de forgerons.

» 4° *La houille sèche à courte flamme* ou *houille maigre.* — Cette houille dans certaines couches est à cassure schisteuse généralement résistante, se divise en morceaux parallélipipédiques, quelquefois prismatiques à bases rhombes, montrant ordinairement d'assez nombreux lits de houille daloïde.

» Dans d'autres couches, la houille maigre est à cassure conchoïde, très-fragile, et se réduit facilement en poudre fine tachant les doigts.

» Cette houille s'enflamme avec difficulté et brûle très-lentement sans coller ni se ramollir, avec peu de fumée et une flamme courte et moins brillante que celles des charbons des autres classes.

» Si l'on soumet la houille maigre à la distillation, il s'en échappe peu de gaz et il reste un coke fritté, souvent en poudre incohérente, d'autres fois ayant conservé la forme des morceaux de charbon, et, dans ce cas, il est assez pesant mais friable.

» La houille maigre est principalement utilisée pour la cuisson des briques et de la chaux, pour le grillage des pyrites, la réduction des minerais de zinc, et pour la fabrication des charbons agglomérés.

» C'est principalement le charbon menu qui est employé à ces divers usages. Les gros morceaux sont vendus pour le chauffage domestique.

» Il existe sur certains points du pays une variété de houille maigre connue sous le nom de *terre-houille.* Elle est généralement très-friable, presque toujours à l'état de menu et mélangée intimement de matières argileuses et sulfureuses.

» La terre-houille s'allume difficilement et brûle très-lentement, en donnant une chaleur douce et uniforme, mais en répandant une odeur sulfureuse. En la mélangeant avec de l'argile, on en fabrique de petites masses arrondies (boulets de terre-houille) que l'on emploie au chauffage domestique.

» Les quatre classes principales de houille dont nous venons de parler, passent de l'une à l'autre par transition insensible, et il est souvent assez difficile de rapporter d'une manière précise à l'une d'elles, une variété quelconque de houille. C'est pourquoi on a établi dans le commerce des classes intermédiaires. Ainsi, les couches qui fournissent du charbon faisant le passage de la houille maigre à courte flamme à la houille grasse maréchale, sont dites demi-grasses, quoique leur charbon soit de qualité bien différente de celui des couches *demi-grasses,* qui sont comprises entre la houille Flénu et la houille maréchale à longue flamme. De même entre les charbons Flénu et les demi-gras proprement dits, il existe une variété qui participe des propriétés de ces deux classes et que l'on désigne sous le nom de *Flénu-gras.* Elle est très-recherchée pour la fabrication du gaz d'éclairage. »

CHAPITRE II

DES TERRAINS SECONDAIRES DE LA BELGIQUE.

Les terrains secondaires occupent toute la partie de notre pays qui représente l'extrémité occidentale de ce que l'on est convenu d'appeler la grande plaine du N. de l'Europe et ils se poursuivent, tant en Allemagne qu'en France et en Angleterre, sous les dépôts plus récents qui les recouvrent le plus souvent. Ils forment encore quelques lambeaux isolés dans les environs de Stavelot et occupent la partie la plus méridionale de la province de Luxembourg où ils se rattachent aux dépôts analogues du Grand-Duché et de la Lorraine. Les roches qui les constituent offrent, surtout par leur texture moins cohérente, des caractères bien différents de ceux que nous avons observés jusqu'ici. Les calcaires sont ordinairement terreux, quelquefois oolitiques, et ni les sables, ni les argiles n'ont subi ces actions métamorphiques qui dans les terrains primaires les ont transformés en quartzites, phyllades ou quartzophyllades. La position à peu près horizontale que ces roches secondaires ont généralement conservée, est encore un caractère qui permet de les distinguer des terrains plus anciens sur lesquels elles reposent en stratification discordante.

On distingue ordinairement trois grands groupes dans les terrains secondaires. Le plus ancien est le terrain *triasique*, remarquable par la fréquence de la couleur rouge et l'abondance des grès, ce qui l'a fait appeler souvent « nouveau grès rouge » par opposition au « vieux grès rouge » du terrain dévonien. Le terrain *jurassique*, si bien développé dans le Jura qui lui a donné son nom, vient ensuite, et enfin apparaît une série de roches où domine la craie et à laquelle d'Omalius a donné pour cette raison, le nom de terrain *crétacé*, nom qui a été appliqué à toutes les roches du même âge géologique dans les autres pays.

Chacun de ces groupes se trouve représenté en Belgique; mais tandis que le terrain triasique n'y a qu'un faible développement, le terrain jurassique couvre toute la partie méridionale de la province de Luxembourg, et le terrain crétacé présente dans plusieurs de nos provinces, d'importants affleurements.

TERRAIN TRIASIQUE

—

SYNONYMIE : Terrain triasique ou étage supérieur du terrain permien de d'Omalius. — Partie du groupe poïkilitique de Conybeare et Buckland.

Entre le terrain houiller et le terrain jurassique, il existe une série de dépôts dans lesquels on distingue deux groupes différents : le groupe *pénéen* et le groupe *triasique* qui sont tous les deux bien représentés dans la province de Perm, en Russie, et que d'Omalius réunit pour cette raison sous le nom de *terrain permien*.

Le premier de ces groupes ne paraît pas exister en Belgique ; il constitue le terrain pénéen de d'Omalius (1822), c'est-à-dire le terrain permien proprement dit, tel que le comprenait Murchison, ou bien encore le *Dyas* de M. Marcou. Il est principalement formé de grès rouge (*Rothliegende*), d'une couche de schiste avec minerai de cuivre (*Kupferschiefer*) et de calcaire dolomitique dit *Zechstein*.

Ces dépôts sont rangés maintenant par la plupart des auteurs dans le terrain carbonifère auquel leurs débris fossiles les lient plus intimement qu'avec le Trias.

Le Trias est divisé, comme son nom l'indique, en trois étages qui sont ordinairement caractérisés par la prédominance respective du grès, du calcaire et de la marne. De là les trois subdivisions que l'on a nommées : *Bunter Sandstein* ou *grès bigarré*, *Muschelkalk* ou *terrain conchylien* et *Keuper* ou *marnes irisées*.

On verra, par ce qui va suivre, qu'on n'est pas encore définitivement fixé sur les raccordements des dépôts belges qui sont rapportés au Trias, avec ces étages.

Ces dépôts sont du reste très-peu développés et se rencontrent dans deux contrées différentes : les uns forment une petite bande au voisinage de la Semois dans la province de Luxembourg ; les autres ne consistent que dans une série de petits lambeaux qui s'étendent de Basse-Bodeux en Ardenne jusqu'à Malmédy en Prusse.

BANDE TRIASIQUE DE LA SEMOIS.

La petite bande triasique de la Semois est une branche du grand massif des Vosges et du Palatinat qui se prolonge entre le massif primaire de l'Ardenne et le massif jurassique de la Lorraine.

Elle diminue de largeur vers l'O. jusqu'à Houdemont où elle n'a plus que quelques centaines de mètres. Au delà de ce point, on n'en trouve plus, jusqu'à Muno, que des lambeaux isolés qu'il est difficile de distinguer du dépôt de transport de la Semois.

Bien que les dépôts dont se compose la bande triasique de la Semois soient peu étudiés et faiblement développés, Dumont avait cru pouvoir y distinguer trois systèmes de roches correspondant aux trois divisions du Trias, à savoir : le Bunter Sandstein, le Muschelkalk et le Keuper. Ces trois divisions sont nettement représentées dans le Grand-Duché de Luxembourg, mais il ne paraît pas que le Muschelkalk se soit étendu jusqu'en Belgique.

Quant aux deux autres divisions, la difficulté que l'on éprouve à séparer le *grès bigarré* du *grès keuprique* qui les caractérisent, ne permet pas de décider avec précision à quelle partie du Trias se rapportent nos dépôts de la Semois.

C'est sans doute pour cette raison que dans la légende de la Carte géologique, Dumont ne distingue plus que deux systèmes parmi nos dépôts triasiques. Ce sont les *systèmes pœcilien et keuprique :*

SYSTÈME PŒCILIEN.

Le système pœcilien est formé, d'après la légende de la Carte géologique, de cailloux, de poudingue, de gompholite et de psammite bigarré. Les cailloux sont formés de roches ardennaises et, de même que les autres roches du système, colorés en rouge par le fer.

Le système pœcilien est incliné vers le S.; il repose en stratification discordante sur le terrain dévonien et est recouvert par le système keuprique ou par le Lias dans certaines localités.

Ce système paraît correspondre au *Bunter Sandstein* et Dumont y rapporte sur sa Carte les lambeaux de Malmédy, etc., qui seront décrits plus loin.

Usages. On exploite des bancs de calcaire fossilifère subordonnés au poudingue, un peu au S. de Post et à Muno (Dumont).

SYSTÈME KEUPRIQUE.

Roches. Le système keuprique se compose, d'après la légende de la Carte géologique, d'argiles et de marnes bigarrées, de calcaire compacte blanc-jaunâtre et n'est figuré que dans la partie occidentale de la bande de la Semois.

Il paraît comprendre les roches que Dumont rangeait en 1842, dans ses systèmes moyen et supérieur. Le premier de ces systèmes que Dumont rapportait, à cette époque, au Muschelkalk, était composé de calcaire blanc plus ou moins magnésifère et fossilifère (calcaire d'Almerode), de marne rougeâtre ou bigarrée de vert et d'argile noire schistoïde. Le second système de 1842, dont Dumont faisait déjà du Keuper, était formé de sables gris légèrement jaunâtres ou verdâtres avec petites paillettes de mica, de cailloux quartzeux et de grès avec empreintes de fucoïdes (Hachy).

Ce système étant compris entre les marnes du Trias et celles du Lias et ne renfermant pas de fossiles, Dumont ne le range qu'avec doute dans le Trias.

Usages. Le grès keuprique est quelquefois assez dur pour être employé dans les constructions (Havinsart et dans la colline à l'O. d'Orsinfaing).

LAMBEAUX TRIASIQUES DE MALMÉDY.

Les petits lambeaux de roches rouges et poudingiformes de Malmédy, de Stavelot et de Basse-Bodeux remplissent certaines dépressions des terrains ardennais et dévonien sur les couches redressées desquels ils reposent en stratification discordante.

Ces trois lambeaux sont disposés suivant une ligne dirigée du N.-E. au S.-O., M. Lambert y distingue les deux étages suivants :

ÉTAGE INFÉRIEUR.

L'étage inférieur est composé de schiste argileux, micacé, rouge et bigarré avec bancs subordonnés de pséphite, de grès calcarifère et de calcaire argileux. Cet étage est principalement développé dans les environs de Stavelot. Roches.

La coupe, figure 25, prise dans le ravin formé par le ruisseau de Parfondruy, à 300 mètres environ au N. du point où ce ruisseau traverse la route de Stavelot à Trois-Ponts, donne la composition et l'allure des couches de l'étage inférieur.

Fig. 25. — *Coupe du Trias dans le ravin de Parfondruy, près Stavelot.*

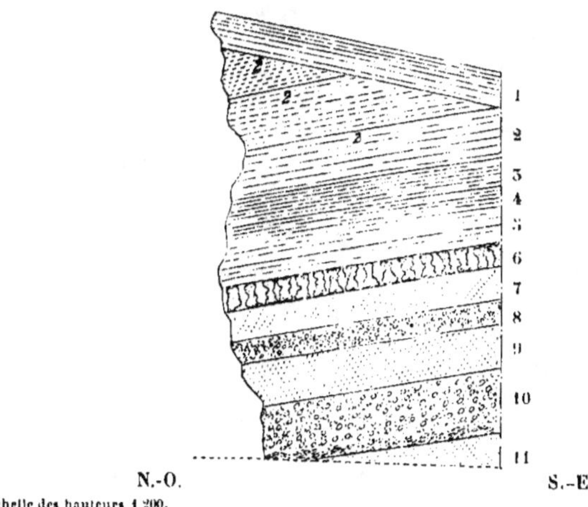

D'après M. l'ingénieur G. Lambert (*Ann. des Trav. publ. de Belg.* 1847, t. VI, p. 221, pl. IX, fig. 5).

1. Couche végétale formée d'argile mélangée de détritus du poudingue, et renfermant les blocs de quartzite qui la caractérisent sur toute la surface de l'Ardenne.

2. Schiste argileux calcarifère; le calcaire se trouve dans cette roche quelquefois à l'état de noyaux ou nodules et, le plus souvent, disséminé dans la masse, laquelle prend alors la structure du grès; la couleur dominante est le rouge, mais on y remarque fréquemment des taches bleu-verdâtre.

3. Comme le n° 2; mais le calcaire y est un peu moins abondant.

4. Schiste argileux calcarifère, exactement de même nature que celui du n° 2.

5. Comme le n° 3.

6. Banc de nodules de calcaire; ces nodules sont réunis de manière à donner lieu à des

blocs de 0^m,40 à 0^m,50 de côté, dont la forme semble indiquer qu'un liquide a circulé entre eux et en a dissous une certaine partie.

Les intervalles qui séparent ces blocs les uns des autres sont remplis par une argile limoneuse dont la couleur est moins foncée que celle du schiste argileux.

Le calcaire de ces blocs est compacte; sa couleur est le rouge foncé, marqué de petites taches bleu-verdâtre; lorsqu'il est poli, on y aperçoit distinctement tous les petits noyaux qui ont servi à le former. Il renferme de nombreux filets de calcaire spathique bien translucide, et de petites géodes tapissées intérieurement par des cristaux métastatiques de la même substance.

Les faits remarquables de la présence d'une argile limoneuse entre les blocs de la couche n° 6 et de la corrodation de ces blocs sur leurs faces latérales, sont dus à une circonstance locale, par suite de laquelle cette couche a livré jadis passage aux eaux provenant de la surface.

Nous pensons donc que ce banc ne se présente pas partout de la manière que nous venons d'indiquer; mais que, au contraire, la manière d'être qui lui est propre ne diffère en rien de celle des couches n° 8 et n° 10, mentionnées plus bas.

Le calcaire du n° 6 est assez variable dans sa composition. Voici la moyenne des résultats que nous avons obtenus par plusieurs essais :

Carbonate calcique.	75.74
Argile un peu sablonneuse	22.00
Oxyde ferrique	2.00
Perte	0.26
Total.	100.00

Nous n'avons pu soumettre à l'analyse l'argile limoneuse qui remplit les intervalles entre les blocs de calcaire, parce que les échantillons que nous avons recueillis ont été mélangés à des matières étrangères pendant le transport.

7. Pséphite passant au grès calcarifère.

8. Schiste argileux, empâtant des nodules de calcaire.

Dans ce banc, le schiste argileux est d'une couleur lie de vin, souvent bigarré de bleu verdâtre. Les noyaux de calcaire sont rarement plus gros que le poing; ils sont entourés d'une croûte blanchâtre de calcaire altéré. Le calcaire dont ils se composent est compacte ; il a une cassure esquilleuse bien prononcée; sa couleur gris de fumée est modifiée par de petites dendrites rougeâtres, dues à l'infiltration d'une dissolution colorée par l'oxyde ferrique.

Lorsqu'il est en poudre, sa teinte est d'un beau rouge de chair.

9. Pséphite légèrement calcarifère; cette roche a la plus grande analogie avec celle du n° 7.

10. Schiste argileux, empâtant des nodules de calcaire.

On peut appliquer ici la description qui a été donnée pour la couche n° 8, en ajoutant que, dans la partie inférieure du banc n° 10, les noyaux se réunissent pour former des plaques et des blocs irréguliers.

Les différentes analyses que nous avons faites des nodules de calcaire du banc n° 10, nous ont donné, pour leur composition moyenne :

Carbonate calcique.	92.40
Argile légèrement sablonneuse	4.83
Oxyde ferrique	2.33
Manganèse	traces
Perte	0.44
Total.	100.00

Le schiste argileux dans lequel ces nodules sont enveloppés, est formé :

Argile un peu sablonneuse	88.10
Oxyde ferrique	9.50
Manganèse	traces
Carbonate calcique	2.00
Perte	0.40
Total. . .	100.00

Les nodules et le schiste argileux du banc n° 8 ont fourni exactement les mêmes résultats.

On peut admettre que les nodules et les blocs de calcaire forment les deux tiers de la masse, dans les couches indiquées sous les n°s 6, 8 et 10.

11. Pséphite.

Les noyaux et petits bancs de calcaire de l'étage inférieur ont été exploités pour faire de la chaux, matière si précieuse dans l'Ardenne qui, comme on a pu le voir plus haut, est presque entièrement dépourvue de calcaire.

ÉTAGE SUPÉRIEUR.

L'étage supérieur qui a son principal développement près de Malmédy où il présente, le long de la Warge, des coupes de plus de 50 mètres, est principalement composé de poudingues formés de cailloux roulés de quartzite, de psammite et quelquefois de calcaire réunis par un ciment argilo-ferrugineux souvent calcarifère et dont le volume varie de celui d'un pois à celui de la tête. Le poudingue passe du pséphite au grès calcarifère et plus rarement au schiste argileux ; la couleur dominante est toujours le rouge. Les noyaux calcareux du poudingue renferment des fossiles qui se retrouvent dans les dépôts dévoniens de l'Eifel et de l'Ardenne, ce qui montre que le poudingue a été formé aux dépens de ces dépôts. L'examen des roches confirme ce fait.

Le pséphite et le grès calcarifère sont utilisés comme moellons (carrière à 1,500 mètres au S. de Basse-Bodeux, à droite du chemin qui conduit à Bras).

TERRAIN JURASSIQUE

—

Synonymie : Partie des terrains ammonéens (terrains liasique et jurassique)
de d'Omalius d'Halloy.

Le terrain jurassique n'existe en Belgique que dans la partie méridionale de la province de Luxembourg où il repose sur le terrain triasique de la Semois.

Il ne s'en présente aucun vestige sur le reste du contour de notre grand massif primaire, soit que l'on se dirige de Mézières à Tournai ou de cette ville à la frontière prussienne vers le bassin de la Roer.

C'est là un fait d'autant plus remarquable qu'à partir du Luxembourg, au contraire, il contourne en masses épaisses le bassin de Paris à travers la Lorraine, la Champagne, la Bourgogne, le Nivernais, le Bourbonnais, le Berry, le Poitou et l'Anjou jusqu'à la Loire et au delà de ce fleuve, à travers le Maine et la Normandie, pour reparaître enfin à Boulogne-sur-Mer en Picardie et limiter à l'O., au delà de la Manche, le bassin tertiaire de Londres.

Les roches de notre série jurassique sont des roches quartzeuses et calcaires formées en majeure partie, de sables, de grès, de calcaire sableux et alternant avec des roches argileuses, marneuses et schisteuses. On y trouve aussi de la limonite oolitique.

Le terrain jurassique a été divisé en un certain nombre de groupes dont les plus inférieurs seuls sont représentés dans notre pays. Ce sont les groupes rhéthien, liasien et bathonien.

RHÉTIEN OU BONE-BED.

Roches et fossiles. Ce groupe de couches est surtout bien développé dans les Alpes Rhétiques et l'une de ses couches les plus caractéristiques est connue depuis longtemps, sous le nom de *Bone-bed* (couche à ossements). Il établit le passage du terrain triasique au terrain jurassique, mais il se rapproche cependant plus de ce dernier, par ses fossiles.

On y rapporte, dans notre pays, la partie inférieure des grès de
Martinsart qui se distinguent des roches analogues du Trias en ce
qu'ils sont principalement composés de quartz blanc et non de quartz
gris et qu'on y trouve dans les parties calcareuses, notamment à
Villers-sur-Semois et à Harensart, des *Avicula contorta.*

Le Rhétien repose en stratification concordante sur les marnes triasiques de la Semois, comme le montrent les diagrammes, figures 26,
27 et 28. Plus rarement il se trouve en contact avec les couches relevées du terrain primaire de l'Ardenne.

Il parait pouvoir être assimilé au grès de Varangéville, ainsi qu'à celui
de Rédange (Moselle) dont les parties poudingiformes sont remplies
de débris de poissons.

Fig. 26. — *Diagramme de la disposition des couches triasiques et jurassiques
entre Villers-sur-Semois et Étalle.*

D'après MM. Piette et Terquem (*Bull. de la Soc. géol. de France,*
2ᵉ série, t. XIX, pl. VIIIᵇⁱˢ, fig. 10, p. 555).

Lias. . . .	6.	Calcaire gréseux à *Hettangia ovata.*
	5.	Calcaires à *Montlivaltia Guettardi.*
	4.	Marnes à *Ammonites angulatus.*
	3.	Grès, marnes et calcaires.

Rhétien ou Bone-bed.	2.	Lit de cailloux roulés à ciment argilo-sableux, avec débris de vertébrés très-rares. 0ᵐ,10
		Grès micacé, gris de fumée, couvert de petites taches de manganèse et contenant de minces lits de lignite. On l'exploite pour de la pierre de taille 0ᵐ,80
		Sable micacé d'un blanc verdâtre se colorant parfois en brun pâle. 7ᵐ,80
		Marnes noires, micacées, pyriteuses, feuilletées, alternant avec des grès tendres, verdâtres, et produisant un niveau de sources 4ᵐ,00
		Grès blanc, sableux, micacé, pyriteux et marneux . . 1ᵐ,50

Trias.	1.	Marnes irisées et calcaires dolomitiques.

LIAS.

Roches. Le Lias est de beaucoup le groupe le plus développé de la série jurassique dans notre pays.

Son caractère le plus saillant et qui ressort principalement des dernières observations de MM. Piette et Terquem (1862), parait être de présenter un certain nombre de zones caractérisées par des fossiles spéciaux et comprenant chacune deux types différents : le type gréseux et le type marneux ; ce qui revient à dire que pendant les âges liasiques, les mers présentaient, comme à l'époque actuelle, des fonds de nature variée, de telle sorte que des sables se déposaient en de certains points alors que des sédiments vaseux en recouvraient d'autres.

Fig. 27. — *Diagramme de la disposition des couches triasiques et jurassiques entre Eischen et Habay-la-Neuve, passant à côté d'Arlon.*

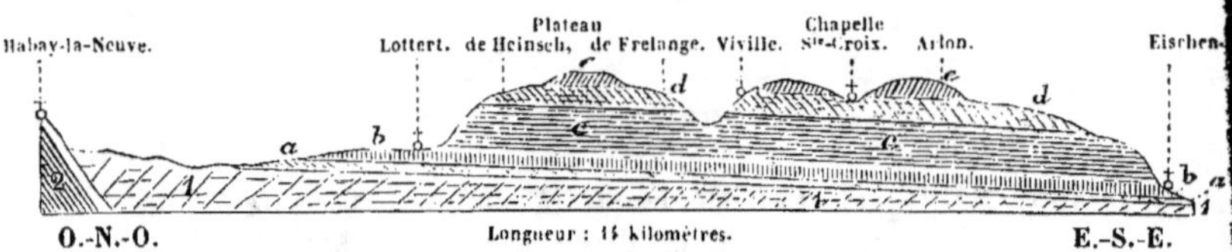

D'après M. Dewalque (Annexe au *Bull. de l'Acad. royale de Belgique,* 1853-1854.

<table>
<tr><td>e. Grès de Virton.</td><td>c. Grès de Luxembourg.</td></tr>
<tr><td>d. Calcaire argileux et marne de Strassen.</td><td>b. Marne de Jamoigne.</td></tr>
<tr><td></td><td>a. Grès de Martinsart.</td></tr>
</table>

1. Terrain triasique.
2. Terrain dévonien inférieur.

Lias inférieur. Partant de cette idée, la première zone caractérisée par l'*Ammonites planorbis*, serait représentée tout à la fois par la partie moyenne du grès de Martinsart et par les marnes rougeâtres et grisâtres auxquelles on a donné le nom du village d'Helmsingen, situé dans la vallée de l'Alzette, où elles sont bien représentées et renferment quelques bancs calcareux.

La zone de l'*Ammonites complanatus* comprendrait la partie inférieure du grès de Luxembourg, d'une part, et la partie inférieure de la marne de Jamoigne, d'autre part.

La zone à *Ostrea arcuata* aurait pour type marneux la marne de Strassen et comme type gréseux la partie supérieure du grès de Luxembourg, désignée sous le nom de calcaire sableux d'Orval. (Je réunis ici, à l'exemple de d'Omalius, sous le nom de zone à *Ostrea arcuata*, les zones à *Ammonites bisulcatus* et à *Belemnites brevis* de MM. Piette et Terquem.)

La zone à *Ostrea cymbium*, qui vient ensuite, aurait pour type gréseux le grès de Virton, le schiste d'Ethe et le macigno d'Aubange, et pour type marneux, les marnes d'Arlon. Cette zone représente la partie moyenne du Lias. C'est l'étage *liasien* de d'Orbigny qui sépare le lias inférieur ou *sinémurien* (d'Orb.), auquel se rapportent les zones précédentes, du Lias supérieur ou *toarcien* (d'Orb.). Lias moyen.

L'étage liasique supérieur comprend la dernière zone qu'il reste à mentionner, celle du *Belemnites compressus*. Elle est formée par la marne qu'on exploite à Grandcourt pour en faire des poteries et des tuiles, ainsi que par une assise commençant par des psammites ferrugineux qui passent graduellement et par alternance à la limonite oolitique de Mont-Saint-Martin en France. Cette assise se prolonge dans le Grand-Duché de Luxembourg et la Lorraine et, sous le nom de *minette rouge*, donne lieu, depuis quelques années, à des exploitations très-considérables. Lias supérieur.

La minette se retrouve en Belgique, à Musson et à Halanzy où elle a été exploitée de temps immémorial (Clément 1862). Outre la limonite oolitique, notre étage liasique renferme encore de la sidérose que l'on a découverte, il y a quelques années, en creusant un puits dans les environs d'Athus, et enfin on y trouve aussi accidentellement de la blende.

Le Lias a fourni un grand nombre de fossiles dont les plus abondants sont : Fossiles.

1° Dans le Lias inférieur :

Ammonites angulatus.	*Lima Hermanni.*
— *planorbis.*	— *gigantea.*
Littorina clathrata.	*Plicatula Hettangiensis.*
Cardinia copides.	*Pecten disciformis.*
— *concinna.*	*Ostrea arcuata.*
— *Dunkeri.*	*Terebratula perforata.*
— *unioïdes.*	*Spiriferina Walcotti.*
Pinna Hartmanni.	*Pentacrinus tuberculatus.*

2° Dans le Lias moyen :

Belemnites niger.	*Cardinia securiformis.*
Ammonites armatus.	*Pecten disciformis.*
— *Bechei.*	*Plicatula spinosa.*
— *Davœi.*	*Ostrea cymbium.*
— *planicosta.*	*Terebratula numismalis.*
Pholadomya Hausmanni.	*Rhynchonella tetraedra.*

3° Dans le Lias supérieur :

Belemnites compressus.	*Ammonites Holandrei.*
— *acuarius.*	*Avicula substriata.*
Ammonites communis.	*Cucullœa inæquivalvis.*
— *Braunianus.*	*Posidonomya Bronni.*

Un magnifique exemplaire de poisson a été recueilli, il y a quelques années, dans les marnes de Grandcourt à Saint-Mard près de Virton, par M. E. Mohimont; M. Winkler l'a décrit sous le nom de *Lepidotus Mohimonti.*

M. Preudhomme de Borre a signalé l'existence d'un insecte fossile recueilli par M. Sabatier, à Belvaux, dans la *minette* du Luxembourg (oolite ferrugineuse de Mont-Saint-Martin).

Il est maintenant d'avis que c'est un Hémiptère-Homoptère dont la forme rappelle les *Tettigonia.*

Superposition.   Les diagrammes, figures 27 et 28, donnent la composition et l'allure des couches liasiques, rhétiques et triasiques qui s'observent entre Arlon et Habay; la première, d'après l'interprétation de M. Dewalque et la seconde, d'après celle de MM. Piette et Terquem.

Nota. — En adoptant ici avec d'Omalius, l'interprétation de MM. Piette et Terquem, je dois cependant faire remarquer que ce n'est qu'avec toutes les réserves que m'impose une étude insuffisante de nos dépôts triasiques et jurassiques.

BATHONIEN.

Roches.   On rapporte généralement à la partie inférieure de ce groupe jurassique si bien développé en France, l'assise du calcaire de Longwy. Celle-ci est composée de calcaires divers, jaunâtres, associés, vers le haut, à des marnes calcaires bleues ou jaunâtres.

Tout en étant de peu d'importance dans notre pays, elle présente néanmoins, à Ruette, quelques gisements de limonite concrétionnée analogues à ceux qui sont si recherchés dans la Moselle.

Fig. 28. — *Diagramme de la disposition des couches triasiques et jurassiques entre Arlon et Habay, suivant le tracé du chemin de fer.*

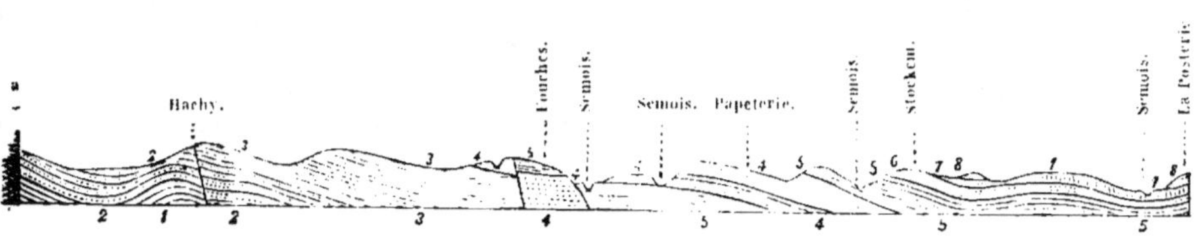

D'après MM. Piette et Terquem (*Bull. de la Soc. géol. de France,* 1862, t. XIX, p. 344, pl. VIII, fig. 1).

8. Sables jaunes du Lias moyen et lits de grès ferrugineux noirâtre.

7. Marnes noirâtres plastiques, quelquefois sableuses, contenant des *Belemnites brevis,* des *Ostrea regularis,* des Spirifers et des Rhynchonelles.

6. Calcaire gréseux, jaunâtre, contenant des *Belemnites brevis,* des *Pinna Hartmanni,* des *Plagiostoma gigantea,* etc.

5. Marnes bleues remplies d'*Ostrea arcuata* et calcaires bleus propres à la fabrication de la chaux hydraulique.

4. Massif gréseux . . . { Grès remplis de cardinies et de galets à couches concentriques.
Grès et sables.
Calcaire gréseux à *Ostrea arcuata* et à *Pinna Hartmanni.*
Sable à *Littorina clathrata.*

3. Marnes et calcaires à *Ostrea irregularis* affleurant en bancs très-nombreux.

2. Bone-bed . . . . . { Grès verdâtre micacé.
Argile noire schisteuse.
Grès verdâtre micacé.
Argile noire schisteuse.

1. Keuper . . . . . { Calcaire dolomitique blanc
Marnes rouges et grises.
Dolomies rouges.
Calcaires dolomitiques blancs.

La partie inférieure du calcaire de Longwy présente certains bancs très-fossilifères; c'est la zone à *Ammonites Murchisonœ* et *A. Sowerbyi*. Au-dessus se trouvent de véritables récifs de polypiers où domine *Isastrœa Bernardana* et M. Dewalque y a trouvé *Ammonites Martinsi*. Enfin, sur le plateau de Longwy, le même géologue y mentionne dans les calcaires et les marnes très-calcarifères, des quantités de *Trigonia costata*, d'*Ostrea acuminata*, ainsi que beaucoup de céromyes, de pleuromyes et de brachiopodes.

On peut citer parmi les plus caractéristiques des nombreux fossiles du calcaire de Longwy :

Belemnites giganteus.	*Trigonia costata.*
Ammonites Murchisonœ.	*Lima duplicata.*
— *Parkinsoni.*	— *proboscida.*
Chemnitzia Heddinghonensis.	*Ostrea acuminata.*
Ceromya concentrica.	*Terabratula perovalis.*

D'après M. Dewalque, le calcaire de Longwy, tout en comprenant des couches appartenant au *fuller's earth* que l'on classe ordinairement dans le Bathonien, correspondrait plutôt à l'*inferior oolite* ou Bajocien.

L'assise du calcaire de Longwy repose, en stratification concordante, sur la limonite oolitique de Mont-Sᵗ-Martin et lorsque celle-ci fait défaut, comme à l'O. de Longwy, par exemple, elle recouvre la marne de Grandcourt.

Le calcaire de Longwy fournit à Grandcourt d'excellentes pierres de taille qu'on exploite également depuis une époque très-reculée à Niederkorn et à Differdange, ainsi qu'à Esch et à Keyl (Grand-Duché).

TERRAIN CRÉTACÉ

—

Le terrain crétacé recouvre les terrains primaires sur presque toute la partie de notre pays située au N. de la Sambre et de la Meuse ; mais il y est généralement caché par des dépôts plus récents : tertiaires, quaternaires et modernes. Il ne se montre à la surface du sol ou à peu de profondeur que dans une partie des provinces de Hainaut, de Brabant, de Liége et de Limbourg.

On y rattache dans le Hainaut, à Cour-sur-Heure et à Pry, ainsi que dans la province de Namur, à Lonzée et à Houssoy (Vezin), de petits lambeaux complétement isolés qui semblent devoir relier entre eux les dépôts crétacés de ce qu'on appelle le massif du Hainaut avec ceux des autres parties de la Belgique que l'on comprend généralement sous le nom de massif de Maestricht ou du Limbourg.

On le retrouve enfin, sous la forme de silex jaunâtres et de quelques lambeaux isolés de faible épaisseur, entre Spa et Francorchamps, dans les Hautes-Fagnes, où il atteint une altitude de près de 600 mètres, tandis que dans les autres parties du pays, il ne dépasse pas 500 mètres et que dans le puits artésien d'Ostende, on ne l'a rencontré qu'à la profondeur de plus de 200 mètres, c'est-à-dire à une différence de niveau de 800 mètres avec celui de Francorchamps.

MASSIF DU HAINAUT.

Le terrain crétacé du massif du Hainaut s'est déposé dans un grand golfe ayant environ 10 lieues de longueur, entre Carnières et Valenciennes, et dont la largeur de l'ouverture est approximativement de 12 lieues, entre Tournai et Landrecies.

Il se compose des dépôts que Dumont rangeait dans ses *systèmes aachenien, hervien, nervien, sénonien* et *maestrichtien.*

Nous allons passer successivement en revue chacun de ces dépôts, seulement à l'exemple de d'Omalius, nous leur donnerons à chacun le nom de la roche caractéristique et de la localité où il paraît être le mieux développé.

SABLES ET ARGILE D'HAUTRAGE.

—

Synonymie : Sables et argile d'Hautrage (d'Omalius). — Système aachenien du Hainaut (Dumont).
— 1er étage de MM. Briart et Cornet.

Les dépôts crétacés du Hainaut commencent par une assise formée
de sables, d'argile et de débris de roches primaires plus ou moins roulés
et altérés.

Roches. Les sables, tantôt grossiers, d'autres fois à grains très-fins, passent
au grès, au poudingue et sont accompagnés de limonite parfois assez
abondante pour être exploitée.

Les argiles sont plastiques ou sableuses et le plus souvent infusibles;
elles sont blanches, grises, rouges ou bigarrées et parfois colorées en
noir par du lignite, mais ne présentent jamais la teinte verte si caractéristique des couches qui les suivent dans la série.

Ces dépôts se prolongent en France et renferment les sables aquifères auxquels les mineurs d'Anzin ont donné le nom de *torrent* à
cause de la grande quantité d'eau qui s'en échappe et qui les rend si
difficiles à traverser dans le percement des puits.

Fossiles. Jusque dans ces derniers temps, on ne pouvait guère citer comme
fossiles animaux dans cette première assise que deux valves d'*Unio*
qui sont tombées en poussière après quelques heures d'exposition à
l'air, comme nous l'apprennent MM. Briart et Cornet qui en ont fait la
découverte. Quant aux végétaux, feu l'abbé Coemans avait bien pu
reconnaître une tige de Cycadée et les fruits de huit espèces de pins,
mais il voyait dans ces débris les représentants d'une flore entièrement
nouvelle dont on ne connaissait encore l'équivalent, ni dans le terrain
crétacé, ni dans les autres terrains secondaires.

Cependant Dumont avait déjà rapporté les dépôts aacheniens du
Hainaut au terrain wealdien de l'Angleterre. Une découverte récente
d'une importance considérable est venue confirmer par la paléontologie, les vues de l'éminent stratigraphe.

Dans une galerie de recherche du puits Ste-Barbe à Bernissart, des
ossements furent mis à découvert et sur de simples fragments de
dents, M. P.-J. Van Beneden put y reconnaître la présence du genre
Iguanodon.

On verra, par ce qui va suivre, comment M. Dupont a été amené à reconnaître qu'une partie de ces ossements se rapportent à l'*Iguanodon Mantelli* et à d'autres animaux caractéristiques du terrain wealdien.

M. Dupont ayant été averti de cette découverte par M. Gustave Arnould, ingénieur principal des mines, fut immédiatement mis en mesure par M. Fagès, le directeur du charbonnage, d'extraire les ossements qui se trouvaient à 322 mètres de profondeur dans une crevasse du terrain houiller.

On ne tarda pas à s'apercevoir qu'il ne s'agissait de rien moins que de cinq squelettes d'*Iguanodon* adultes de 9 à 10 mètres de long.

Le savant directeur du Musée rapporte, à cette occasion, que M. De Pauw n'hésita pas à adopter la vie des mineurs, et qu'accompagné d'autres employés du Musée, il procéda personnellement à l'extraction des dits ossements. Ces derniers, imprégnés de pyrite et se réduisant en poussière sous le moindre choc, eussent été infailliblement perdus pour la science si l'habile préparateur du Musée n'avait imaginé de les entourer de plâtre, à mesure qu'ils étaient mis à nu, et de les faire transporter dans cet état à Bruxelles où ils sont en ce moment l'objet des soins nécessaires pour les conserver.

En agissant aussi libéralement qu'ils l'ont fait, M. Fagès et son conseil d'administration que préside M. A. Dumon, ancien ministre des Travaux publics, ont rendu un grand service à la science.

Outre ces énormes reptiles, les fouilles de Bernissart ont encore fourni de nombreux restes de tortues terrestres et fluviatiles et surtout de poissons d'eau douce dont les espèces qui ont pu être déterminées jusqu'ici se rapportent à celles décrites par Agassiz dans le Wealdien du Weald et par Dunker dans le même terrain de l'Allemagne du Nord.

M. Dupont mentionne aussi des larves d'insectes mais pas de mollusques.

Certains débris avaient fait croire d'abord à la présence d'*Unio*, mais un examen attentif a montré que ces débris n'étaient que des opercules de poissons. Il est probable qu'il en est de même pour les deux valves d'*Unio* mentionnées ci-dessus, page 148.

Quant aux plantes dont on trouvera plus loin la liste, ce sont des fougères qui, d'après M. le comte de Saporta, suffisent pour permettre d'affirmer l'horizon wealdien du dépôt.

L'argile noire finement stratifiée, qui renferme tous ces précieux débris, est identique à celle que Dumont plaçait à la base de son système aachenien dans le Hainaut.

Quant à l'argile plastique du hameau de Baume (Saint Vaast) à La Louvière, qui a fourni la petite flore de conifères et de cycadées décrite par l'abbé Coemans, elle serait pour Dumont, à un niveau supérieur à celui de l'argile de Bernissart. Cela expliquera peut-être le caractère si différent des deux flores, celle de Bernissart accusant d'après M. de Saporta, un endroit marécageux et celle de La Louvière constituant pour l'abbé Coemans, un pays de montagnes.

FIG. 29. — *Coupe relevée dans la carrière de M. Dapsens, au Cornet* (Tournai).

D'après DUMONT (Mémoires édités par M. Mourlon, t. I, p. 24, fig. 1).

1. Limon quaternaire.	3. Minerai de fer.
2. Marne crétacée.	4. Calcaire anthraxifère.

La découverte de Bernissart permet donc d'assigner l'âge relatif des dépôts argilo-sableux avec végétaux fossiles que l'on trouve dans le Hainaut entre le terrain houiller et les couches crétacées marines qui seront étudiées ci-après.

On vient de voir que l'argile du puits Ste-Barbe de Bernissart renferme une faune et une flore wealdiennes.

Déjà l'abbé Coemans avait montré qu'on ne pouvait pas rapporter les amas de sables et d'argiles dont il est ici question au système aachenien, c'est-à-dire aux dépôts sableux et argileux de la base du terrain crétacé des environs d'Aix-la-Chapelle.

« Si l'on compare la flore de La Louvière à celle d'Aix-la-Chapelle, dit l'abbé Coemans, on peut en tirer une conclusion assez importante par rapport à l'âge relatif de ces deux flores. La géographie botanique nous enseigne que les conifères ont généralement une ère de dispersion très-étendue. D'après cela, La Louvière et Aix-la-Chapelle n'étant éloignées l'une de l'autre que d'une trentaine de lieues et accusant toutes deux par leurs conifères un pays de montagnes, devraient au moins posséder, nous semble-t-il, quelques espèces communes, si leurs flores étaient contemporaines. Or, cela n'est pas, Aix-la-Chapelle possède 12 conifères, La Louvière en compte 8, et sur ces 20 essences, il ne se trouve pas une espèce identique, pas une espèce commune aux deux localités. Les genres mêmes sont entièrement différents, et les conifères de ces deux endroits montrent autant d'éloignement qu'il s'en trouve entre les pins des Alpes et les conifères de la Nouvelle-Hollande. »

Les dépôts wealdiens du Hainaut reposent en stratification discor- Superposition.
dante sur les terrains primaires.

Tandis qu'ils recouvrent aux environs de Mons, l'étage houiller ou celui de l'ampélite, on les voit, aux environs de Tournai, reposer partout en amas irréguliers et isolés sur le calcaire carbonifère, comme le montrent les coupes, figures 29 et 50, et présenter ainsi un remarquable exemple de stratification transgressive si fréquente dans nos terrains.

Souvent débordés par les assises suivantes ou recouverts par des couches plus récentes, ils se montrent rarement au jour, et leur puissance varie sur les différents points où on a pu les observer, depuis quelques décimètres jusque plus de 140 mètres. On a traversé, en effet, 141 mètres d'argiles et de sables sans atteindre le terrain houiller, par le sondage exécuté en 1855, au levant de la commune d'Hautrage.

Dumont répartit les roches dont il faisait son système aachenien du Hainaut, en deux étages de la manière suivante :

Étage supérieur.
- Limonite.
- Lignite.
- Argile plastique, blanche, grise ou noire, etc., supérieure.
- Grès blanchâtre.
- Sable glauconifère.
- Sable simple et argileux { à grains fins. / à grains moyens.
- Gravier simple, argileux ou ferrugineux.
- Cailloux et poudingue.

Étage inférieur.
- Argile sableuse.
- Argile plastique { simple. / ferrugineuse rouge (*bolus*) ou jaune.

La coupe, figure 51, montre bien nettement la position qu'occupent nos dépôts wealdiens aux environs de Mons, entre le terrain houiller et les couches crétacées rapportées par Dumont à son système hervien. Aux environs de Tournai la limonite caractérise surtout par son abondance, les gîtes wealdiens. Ce minerai forme seul ou accompagné de cailloux, de gravier, de sable, d'argile et de lignite des amas ou des filons dans les anfractuosités du calcaire. C'est ce que montre la coupe, figure 29.

La coupe ci-dessous donne la composition du système aachenien du Hainaut à l'E.-N.-E. de Vaulx, près de Tournai.

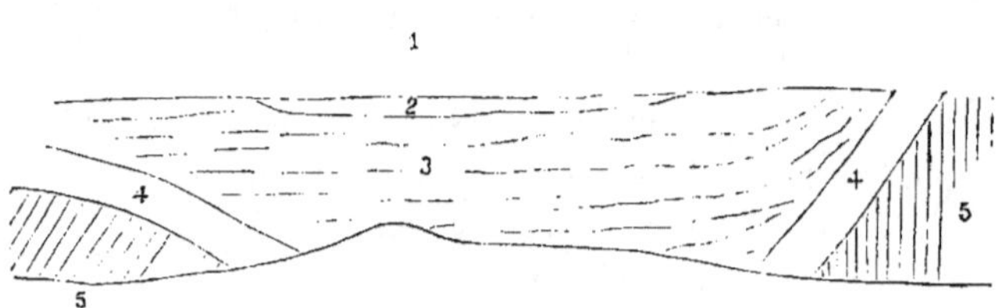

Fig. 50. — *Coupe à 1000 mètres à l'E.-N.-E. de Vaulx, près de Tournai, relevée le 29 octobre 1850.*

D'après Dumont (Mémoires édités par **M. Mourlon**, t. I, p. 50, fig. 4).

On observe dans une carrière, à un millier de mètres à l'E.-N.-E. de Vaulx, une très-belle coupe du terrain wealdien ou aachenien du Hainaut (Dumont), et du minerai de fer: elle présente de haut en bas :

TERRAIN ÉOCÈNE LANDENIEN.

1. — Psammite glauconifère ($\frac{1}{50}$) à grains fins réunis par une notable quantité d'argile blanchâtre. Ce psammite est plus ou moins cohérent, parfois friable, d'un gris blanchâtre, finement pointillé, sonore, tachant les doigts en gris, produisant l'impression de la colophane..... Épaisseur : 5 à 4 mètres.

TERRAIN WEALDIEN OU AACHENIEN DU HAINAUT (DUMONT).

2. — Minerai de fer. Limonite compacte brune, enveloppant des cailloux (avellanaires et pugillaires) de silex et de quartz hyalin. On y voit aussi des morceaux de bois et des traces de coquilles.

Les cavernes qui ne renferment pas de cailloux contiennent de la limonite plus ou moins terreuse d'un brun jaunâtre. Cette limonite forme une couche dont l'épaisseur moyenne est d'environ 0ᵐ,50, mais qui n'a pas de continuité.

5. — Gravier principalement composé de grains et de cailloux quartzeux, plus ou moins arrondis, de toute grosseur et plus ou moins salis à leur surface par des matières argileuses et ferrugineuses d'un jaune d'ocre clair.

Ce gravier renferme, en outre, des cailloux de phtanite et de calcaire dur altéré.

Ces diverses parties sont à l'état libre, mais elles se trouvent parfois cimentées par de la sperkise cristallisée en octaèdres d'un vert jaunâtre. Dans ce cas, les cailloux ne sont plus revêtus par des matières argilo-limoniteuses et sont parfaitement blancs.

Le gravier est alors transformé par places en un véritable poudingue à ciment pyriteux, mais ces blocs de poudingue, exposés à l'air, ne tardent pas à s'effleurir et à se désagréger.

Le gravier que je viens de décrire, offre une stratification horizontale et renferme quelques lits de gravier fin argileux et mêlés de fragments de lignite.

Les grains quartzeux y sont moyens et gros (jusqu'à 2 à 3 millimètres); la matière argileuse est grise et le lignite en petits fragments noirâtres. Épaisseur totale de la couche 3 : 3 mètres.

4. — Petite couche d'argile plastique d'un noir terne, mais qui se polit dans la coupure et qui renferme par places quelques menus débris de végétaux ou quelques grains quartzeux.

Cette couche sans continuité est accidentelle ; elle a 0^m,01 à 0^m,20 d'épaisseur.

4'. — Gravier fin, formé de grains quartzeux, plus ou moins arrondis et anguleux moyens et gros jusqu'à 2 millimètres, plus ou moins revêtus de matière terreuse gris-pâle.

Ce gravier est meuble ou peu cohérent, d'une couleur gris-pâle, on y voit quelques grains noirâtres et des traces charbonneuses. Épaisseur. . . . . 0^m,30.

4''. — Gravier argileux et ligniteux, à grains quartzeux généralement plus fins que ceux du précédent (mais renfermant aussi des grains plus gros que ce dernier) et entremêlés avec une notable quantité de matière argileuse grise; des fragments de lignites noirs y sont nombreux; il est peu cohérent, d'un gris mêlé de noir. Épaisseur . . . . . . 0^m,20.

4'''. — Couche d'argile sableuse, blanchâtre, grisâtre, à grains quartzeux très-fins. Elle est cohérente, à grains fins, à demi rude au couper, ne se polit pas dans la coupure, d'un blanc grisâtre, se désagrége lentement dans l'eau. On y voit quelques fragments miliaires de lignite. Épaisseur . . . . 0^m,05.

4^{iv}. — Argile fine, d'un noir terne qui se polit dans la coupure, se divise en fragments, se désagrége dans l'eau et se couvre d'efflorescence par l'action de l'air à cause des matières pyriteuses qu'elle contient.

Elle renferme de petits amas de graviers dont les grains quartzeux n'ont guère, en général, plus de 2 millimètres ; ils sont arrondis et entremêlés de matière argileuse d'un gris foncé. On y voit quelques cailloux avellanaires et de petits fragments d'argile noire.

4^v. — La partie inférieure de la couche précédente renferme de grands morceaux de lignite noir, à texture organique, de la pyrite et des fragments de calcaire plus ou moins altéré et transformé en tripoli, gris-noirâtre, à grains très-fins, tendre, un peu rude au couper (faisant entendre un certain cri). ne se polissant pas dans la coupure.

5. — Calcaire anthraxifère dont la partie supérieure est altérée.

Ces diverses couches ont une disposition très-remarquable; elles remplissent une anfractuosité du calcaire, comme le montre la coupe ci-dessus où l'on a supprimé les couches accidentelles.

On exploite les argiles pour la fabrication des briques réfractaires et des produits céramiques à Hautrages, Baudour, La Louvière, etc. Usages.

Les gîtes de limonite, situés sur la rive droite de l'Escaut, ont donné lieu au N. et à l'E.-N.-E. du village de Vaulx et surtout entre Vaulx et Ramecroix, à des exploitations assez importantes.

MEULE DE BRACQUEGNIES.

SYNONYMIE : Étage supérieur du système hervien du Hainaut (Dumont). —
2ᵉ étage de MM. Briart et Cornet.

Roches.   Les mineurs du Hainaut ont donné le nom de *meule* à un grès vert glauconifère qui n'affleure qu'en quelques points assez restreints de la commune de Strépy-Bracquegnies. Mais de nombreux sondages ont montré qu'elle se continue vers l'O. en une bande étroite, jusque près d'Anzin, au delà de la frontière française. Seulement, tandis qu'à Bracquegnies le grès est pénétré de silice gélatineuse, soluble dans la potasse caustique et est accompagné de rognons et de veines de calcédoine, à Bernissart, la roche renferme du calcaire et passe au macigno glauconifère ; quelques bancs sont même presque exclusivement composés de calcaire glauconifère à texture grossière.

Le dépôt de la meule commence par une couche peu épaisse d'argile sableuse glauconifère, renfermant de nombreux galets de phtanite et de quartz (Bracquegnies) ou par un poudingue à cailloux semblables cimentés par du macigno glauconifère (Bernissart).

Fossiles.   La meule est un dépôt marin dans lequel les fossiles sont ordinairement rares. Dans ces derniers temps, MM. Briart et Cornet ont recueilli dans deux puits à Bracquegnies, environ 120 espèces de coquilles dont on peut citer les suivantes parmi les plus abondantes.

Cardium Hillanum.	*Turritella granulata.*
Ostrea conica.	*Phasianella formosa.*
Pectunculus sublævis.	*Acteon affinis.*
Trigonia dædalea.	*Rostellaria Parkinsoni.*

Quant aux végétaux fossiles, on n'a encore trouvé dans la meule que des fragments de troncs de *Cupressoxylon.*

Un caractère remarquable de la faune de Bracquegnies consiste dans l'absence à peu près complète de *Céphalopodes* et de *Brachiopodes.*

MM. Briart et Cornet ont pu déterminer et décrire 93 espèces dont 41 Gastéropodes, 51 Lamellibranches et 1 Annélide.

Synchronisme.   Parmi ces quatre-vingt-treize espèces, quarante-deux sont nouvelles pour la science, mais cinquante et une précédemment connues et décrites, ont, à l'exception de neuf, toutes été rencontrées dans le

Greensand du Devonshire à *Blackdown*, comme le montre le tableau ci-après :

FOSSILES DE LA MEULE RENCONTRÉS DANS D'AUTRES PAYS.	GREENSAND de BLACKDOWN.	CRAIE glauconieuse de ROUEN.	GRÈS de LA SARTHE.	TOURTIA de TOURNAI et de MONTIGNIES- SUR-ROC.
Gastéropodes.				
Pterocera macrostoma. Sow. . .	—			
— *retusa,* Sow.	—			
Rostellaria Parkinsoni, Sow. . .	—	. . . . .	. . . ?	
— *Tylota?* de Ryckh. .	. . . . .	. . . . .	. . . . .	—
Pyrula depressa, Sow.	—			
Fusus Smithii, Sow., sp.				
Natica Rotundata. Sow., sp. . .	—	. . . . .	—	
— *pungens,* Sow., sp. . . .	—			
— *Geinitzii,* Sow., sp. (*N. ca-niticulata*)	—			
— *Mesostyle,* de Ryckh . . .	. . . . .	. . . . .	. . . . .	—
Turritella granulata, Sow.. . .	—			
Vermetus concavus, Sow. . . .	—			
Scalaria pulchra, Sow..	—			
Turbo Fittoni, Sow.,sp. (*Littorina gracilis*)	—			
Phasianella Sowerbyi, Sow. sp. (*striata*)	—			
Phasianella formosa, Sow. . . .	—			
Dentalium medium, Sow.. . . .	—			
Cinulia avellana, Brongn. (*Avellana cassis,* d'Orb.	. . . . .	—	—	—
Acteon (Tornatella) affinis, Sow. sp.	—			
Lamellibranches.				
Ostrea haliotidea, Sow., sp. . . .	—	—	—	—
— *conica,* Sow., sp.	—	—		
— *recurvata,* Sow., sp. . . .	—			
— *digitata,* Sow.,sp. (*Chama*)				
A REPORTER. . .	18	5	4	4

FOSSILES DE LA MEULE RENCONTRÉS DANS D'AUTRES PAYS.	GREENSAND de BLACKDOWN.	CRAIE glauconieuse de ROUEN.	GRÈS de LA SARTHE.	TOURTIA de TOURNAI et de MONTIGNIES-SUR-ROC.
REPORT...	18	3	4	4
Janira quadricostata, Sow., sp.	—			
— *œquicostata*, Lamk., sp.	—		—	
— *cometa*, d'Orb.		—		
Avicula anomala, Sow.	—		—	
Mytilus lanceolatus, Sow.	—			
— *reversus*, Sow.	—		—	
Arca subformosa, Sow., sp.	—			
— *fibrosa*, Sow., sp.	—			
— *carinata*, Sow., sp.	—		—	
Pectunculus umbonatus.	—			
— *sublævis*, Sow.	—			
Leda lineata, Sow. sp.	—			
Trigonia dœdalea, Park.	—		—	
Cardium hillanum, Sow.	—		—	
— *subventricosum*, d'Orb.		—		
Cyprina angulata, Sow.	—			
Lucina pisum, Sow.	—			
Venus plana, Sow.	—		—	
— *faba*, Sow.	—	—		
— *caperata*, Sow.	—			
— *parva*, Sow.	—			
Tellina inæqualis, Sow.	—			
— *gracilis*, Sow., sp.	—			
Solecurtus compressus, Goldf. (*S. æqualis*, d'Orb.)			—	
Corbula truncata, Sow.	—			
Thetis major, Sow.	—	—		
Pholadomya Mailleana, d'Orb.		—	—	
Annélide.				
Filigrana filiformis, Sow., sp.	—			—
TOTAUX...	42	8	13	5

On voit donc par ce tableau que, des 51 espèces de la meule qui sont connues à l'étranger, 8 espèces ont été rencontrées dans la craie glauconieuse de Rouen, 15 dans les couches cénomoniennes de la Sarthe, 5 dans le tourtia de Tournai et de Montignies-sur-Roc et 42 dans le Greensand de Blackdown.

On peut donc conclure avec MM. Briart et Cornet, que ces résultats ne laissent aucun doute sur l'identité de la meule avec les couches si remarquables de Blackdown.

La meule présente, du reste, de grandes analogies avec certains dépôts que l'on considère comme étant du même âge que ces couches de Blackdown.

C'est principalement la Gaize du département des Ardennes, ainsi que certaines couches rencontrées récemment dans le terrain crétacé du Boulonnais par M. Barrois (1874) ou précédemment par M. de Lapparent (1875) dans le pays de Bray, au cap la Hève, au N. du département de l'Aisne, dans le département des Ardennes et dans l'Yonne.

Tous ces dépôts formeraient donc, de même que la meule et les sables de Blackdown, les couches de passage entre le Gault et la Craie glauconieuse, tout en se rapprochant davantage de celle-ci.

La meule repose partout dans le Hainaut sur les couches argilo- Superposition. sableuses rapportées maintenant au Wealdien, ou sur le terrain houiller. Elle est recouverte par les assises que Dumont place à la base de son système nervien.

Le contact de la meule et de nos roches wealdiennes du Hainaut ne se voit au jour qu'en un point, près de Bracquegnies, dans le ravin du ruisseau à l'E. du château de Saint-Pierre.

La couche d'argile sableuse glauconifère de la base de la meule, surmontée de quelques mètres de grès vert, y repose sur les sables jaunes wealdiens.

La coupe, figure 51, passant par les sondages n°s 1, 2, 3 et 5 de la Société des charbonnages de Strépy-Bracquegnies, montre non-seulement le contact de la meule avec les roches wealdiennes, mais aussi avec les terrains supérieurs qui la recouvrent en stratification discordante dans la partie orientale du Hainaut.

MM. Briart et Cornet ont montré par une coupe passant par les sondages n°s 1, 2 et 3 et le puits Négresse des charbonnages de la Société de Blaton à Bernissart que dans cette partie du Hainaut les couches dites aacheniennes faisant complétement défaut, la meule inclinée au S. se trouve en contact avec le terrain houiller.

Fig. 51. — *Coupe passant par les sondages à l'O. de Bracquegnies.*

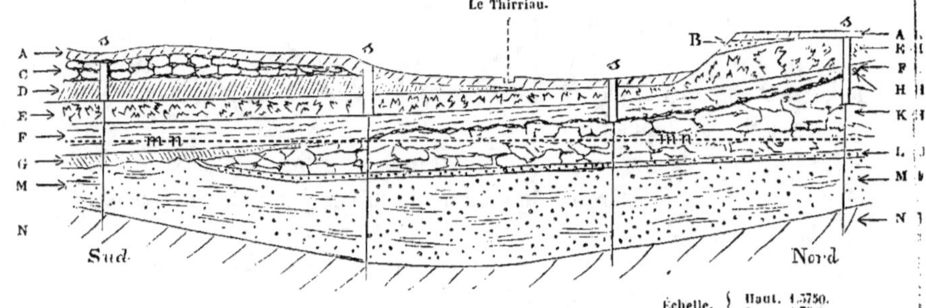

D'après MM. Briart et Cornet (Mémoire de 1870, pl. 1, fig. 2).

A. Limon hesbayen et alluvions modernes.

B. Sables glauconifères (Système landenien inférieur).

Terr. crétacé supérieur. } V.

C. Craie blanche.

D. Craie glauconifère (*gris* des mineurs) ou *craie de Maisières*.

E. Marne jaunâtre avec rognons de silex (*rabots*) ou *silex de St-Denis*.

IV. {

F. Marne glauconifère avec concrétions siliceuses (*fortes toises*).

G. Marne glauconifère très-argileuse, bleuâtre ou verdâtre (*dièves*).

H. Couche irrégulière formée de débris roulés de la couche K.

J. Marne glauconifère avec galets (*tourtia de Mons*). Cette assise n'a pas été traversée par les sondages de Bracquegnies. Elle est représentée à l'E. de Mons par des bancs de calcaire dur glauconifère avec *Pecten asper* et *Ostrea columba*.

Terr. crétacé moyen.

III.

Le *tourtia de Tournai* et de *Montignies-sur-Roc*, n'ayant jamais été trouvé au contact de la meule, doit nécessairement faire défaut dans cette coupe.

II. {

K. Sables et grès glauconifères à ciment de silice gélatineuse (*meule de Bracquegnies*); à ciment de silice gélatineuse et de calcaire (*meule de Bernissart*).

L. Argile sableuse verte avec de nombreux galets de phtanite et de quartz.

Terr. crétacé inférieur. } I.

M. Sables et argile avec lignites (*sables et argile d'Hautrage*).

N. Terrain houiller.

s. Sondages.

mn. Niveau de la mer.

Seulement, au lieu de présenter à sa base, comme dans la figure 31, une couche argileuse L avec galets, c'est un poudingue très-cohérent formé de galets de phtanites agglutinés par un ciment glauconifère argilo-calcaire qui s'observe au contact du terrain houiller.

Dumont assimila ce poudingue à celui de Tournai et de Montignies-sur-Roc qui est devenu célèbre sous le nom de *tourtia*. C'est ce qui explique pourquoi l'auteur de la Carte géogologique considérait le tourtia qui sera étudié plus loin, comme inférieur à la meule, alors, au contraire, que par sa faune il est généralement regardé comme plus récent.

On comprend, dès lors, pourquoi Dumont qui rangeait ces deux dépôts dans son système hervien, plaçait la meule dans l'étage supérieur de ce système et le tourtia dans l'étage inférieur.

Quant à l'étage moyen du même système, Dumont le croyait représenté dans le golfe crétacé de Mons, par de la limonite granuliforme qui lui sembla correspondre aux minerais de fer de l'arrondissement de Vouziers dans le département des Ardennes et par des traces de glauconie sableuse analogue à celle des environs de Marbaix.

La puissance de la meule de Bracquegnies est souvent considérable; Puissance. elle atteint 44 mètres dans la partie orientale du bassin et 185 mètres dans la partie occidentale, notamment à Harchies.

TOURTIA DE TOURNAI.

—

SYNONYMIE : Étage supérieur du système hervien du Hainaut (Dumont.) —
3ᵉ étage de MM. Briart et Cornet.

Le *tourtia de Tournai et de Montignies-sur-Roc*, qu'il ne faut pas Roches. confondre avec le tourtia de Mons et de Valenciennes est formé par un poudingue fossilifère composé de fragments de roches primaires cimentés par du calcaire et passant, par conséquent, au gompholite.

A Montignies-sur-Roc, le poudingue est ordinairement très-cohérent, constitué par des cailloux roulés de grès et de psammites plus ou moins volumineux et de grains arrondis de limonite.

A Tournai le poudingue est analogue au précédent, mais il est souvent peu cohérent et les cailloux roulés qu'il renferme sont de phtanite houiller, de quartz, de limonite et de calcaire carbonifère.

Tantôt la pâte devient plus argileuse, plus ferrugineuse et d'un brun jaunâtre, tantôt elle devient plus pure et d'une couleur blanc-jaunâtre et rougeâtre comme à Montignies-sur-Roc.

On y voit assez souvent des grains miliaires de glauconie, irrégulièrement disséminés dans la masse.

Le test calcaire, parfois spathique, des fossiles de Tournai et de Montignies-sur-Roc a une teinte rougeâtre, jaunâtre, ou jaune verdâtre caractéristique qui permet de distinguer les fossiles du tourtia de ceux des autres dépôts crétacés du Hainaut.

Fossiles. Les fossiles sont très-nombreux dans le tourtia de Tournai et de Montignies-sur-Roc. Les travaux de d'Archiac et de de Ryckholt nous ont fait connaître l'existence dans ce conglomérat, de plusieurs Céphalopodes, 216 Gastéropodes, 115 Lamellibranches, 20 Brachiopodes et 8 Échinodermes.

L'un des caractères les plus saillants de la faune du tourtia, c'est que les Brachiopodes, bien que n'y étant représentés que par un petit nombre d'espèces (moins de 5 p. °/₀ du nombre total), y comptent un nombre d'individus tel que *Terebratula Nerviensis* fournit seul le quart des fossiles.

On peut encore citer parmi les fossiles caractéristiques du tourtia les espèces suivantes :

Astarte striata.	*Terebratula biplicata.*
Spondylus striatus.	— *capillata.*
Rhynchonella Lamarckiana.	*Codiopsis doma.*

La plus grande partie des espèces rencontrées jusqu'ici dans le tourtia sont spéciales à ce dépôt.

Synchronisme. Néanmoins un certain nombre d'espèces ont aussi été rencontrées dans d'autres pays, notamment dans les grès cénomaniens de la Sarthe, dans la craie glauconieuse de Rouen et dans le Greensand de Blackdown.

Voici la liste de ces espèces :

FOSSILES DU TOURTIA DE TOURNAI RENCONTRÉS DANS D'AUTRES PAYS.	GRÈS de LA SARTHE.	CRAIE GLAUCONIEUSE DE ROUEN.	GREENSAND de BLACKDOWN.
Céphalopodes.			
Ammonites varians, Sow.	. . . .	———	
Gastéropodes.			
Trochus Basterotii, Brong	. . . .	———	
Turbo Geslini, d'Arch.	———		
Capulus elongatus (Pileopsis), Goldf. 1843.			
Dentalium medium, Sow.	. . . .	. . . . .	———
Serpula filiformis, Sow. sp.	. . . .	. . . . .	———
Lamellibranches.			
Pholadomia (Pachymya) gigas, Sow. . .	———		
Panopæa (Lutraria) substriata, d'Arch.	———		
— *(Mya) læviuscula*, Sow. . . .	. . . .	. . . . .	———
Lyonsia (Lutraria) carinifera, Sow. . .	. . . .	———	———
Astarte striata, Sow., 1826. (*A. Koninkii*, d'Arch., 1847.)	. . . .	. . . . .	———
Cyprina oblonga, d'Orb., 1843. (*A. Cyprinoïdes*, d'Arch.)	———		
Trigonia sulcataria, Lmk. (*T. pennata*, Sow.)	———		
Trigonia spinosa, Park.	———	———	———
Cardium productum, Sow..	———		
Nucula antiquata, Sow.	. . . .	. . . . .	———
— *impressa*, Sow.	———	. . . . .	———
Isoarca obesa, d'Orb. (*Isocardia Orbignyana*, d'Arch.)	. . . .	———	
Arca Galliennei, d'Orb.	———	———	
— *subdinensis*, d'Orb.	———		
Mytilus peregrinus, d'Orb. (*Modiola lineata*, Sow.)	———		
A REPORTER. . .	11	6	8

FOSSILES DU TOURTIA DE TOURNAI RENCONTRÉS DANS D'AUTRES PAYS.	GRÈS de LA SARTHE.	CRAIE GLAUCONIEUSE DE ROUEN.	GREENSAND de BLACKDOWN.
Report. . .	11	6	8
Mytilus Galliennei, d'Orb. (*Mytilus Tornacensis*, d'Arch.).	—		
Lima Reichembachi, Geinitz	—		
— *subovalis*, Sow.	. . . . .	. . . . .	—
Pecten virgatus, Nils.	—	. . . . .	—
— *subacutus*, Lmk.	—		
— *orbicularis*, Sow..	. . . . .	—	
— *Rhotomagensis*, d'Orb.	. . . . .	—	
— *crispus*, Roem. (Essen).			
Janira (*Pecten*) *quinquecostata*, Sow. sp.	—	—	—
Spondylus striatus, Goldf	. . . . .	—	
— *histrix*, Goldf.	—	—	
Ostrea carinata, Lmk.	—	—	
— *diluviana*, Lmk.	—		
— *haliotidea*, d'Orb.	—	—	—
Brachiopodes.			
Rhynchonella Lamarckiana, d'Orb. . .	—		
Terebratula biplicata, Defr.	—	—	
Terebratulina (*Terebratula*) *auriculata* Roem. (Essen).			
Thecidea digitata, Sow. (Essen).			
Échinodermes.			
Holaster suborbicularis, Ag.	. . . . .	—	
Catopygus columbarius, Ag.	—		
Discoïdea subuculus, Ag.	. . . . .	—	
Codiopsis doma, Ag.	—		
Total. . .	24	15	12

Il ressort de ce tableau que sur 45 espèces du tourtia rencontrées dans d'autres pays, il s'en trouve 12 dans le Greensand de Blackdown, 15 dans la craie glauconieuse de Rouen et 24 dans les grès cénommiens de la Sarthe.

On peut donc admettre avec MM. Briart et Cornet, qui ont fait ces relevés, que le tourtia de Tournai et de Montignies-sur-Roc correspond à quelque partie de l'étage de la *craie glauconieuse* des géologues français, que d'Archiac place dans le quatrième étage de son groupe de la *craie tuffeau*.

Or, d'après ce même géologue (1851), une assise de marne sableuse glaconifère avec faune identique à celle de Blackdown a été rencontrée près de Ballon, à un niveau inférieur aux couches cénomaniennes de la Sarthe. C'est en se basant sur ce fait stratigraphique important et sur les considérations paléontologiques développées ci-dessus que MM. Briart et Cornet ont placé le tourtia de Tournai et de Montignies-sur-Roc au-dessus de la meule, bien qu'on ne puisse constater en aucun point la superposition du premier dépôt sur le second.

Le Greensand de Blackdown et son équivalent belge, la meule de Bracquegnies et de Bernissart, correspondraient donc à la partie inférieure des couches cénommiennes de la Sarthe et le tourtia de Tournai et de Montignies-sur-Roc, à quelque partie des assises moyennes et supérieures.

Le tourtia recouvre à Tournai le calcaire carbonifère ou les dépôts wealdiens, tandis qu'à Montignies-sur-Roc, il repose dans les anfractuosités des grès rouges dévoniens.

Il n'a dans la province de Hainaut qu'une importance presque nulle sous le rapport géologique, puisqu'il n'y est représenté que par quelques petits lambeaux de poudingue.

Ces lambeaux sont les vestiges d'une assise importante qui fut dénudée avant le dépôt des couches connues sous le nom de *tourtia de Mons* et qui seront étudiées plus loin.

En dehors du Hainaut on peut constater la présence du tourtia de Tournai sur le calcaire dévonien à Gussigny, sur le calcaire dévonien et sur les dépôts dits aacheniens ou wealdiens dans les carrières de Bellignies. M. Ch. Barrois a aussi retrouvé le tourtia à l'état de poudingue, à Condé, et le même géologue y rapporte une argile calcarifère noire qui s'observe à 149 mètres de profondeur à Liévin (Pas-de-Calais).

La dénudation du tourtia fut moins complète dans le département du Nord que dans notre pays. MM. Briart et Cornet rapportent, à ce sujet (1874), qu' « on trouve, en effet, près du village d'Houdain-lez-Bavay, sur les bords de 'l'Hogneau, au-dessus d'un conglomérat qui correspond à celui de Montignies-sur-Roc, une épaisseur d'environ 15 mètres formée de calcaire jaune, très-tenace, dont quelques bancs renferment de petits grains luisants de limonite qui sont quelquefois assez nombreux pour transformer la roche en un véritable minerai de fer. A une époque inconnue, des souterrains ont été creusés par l'homme dans cette roche. Ils ont reçu du vulgaire le nom de *trous des Sarrasins* et de là est venue la dénomination de *pierre des Sarrasins* ou par abréviation de *Sarrasin*, donnée à la roche dans laquelle les excavations sont pratiquées. Il nous semblerait convenable de remplacer dans la langue scientifique, ce nom un peu barbare par celui de *calcaire limonitifère d'Houdain.* »

Puissance.   La puissance du tourtia est très-peu considérable ; à Tournai, elle varie de quelques centimètres à $1^m,20$; à Montignies-sur-Roc, elle n'est que de quelques décimètres et dans le département du Nord elle ne dépasse pas $1^m,20$ à $1^m,50$ vers Gussignies et Bellignies.

TOURTIA DE MONS.

—

SYNONYMIE : Système nervien et partie du système sénonien de Dumont. — 4e étage de MM. Briart et Cornet.

Les dépôts crétacés qui viennent d'être passés en revue sont séparés de la craie blanche du Hainaut, qui sera étudiée plus loin, par un ensemble de couches que je désignerai par le nom de *Tourtia de Mons* pour me conformer à la nomenclature que j'ai cru devoir adopter pour les dépôts crétacés du Hainaut.

Cet ensemble de couches correspond au système nervien et à une partie du système sénonien de Dumont et constitue le quatrième étage de MM. Briart et Cornet.

Il présente une grande variété dans ses caractères minéralogiques et une grande diversité dans sa faune : tandis que celle-ci se rapproche vers le bas de la faune cénomanienne, à la partie supérieure, au contraire, elle montre beaucoup d'affinité avec la faune sénonienne.

Cet étage repose sur les terrains primaires, sur les couches argilo-sableuses wealdiennes, sur la meule ou sur le tourtia de Tournai et de Montignies-sur-Roc.

Sa puissance varie notablement suivant les localités, mais elle est beaucoup plus grande sur le versant septentrional du bassin ou sur le versant méridional à l'E. de Binche que sur le versant méridional à l'O. de Binche.

C'est ainsi, par exemple, que, tandis que le sondage n° 9 de la Société du Levant de Mons n'a rencontré que 6^m,20 de couches de cet étage, le sondage n° 19 de la Société de Blaton en a traversé 167 mètres.

Toutes ces couches sont réparties en un certain nombre d'assises qui sont, de bas en haut :

1° Tourtia de Mons p. p. d^t.

2° Dièves et fortes-toises du Hainaut.

3° Silex ou rabots de St-Denis.

4° Craie de Maisières ou gris des mineurs.

I. — TOURTIA DE MONS.

Le tourtia de Mons est formé par une marne généralement très-glauconifère, parfois sableuse et renfermant souvent de petits galets de phtanite, de quartz et d'autres roches variant suivant les localités. *Roches.*

A l'E. de Mons, il est représenté par des bancs de calcaire caverneux, très-glauconifère dont les cavités sont remplies de marne glauconifère.

On y trouve un grand nombre de fossiles dont on peut citer parmi les plus abondants : *Fossiles.*

Nautilus elegans.	*Ostrea diluviana.*	*Ammonites varians.*
Ostrea carinata.	*Pecten asper.*	*Belemnitella vera.*
— *columba.*	*Dentalium deforme.*	*Rhynchonella Lamarckii.*
— *conica.*	*Spondylus duplicatus.*	*Ditrupa deformis.*

Les principaux gîtes fossilifères du tourtia de Mons sont dans la marne inférieure d'Autreppe et de Bernissart en Belgique et dans celle de Bellignies, de Boussières et d'Assevent dans le département du Nord.

Parmi les fossiles du tourtia de Mons il en est un certain nombre que l'on considère comme identiques à des espèces de la craie glauconieuse de France (étage cénomanien de d'Orbigny). C'est ce qui a fait quelquefois assimiler ce dépôt au tourtia de Tournai et de Montignies-sur-Roc dont la faune appartient aussi à l'étage de la craie glauconieuse.

Superposition.   Cependant Dumont a parfaitement distingué les deux tourtia, en ajoutant que celui de Mons *remplit parfois les anfractuosités* de celui de Tournai.

MM. Briart et Cornet ont réussi à mettre ce fait hors de doute par de bonnes coupes prises dans le département du Nord.

Le tourtia de Mons à *Pecten asper* repose aux environs de Valenciennes, sur la meule qu'il ravine profondément, d'après M. Cornet; près de Vouziers (Ardennes) il recouvre la Gaize.

La marne glauconifère à *Pecten asper* n'affleure nulle part dans le Hainaut, mais, à part les points où le terrain houiller fait saillie, on la rencontre presque toujours en creusant des puits.

Dans le département du Nord, au contraire, elle affleure partout à la surface des terrains primaires dans la vallée de la Sambre, depuis Sassegnies jusqu'à Erquelinnes; on la retrouve aussi dans le département de l'Aisne : à Mondrepuits, aux vallées près de Saint-Michel, à Aubenton, à Landouzy, à Luzoir et à Étréaupont.

II. — DIÉVES ET FORTES-TOISES DU HAINAUT.

Roches.   Le tourtia de Mons est recouvert par une assise de marne très-argileuse blanche ou bleuâtre, quelquefois légèrement ou fortement chargée de glauconie.

C'est cette marne qui est connue sous le nom de *dièves*.

Elle renferme parfois des lits plus ou moins épais d'argile non calcareuse et des rognons disséminés de pyrite.

Elle passe supérieurement et d'une manière presque insensible à une assise de marne simple ou gauconifère, grisâtre ou bleuâtre, renfermant de nombreuses concrétions siliceuses. Cette assise a reçu des mineurs le nom de *fortes-toises* dans la partie occidentale du bassin et de *bleus* ou de *verts à têtes de chat* dans la partie orientale.

Les fossiles sont généralement assez rares dans les fortes-toises, mais Fossiles. dans les dièves, l'*Inoceramus mytiloides* et la *Terebratulina gracilis* se rencontrent parfois assez abondamment.

Les principaux gîtes fossilifères sont : pour les dièves, dans la marne de Chercq, de Montignies-sur-Roc, de Bruyelles ainsi que dans celles de certains puits de charbonnages comme celui du Viernoy à Anderlues, près de Fontaine-l'Évêque qui m'a fourni des fossiles à plusieurs niveaux (1873) ; pour les fortes-toises, dans les *verts à têtes de chats* de Bracquegnies et de Saint-Vaast à La Louvière.

III. — SILEX OU RABOTS DE SAINT-DENIS.

A la marne précédente succède, sur le versant septentrional du Roches. bassin, un ensemble de couches à silex, désigné par les mineurs sous le nom de *rabots*. D'Omalius donne à cet ensemble de couches le nom de *Rabots de Saint-Denis* et MM. Briart et Cornet celui d'*Assise des silex de Saint-Denis*.

Ce sont des couches de craie grise, grossière, renfermant vers le bas, d'énormes rognons de silex noir prenant parfois une teinte rose ; elles alternent à la partie supérieure, avec des bancs massifs de silex gris qui sont surtout exploités à Saint-Denis près de Mons.

Les fossiles sont assez nombreux dans cette assise. Fossiles.

D'après MM. Briart et Cornet (1874), les silex de Saint-Denis et la craie de Maisières, qui les recouvrent, renfermeraient principalement les espèces suivantes :

Ostrea semiplana. (*O. flabelliformis*).	*Inoceramus Brongniarti.*
— *laciniata.* (*O. decussata*).	*Spondylus spinosus.*
— *lateralis.*	*Terebratula semiglobosa.*
— *larva.*	*Rhynchonella plicatilis.*
— *hippopodium.*	*Terebratulina gracilis.*

C'est l'existence de cette faune qui a porté M. Gosselet à identifier avec l'assise des silex de Saint-Denis, la craie à *Inoceramus Brongniarti*.

Les fossiles de cette assise se rencontrent surtout dans les marnes et les silex gris des rabots à Saint-Vaast, Haine-Saint-Paul, Bracquegnies et Maisières.

IV. — CRAIE DE MAISIÈRES.

Roches et fossiles.   La craie de Maisières, connue sous le nom de *gris des mineurs*, est un calcaire sableux, friable, glauconifère, sans silex, qui repose sur les rabots.

Dumont la rangeait dans son système sénonien, mais MM. Briart et Cornet l'ont fait rentrer avec les couches précédentes, dans leur quatrième étage, à cause de ses caractères paléontologiques.

Elle renferme beaucoup de fossiles, principalement des huîtres souvent en bancs.

Les principaux gîtes de ces fossiles sont à Maisières, à Saint-Vaast, à Haine-Saint-Paul, à Ville-sur-Haine, à Saint-Denis, etc.

Superposition.   La coupe, figure 31, montre l'allure et les caractères stratigraphiques que présentent à l'E. de Mons, la craie de Maisières et les assises qui la séparent de la meule de Bracquegnies.

CRAIE BLANCHE DU HAINAUT.

—

SYNONYMIE : Partie du système sénonien de Dumont. — 5ᵉ étage de MM. Briart et Cornet (1874).

Entre la craie de Maisières et les roches qu'on rapporte généralement, avec Dumont, au tuffeau de Maestricht, se développe dans le Hainaut un puissant dépôt formé de craie blanche avec ou sans silex et de craie brune phosphatée.

Ce dépôt correspond à la plus grande partie du système sénonien de Dumont de même qu'au cinquième étage de MM. Briart et Cornet.

Ces géologues répartissent aujourd'hui toutes les couches de ce puissant dépôt dans cinq assises qui sont, en commençant par la plus ancienne :

  1° Craie de Saint-Vaast.
  2°   —   d'Obourg.
  3°   —   de Nouvelles.
  4°   —   de Spiennes.
  5°   —   brune de Ciply.

I. — CRAIE DE SAINT-VAAST.

La craie de Saint-Vaast est blanche, légèrement grisâtre, douce au *Roches.* toucher, traçante et stratifiée irrégulièrement. A sa partie inférieure elle est plus grisâtre, un peu marneuse, en bancs épais peu fissurés, avec de très-nombreux et peu volumineux rognons de silex de formes très-irrégulières, bigarrés de gris, de noir et de blanc, isolés ou disposés par lits contigus. Tout à fait à sa partie inférieure elle se charge de quelques grains de glauconie.

Vers la partie supérieure, la craie de Saint-Vaast n'est pas marneuse, elle se présente en bancs peu épais, très-fissurés et *sans silex*. D'assez nombreux sphéroïdes de pyrite souvent altérée et transformée en ocre rouge se rencontrent également à ce niveau.

La craie de Saint-Vaast renferme peu de fossiles. On ne trouve *Fossiles.* guère vers le bas, que l'*Ostrea semi-plana* (*O. flabelliformis*), de grands *Inoceramus* et des dents de poissons (*Ptychodus latissimus*). La *Bellemnitella quadrata* et quelques Spongiaires se rencontrent principalement vers le haut de l'assise.

La craie de Saint-Vaast repose sur la craie de Maisières au contact *Superposition.* de laquelle s'observent de petits amas de glauconie et les traces d'une importante dénudation. Celle-ci représenterait, d'après MM. Briart et Cornet, une lacune géologique correspondant, peut-être, à certaines assises de craie blanche du N. de la France.

L'assise de la craie de Saint-Vaast est la plus importante au point de vue géographique; sa partie inférieure n'existe que sur le versant septentrional du bassin de Mons, mais sa partie supérieure s'étend sur les deux versants en débordant les assises suivantes.

L'épaisseur de cette assise, que l'on sait être de 51 mètres à l'E. de *Puissance.* Trivières, semble augmenter vers l'O. et diminuer vers le S. Elle ne dépasse pas 15 à 20 mètres sur le versant méridional du bassin.

La craie de Saint-Vaast est exploitée sur une grande échelle pour la *Usages.* fabrication de la chaux, notamment à Saint-Vaast, Trivières, Mont-Sainte-Aldegonde, Péronnes, Battignies, Ville-sur-Haine, Bray et Givry. Les carrières de Saint-Vaast, de Trivières et de Mont-Sainte-Aldegonde, ouvertes dans les couches à silex, fournissent de la chaux un peu hydraulique.

II. — CRAIE D'OBOURG.

Roches.   La craie d'Obourg est constituée par une craie blanche parfois légèrement grisâtre, traçante, douce au toucher, non marneuse, stratifiée irrégulièrement en bancs peu épais et très-fissurés. Des rognons, souvent volumineux, de silex noir s'y trouvent disséminés, mais seulement dans quelques endroits de la partie N.-E. du bassin. MM. Briart et Cornet ont fait remarquer à ce sujet, que c'est dans cette partie du bassin que la silice est au maximum de proportion dans les couches crétacées, depuis la meule de Bracquegnies jusqu'à la craie blanche.

La craie d'Obourg repose sur celle de Saint-Vaast au contact de laquelle elle présente un conglomérat fossilifère variant de quelques centimètres à 1 mètre d'épaisseur (voir fig. 52) et dans lequel on trouve de nombreux Spongiaires avec les deux *Belemnitella* qui s'observent plus haut dans l'assise. Celle-ci présente vers le milieu de sa hauteur une zone de craie durcie et jaunie, surmontée d'un conglomérat de peu d'épaisseur, formé de fragments de craie tendre et de craie durcie réunis par une pâte cohérente, très-fossilifère. Ce conglomérat étant continu comme celui de la base, divise naturellement la craie d'Obourg en deux sous-assises.

Fossiles.   Les principaux caractères paléontologique de la craie d'Obourg consistent dans l'absence du *Magas pumilus* qui caractérise, par son abondance, l'assise suivante. L'oursin le plus abondant de la craie blanche : l'*Echinocorys vulgaris* ou *Ananchites ovata* qui dans les assises supérieures a, comme on le verra plus loin, la forme type *ovata* est représenté dans la craie d'Obourg par deux variétés que certains auteurs ont élevées au rang d'espèces : l'*Ananchites gibba* et l'*A. conoïdea*.

La *Belemnitella mucronata* abonde dans la partie supérieure de la craie d'Obourg, de même que dans les trois assises supérieures; mais elle semble disparaître à la partie inférieure où apparaît la *Belemnitella quadrata*.

D'après MM. Briart et Cornet on rencontre principalement dans le conglomérat de la base :

Belemnitella mucronata.	*Ostrea sulcata.*
— *quadrata.*	— *vesicularis.*
Ostrea flabelliformis.	

Dans le conglomérat qui sépare les deux sous-assises :

Ostrea lateralis.	*Rhynchonella octoplicata.*
— *vesicularis.*	*Belemnitella mucronata.*
— *flabelliformis.*	— *quadrata.*
Pecten cretosus.	*Ananchites conoïdea.*
Terebratula carnea.	— *gibba.*
— *Heberti.*	*Cardiaster Heberti.*
Terebratulina striata.	

Ces espèces se rencontrent dans la sous-assise supérieure, mais elles y paraissent assez rares.

L'assise d'Obourg atteint sur le versant septentrional du bassin une épaisseur de 150 mètres, dont 120 mètres pour la sous-assise inférieure, tandis que sur le versant méridional elle ne dépasse pas 50 mètres. Puissance.

La craie d'Obourg est exploitée pour la fabrication de la chaux à Obourg, Strépy, Trivières, Haulchin, Givry et Cuesmes. Usages.

III. — CRAIE DE NOUVELLES.

La craie de Nouvelles se distingue des autres par sa pureté et son excessive blancheur qui font paraître grisâtre le blanc des craies inférieures quand on en rapproche des échantillons des diverses assises. Elle est, comme celles-ci, constituée par de la craie blanche, traçante, douce au toucher, stratifiée irrégulièrement, en bancs épais très-fissurés. Elle est la plus pure de nos craies et ce qui le prouve c'est qu'elle est presque entièrement soluble dans les acides, tandis que celles des assises inférieures laissent toujours un résidu notable d'argile et de silice. Roches.

On y rencontre quelques rognons isolés, quelquefois volumineux, de silex noir.

Les fossiles ne sont pas très-abondants dans la craie de Nouvelles si l'on en excepte le *Magas pumilus* qui ne se rencontre qu'à ce niveau et l'*Ananchites ovata* qui ne descend pas plus bas, ainsi que *Rhyn-* Fossiles.

chonella subplicata. MM. Briart et Cornet mentionnent les espèces suivantes dans cette assise :

Belemnitella mucronata.	*Rhynchonella octoplicata.*
Ostrea lateralis.	— *subplicata.*
— *vesicularis.*	*Magas pumilus.*
Terebratula carnea.	*Ananchites ovata.*

Superposition. La craie de Nouvelles à *Magas pumilus* est recouverte, comme on le verra plus loin, tantôt par la craie de Spiennes, tantôt par la craie brune de Ciply. Cette dernière superposition s'observe notamment près du village de Nouvelles, dans les talus du chemin de Mesvin et à partir de ce point jusqu'au petit bois et au chemin creux de Ciply.

On observe que la craie à Magas est jaunie et durcie au contact des assises qui la recouvrent.

D'après MM. Briart et Cornet, il ne peut y avoir de doute sur la superposition de la craie de Nouvelles à celle d'Obourg bien qu'il n'ait pas encore été possible de découvrir un point où le contact fût bien visible.

Au point de vue géographique, elle a très-peu d'importance ; elle n'a été reconnue que sur le versant sud du bassin où elle forme une bande de 4 à 5 kilomètres de longueur sur $^1/_2$ kilomètre de largeur.

Puissance. L'assise de Nouvelles a une puissance d'environ 20 mètres en moyenne.

Usages. La craie de cette assise est surtout recherchée à cause de sa grande pureté, pour la fabrication du *petit blanc* ou *blanc d'Espagne*. On l'utilise également pour en faire de la chaux ainsi que de l'acide carbonique pour les sucreries.

Les principales exploitations de cette craie sont à Harmignies, à Spiennes et à Nouvelles.

Synchronisme. La craie de Nouvelles semble pouvoir être rapportée par sa faune à la craie de Meudon du bassin de Paris. Voici comment s'expriment à ce sujet MM. Briart et Cornet (1874) : « L'ensemble de la faune nous permet de rapporter l'assise à la *craie de Meudon*. Si le *calcaire pisolitique* que l'on observe sur celle-ci correspond bien, comme le pense M. Hébert, à quelque partie de notre sixième étage ou Tuffeau de Ciply, il existe dans le bassin de Paris, immédiatement au-dessus de la craie de Meudon, une importante lacune représentée en Belgique par la craie brune de Ciply et la craie de Spiennes. »

IV. — CRAIE DE SPIENNES.

La craie de Spiennes diffère sous tous les rapports des autres assises; Roches. c'est une craie grossière, rude au toucher, peu ou point écrivante, stratifiée régulièrement en bancs épais peu fissurés. Du silex gris sombre s'y rencontre abondamment en bancs massifs continus de $0^m,10$ à $0^m,60$ d'épaisseur ou en gros rognons disséminés, souvent très-volumineux.

L'assise de Spiennes commence par un conglomérat formé de nodules phosphatés, de Spongiaires, de débris d'Huîtres, d'Inocérames, d'Ananchites, etc.

Les fossiles de la craie de Spiennes appartiennent généralement à Fossiles. des espèces de la craie blanche. Ce sont, d'après MM. Briart et Cornet :

ESPÈCES ABONDANTES.

Belemnitella mucronata.	*Rhynchonella subplicata.*
Ostrea flabelliformis.	— *octoplicata.*
— *larva.*	*Ananchites ovata.*
— *vesicularis.*	*Nodosaria Zipii.*
Janira substriatocostata.	*Bulimina variabilis.*
Terebratula carnea.	

ESPÈCES RARES.

Baculites Faujasi.	*Crania antiqua.*
Avicula cærulescens.	*Cardiaster granulosus.*
Terebratulina striata.	*Cristellaria rotulata.*
Fissurirostra Palissi.	

La craie de Spiennes repose sur l'assise de Nouvelles qu'elle a pro- Superposition. fondément ravinée; aussi trouve-t-on, sous la surface de contact, une craie jaune très-dure, souvent perforée par des coquilles lithophages.

Cette craie durcie et jaunie a été rencontrée au N.-E. de Mons, par le sondage Lebreton, à 150 mètres de profondeur.

L'assise de Spiennes forme entre Ciply et la partie septentrionale du territoire d'Harmignies, une bande large de $3/4$ de kilomètres qui disparaît sous le tuffeau dans le village de Spiennes et sous la craie brunâtre à l'E. de Ciply.

Puissance.   La puissance de la craie de Spiennes est évaluée à 150 mètres par MM. Briart et Cornet.

Usages.   La craie de Spiennes n'est pas exploitée pour la fabrication de la chaux, mais le silex gris qu'elle renferme est actuellement utilisé pour la fabrication des faïences.

Le silex de Spiennes était déjà exploité sur une très-grande échelle, pour la fabrication des ustensiles de l'*âge de la pierre polie* et il y a un demi-siècle, on l'employait encore à Spiennes et à Ciply pour la fabrication des *pierres à fusil*.

V. — CRAIE BRUNE DE CIPLY.

Roches.   L'assise de Ciply est caractérisée par une craie grise ou brunâtre, grossière, friable, formée de 25 p. $^{\circ}/_{\circ}$ de petits grains blanchâtres de calcaire, mélangés à 75 p. $^{\circ}/_{\circ}$ d'autres grains phosphatés de couleur brunâtre qui donnent à la roche sa teinte foncée.

La proportion des grains bruns diminue vers le bas où la craie, tout en restant grossière, devient plus blanche et se confond pour ainsi dire avec celle de l'assise sous-jacente. En même temps des silex se rencontrent à ce niveau d'abord en lits continus, puis en rognons isolés. Vers le haut, la craie brune de Ciply se montre sur une hauteur d'environ 9 à 10 mètres, en bancs bien stratifiés, mais sans silex.

Fossiles.   La craie brune de Ciply est très-fossilifère. Outre un grand nombre d'espèces inédites, elle renferme toutes les espèces mentionnées ci-dessus pour la craie de Spiennes, à l'exception de l'*Ananchites ovata* et peut-être de *Nodosaria Zipii* et *Bulimina variabilis*.

M. Houzeau de Le Haye a signalé récemment dans la craie brune de Ciply, la présence du *Mosasaurus gracilis* représenté par la tête presque entière et huit ou neuf vertèbres qui, malheureusement, sont tombées en petits débris.

Le tableau ci-après, page 176, donne les espèces les plus abondantes de la craie brune de Ciply.

Superposition.   L'assise de Ciply repose transgressivement sur la craie de Spiennes et sur la craie de Nouvelles comme le montre la petite carte géognostique des environs de Ciply et de Spiennes dressée par M. Cornet (1870).

La craie brune de Ciply est surmontée par les roches du tuffeau

ui auxquelles elle a été réunie jusque dans ces derniers temps, mais que
ol des considérations paléontologiques portent aujourd'hui à réunir au
τ groupe des assises de la craie blanche.

Le silex de la craie brune a été utilisé à Ciply et une exploitation a *Usages.*
ol été entreprise par M. Laduron pour l'extraction du phosphate de
dé chaux qui, d'après les dosages de M. le Dr Petermann, entrerait pour
ss 24,56 °/$_0$ dans la composition de la craie brune.

MM. Briart et Cornet estiment à 14 $^1/_2$ millions de mètres cubes la
rp quantité de craie brune qui recouvre environ 180 hectares, au-dessus
b de la nappe aquifère. C'est assez dire qu'il y a dans ce gisement une
on ressource énorme pour l'agriculture et l'industrie.

TUFFEAU DE CIPLY.

—

Le tuffeau de Ciply est un calcaire à texture grossière, blanchâtre *Roches.*
o ou jaunâtre, souvent friable, formant des bancs bien réguliers et hori-
s zontaux.

On y rencontre quelques bancs et rognons isolés de silex gris iden-
l tique à celui qui s'observe à la base de la craie brune de Ciply.

L'assise du tuffeau commence par un conglomérat fossilifère auquel
: MM. Briart et Cornet ont donné le nom de *Poudingue de la Malogne.*
' Ce poudingue est formé par la réunion de blocs assez gros de craie
blanche durcie, de fossiles roulés et de galets à surface perforée, le
tout empâté dans une roche blanche ou grisâtre, très-cohérente. Les
galets et les moules de fossiles sont constitués par une substance
brune renfermant du phosphate de chaux.

Les fossiles sont rares dans le tuffeau de Ciply, si l'on en excepte *Fossiles.*
les foraminifères et les bryozaires, mais ils se rencontrent fréquemment dans le poudingue de la Malogne. On trouve associés dans
ce dernier, la plupart des fossiles de la craie brune de Ciply de même
que ceux du tuffeau de Ciply.

C'est ce que montre le tableau suivant dans lequel MM. Briart et
Cornet ont indiqué la répartition dans les dépôts de Ciply, des espèces
qui y sont les plus abondantes :

GENRE, ESPÉCE ET AUTEURS.	CRAIE BRUNE.	POUDINGUE.	TUFFEAU.
Annelés.			
1. *Serpula Mosæ*, Bronn..	—	—	
Céphalopodes.			
2. *Belemnitella mucronata*, d'Orb. . . .	—	—	
3. *Baculites Faujasii*, Lmk.	—	—	
4. *Nautilus Dekayi*, Mort.	—	—	
Lamellibranches.			
5. *Pecten pulchellus*, Nilss.	—	—	
6. — *Faujasii*, Defr.	. . .	. . .	—
7. *Janira substriatocostata*, d'Orb. . . .	—	—	
8. *Avicula cærulescens*, Nilss.	—	—	
9. *Pinna diluviana*, Schlo.	. . .	—	—
10. *Lima semisulcata*, Goldf.	—	—	
11. *Ostrea flabelliformis*, Nilss.	—	—	
12. — *sulcata*, Blum..	—	—	
13. — *lateralis*, Nilss.	—	—	—
14. — *larva*, Lmk..	—	—	—
15. — *lunata*, Lmk.	—	—	—
16. — *vesicularis*. Lmk.	—	—	
17. *Arca rhombea*, Nilss.	. . .	. . .	—
18. *Inoceramus Cuvieri*, Brong., sp. . . .	—	—	
Brachiopodes.			
19. *Thecidea papillata*, Bronn.	—?	—	—
20. — *digitata*, Bosq..	. . .	—	—
21. *Crania ignabergensis*, Retzius. . . .	—?	—	
22. — *parisiensis*, Defr.	—	—	
23. — *comosa*, Bosq	. . .	—	
24. *Terebratula carnea*, Sow..	—	—	
A REPORTER. . .	19	22	11

GENRE, ESPÈCE ET AUTEURS.	CRAIE BRUNE.	POUDINGUE.	TUFFEAU.
REPORT. . .	19	22	11
25. *Terebratula Hebertina*, d'Orb. . . .	. . . . .		
26. *Rhynchonella subplicata*, d'Orb. . . .	———	———	
27. — *octoplicata*, d'Orb. . . .	———	———	
28. *Terebratulina striata*, d'Orb.	———	———	———
29. *Terebratella Humboldtii*, ?		———	
30. *Terebrirostra Davidsoniana*, de Ryckh.	. . . . .	———	
31. *Fissurirostra Palissii*, Woodward . .	———	———	
32. — *pectiniformis*, d'Orb. . .	———?	———?	
33. — *pectita*, d'Orb.	———	— — —	
34. *Requienia Ciplyana*, de Ryckh. . . .	. . . . .	———	
35. *Radiolites Ciplyanus*, de Ryckh. . . .	. . . . .	———	
Bryozoaires.			
36. *Eschara faveolata*, Hag.	. . . . .	———	———
37. — *variabilis*, Hag.	. . . . .	———	———
38. — *cyclostoma*, Hag.	. . . . .	— — —	— — —
39. — *stigmatophora*, Goldf. . . .	. . . . .	———	———
40. — *Lamarcki*, Hag.	. . . . .	———	———
41. — *rhombea*, Hag.	. . . . .	———	
42. *Idmonia lichenoides*, Goldf.	. . . . .	— — —	
43. *Escharites distans*, Goldf.	. . . . .	———	———
44. — *gracilis*, Goldf.	. . . . .	— — —	. . . . .
45. *Heteropora dichotoma*, Goldf.	. . . . .	———	———
46. *Ceriopora nuciformis*, Hag.	. . . . .	———	———
47. *Plethopora pseudotorquata*, Hag. . .	. . . . .	———	———
Échinodermes.			
48. *Ananchites ovata*, Lmk.	. . . . .	— — —	
49. — *conoidea*, Goldf.	. . . . .	———	
50. *Catopygus fenestratus*, Ag.	———	———	
A REPORTER, . .	26	48	24

GENRE, ESPÈCE ET AUTEURS.	CRAIE BRUNE.	POUDINGUE.	TUFFEAU.
REPORT. . .	26	48	24
51. *Catopygus subcarinatus*, d'Orb. . . .	—	—	
52. *Holaster granulosus*, Ag.	—	—	
53. *Hemiaster prunella*, Desor.	· · · · ·	—	—
54. *Salenia heliopora*, Desor.	· · · · ·	—	
55. *Hemipneustes radiatus*, Ag.	· · · · ·	· · · · ·	—
56. *Caratomus sulcato-radiatus*, Ag. . .	· · · · ·	—	
57. *Cidaris regalis*, Goldf.	· · · · ·	—	
58. *Nucleotites scrobiculatus*, Goldf. . . .	· · · · ·	· · · · ·	—
59. *Cassidulus lapis-cancri*, Lmk.. . . .	· · · · ·	· · · · ·	—
60.　　　— 　　*elongatus*, d'Orb..	· · · · ·	—	—
61. *Pentagonaster quinqueloba*, Goldf., sp. (*Asterias*).	· · · · ·	—	—
TOTAL. . .	28	56	30

 Tandis qu'à l'O. de Ciply, le tuffeau repose sur la craie blanche de Nouvelles, à l'E., au contraire, il en est séparé par une épaisseur énorme de craie de Spiennes et de craie brune de Ciply.

Il présente donc un remarquable exemple de stratification très-transgressive et c'est même l'une des raisons qui ont porté les géologues à ne plus réunir dans un même groupe, la craie brune, le poudingue et le tuffeau de Ciply.

La surface de contact est toujours durcie, perforée et ravinée et les parties dénudées sont généralement remplies par le poudingue de la Malogne.

Le tuffeau de Ciply a peu d'importance en étendue et en puissance; il affleure sur une partie des territoires de Cuesmes, Hyon, Ciply et Mesvin.

Un petit lambeau de ce tuffeau a été rencontré par des sondages sous Quaregnon, Hornu et Boussu.

Le tuffeau de Ciply constitue avec la craie blanche, l'*étage sénonien* de d'Orbigny et correspond à quelque partie, non encore déterminée, du tuffeau de Maestricht.

La coupe, figure 32, montre l'allure des différentes assises de la craie blanche et du tuffeau de Ciply, suivant un plan passant par le clocher de Spiennes, le Tierne d'Harmignies et les carrières de Givry.

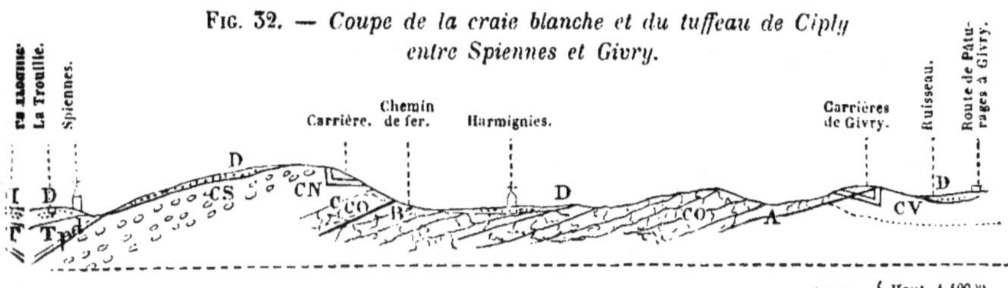

Fig. 32. — *Coupe de la craie blanche et du tuffeau de Ciply entre Spiennes et Givry.*

D'après MM. Briart et Cornet (Mémoire de 1870).

		D.	Dépôts modernes et quaternaires.
Tuffeau de Ciply	{	T.	Tuffeau de Ciply.
	{	pd.	Poudingue de la Malogne.
		Cb.	Craie brune de Ciply (n'existe pas dans cette coupe).
Craie blanche du Hainaut.		CS.	Craie de Spiennes.
		CN.	Craie de Nouvelles.
		C.	Craie durcie et souvent jaunie.
		B.	Conglomérat d'Obourg.
		CO.	Craie d'Obourg.
		A.	Conglomérat de Saint-Vaast.
		CV.	Craie de Saint-Vaast.

De vastes carrières ont été ouvertes dans le tuffeau de Ciply pour fournir des moellons de fondations et de remplissage aux fortifications récemment démolies de la ville de Mons. *Usages.*

Cette roche ne résistant pas aux intempéries n'est guère utilisée que pour des constructions peu importantes lorsqu'elle doit être exposée à l'air. On l'a utilisée jadis pour la construction des fondations d'anciens édifices, tels que les églises Saint-Germain et Sainte-Waudru.

Le poudingue de la Malogne a une puissance très-irrégulière et généralement trop faible pour qu'on puisse exploiter les nodules phosphatés qu'il renferme.

Mais comme il forme quelquefois des poches de ravinement dans la craie blanche ou dans la craie brune, MM. Gendebien et Decuyper, d'une part, et M. Desailly, d'autre part, y ont tenté des exploitations. Celle de M. Desailly, située à l'endroit connu sous le nom de « la Malogne, » présente une faille qui a placé la craie blanche au niveau du poudingue et de la craie brune sans affecter le tuffeau.

Le titre en phosphate de chaux tribasique du poudingue de la Malogne est de 43.11 °/₀, d'après les dosages de M. le Dʳ Petermann.

MASSIF DE MAESTRICHT.

Le massif de Maestricht ou du Limbourg, comme on l'appelle aussi, est situé en grande partie sur notre territoire, bien que cependant ses principaux gîtes fossilifères se trouvent au delà de nos frontières.

Il s'étend entre la Geete, la Vesdre et la Worms, et se compose de dépôts présentant souvent de grandes analogies avec ceux du Hainaut.

Ces dépôts sont, de bas en haut :

<blockquote>
1º Sables d'Aix-la-Chapelle.

2º Smectite de Herve.

3º Craie de Hesbaye.

4º Tuffeau de Maestricht.
</blockquote>

Dumont rapporte ces dépôts respectivement à ses *systèmes aachenien, hervien, sénonien* et *maestrichtien*. Mais il ne faudrait pas en conclure pour cela qu'ils correspondent tous à ceux qui, dans le Hainaut, sont rangés dans les mêmes systèmes.

C'est ainsi qu'on a déjà vu que les roches argilo-sableuses à végétaux fossiles qui commencent la série crétacée du Hainaut, ne correspondent pas aux roches analogues d'Aix-la-Chapelle bien qu'elles aient été confondues sous le nom de système aachenien. De même aussi les dépôts du Hainaut que Dumont a placés dans son système hervien, c'est-à-dire le tourtia de Tournai et de Montignies-sur-Roc ainsi que la meule de Bracquegnies et de Bernissart n'ont pas encore été rencontrés jusqu'ici dans le massif de Maestricht. Il en est de même du calcaire limonitifère d'Houdain-lez-Bavay.

Les caractères paléontologiques de ces roches permettent d'affirmer qu'elles sont plus anciennes que celles du système hervien de la province de Liége.

SABLES D'AIX-LA-CHAPELLE.

SYNONYMIE : Sables d'Aix-la-Chapelle de d'Omalius. — Système aachenien du Pays de Herve (Dumont).

Les sables d'Aix-la-Chapelle (Aachen) sont ordinairement jaunâtres, Roches. passent au grès (Moresnet) et sont divisés en deux par des couches lenticulaires d'argile renfermant des fragments de lignite et de nombreuses empreintes végétales.

Le grès renferme aussi du lignite ainsi que des fragments de bois plus ou moins silicifiés.

Dumont a groupé stratigraphiquement toutes les couches aacheniennes qui s'observent dans les massifs de la rive droite de la Meuse tant en Belgique, dans le Pays de Herve, qu'au delà de nos frontières, en trois étages, comme suit :

Étage supérieur.
- Sable jaune.
- Argile sableuse et sable argileux, bancs de grès poreux et roguons.
- Sable jaune à grains moyens et gros.
- Lit de sable ferrugineux.

Étage moyen . .
- Argilite . . . .
- Grès ou quartzite . . . .
- Psammite ou grès argileux . . .
- Sable jaune à grains moyens. . . } alternant ensemble.
- Argile schistoïde . . . .
- Argile sableuse . . . .
- Sable argileux gris. . . . . . .

Étage inférieur .
- Sable graveleux.
- Grès blanc et sable blanchâtre non glauconieux.
- Sable glauconifère.

Glaise plastique avec roguons de pyrite (base de la ville d'Aix).

M. Debey a recueilli dans ces couches un grand nombre d'espèces Fossiles. de végétaux dont on trouvera plus loin la liste. Ce sont des formes nouvelles mais que l'on considère, néanmoins, comme annonçant plutôt l'étage crétacé supérieur que l'inférieur.

Superposition. Les sables d'Aix-la-Chapelle reposent horizontalement sur les terrains primaires. Ils sont peu développés en Belgique où on ne les observe qu'à l'extrémité orientale du Pays de Herve.

Puissance. La puissance des sables aacheniens est de près de 100 mètres dans les collines des environs d'Aix-la-Chapelle.

Usages. Parmi les roches aacheniennes, on n'a exploité en Belgique que les grès pour en faire des pavés.

SMECTITE DE HERVE.

—

SYNONYMIE : Smectite de Herve de d'Omalius. — Système hervien du Pays de Herve (Dumont). Sables verts à gyrolithes (*Gyrolithen gründsand*).

Roches. Ce dépôt est formé de sables, de marne, d'argile, d'argilite, de smectite, de grès, de psammites et de macigno. Ces différentes roches sont généralement mélangées de glauconie et la smectite renferme de petits corps en forme de baguettes contournées d'origine problématique, auxquels on a donné le nom de *gyrolithes*.

Dumont a classé stratigraphiquement les couches herviennes du Pays de Herve de la manière suivante :

PARTIE OCCIDENTALE.	PARTIE ORIENTALE.	
Sable marneux.	Sable calcareux.	
Macigno glauconifère.	Grès calcareux fossilifère.	
Psammite glauconifère. — Sable argileux glauconifère.	Sable fin glauconifère avec lit de marne.	Argile schistoïde. Argile sableuse et lit de marne.
Smectique et sable argileux glauconifère à gyrolithes.		
Marne.		
Marne glauconifère et macigno glauconifère.		
Glauconie sableuse et marneuse.		
Glauconie sableuse.	Argile sableuse glauconifère.	
Glauconie argileuse et sableuse.		
Glauconie argileuse.	Sable argileux glauconifère.	
Conglomérat.	Gravier.	

Les couches herviennes commencent vers l'E. par un lit de cailloux et vers l'O. par un conglomérat glauconifère ayant beaucoup de ressemblance avec le tourtia de Mons, mais dont la faune est toute différente.

En effet, on a vu précédemment que la faune du tourtia de Mons caractérise un niveau particulier appartenant à la craie glauconieuse de France ou étage cénomanien de d'Orbigny, tandis que les fossiles du conglomérat hervien se rencontrent en France, comme l'a fait remarquer M. Horion, dans la craie blanche inférieure ou craie de Rheims, qui appartient à l'étage sénonien.

Ces espèces du conglomérat hervien sont principalement, d'après MM. Briart et Cornet (1875) :

Belemnitella quadrata.	*Ostrea flabelliformis.*
Ostrea vesicularis.	*Spondylus spinosus.*
— *armata.*	*Janira quadricosta.*
— *laciniata.*	

M. Dewalque cite dans l'argile calcarifère : *Scaphites compressus,* (*Ammonites Buchii,* Dumont), et *Dosinia lentiformis ;* et dans la smectique :

Belemnitella quadrata.	*Ostrea laciniata.*
Ostrea armata.	— *vesicularis.*
— *diluviana.*	*Rhynchonella difformis?*
— *flabelliformis*	— *limbata.*

Dans les argilites et les sables verts à gyrolithes, on rencontre surtout, d'après M. Dewalque :

Belemnitella quadrata.	*Solen æqualis.*
Scaphites binodosus.	*Dosinia lentiformis.*
— *æqualis.*	*Trigonia limbata.*
Turritella multilineata.	*Crassatella arcacea.*
— *scalaris.*	*Isocardia cretacea.*
Fusus Buchii.	*Cucullæa glabra.*
Pyrula rigida.	*Janira quadricostata.*
Rostellaria Parkinsoni.	*Spondylus spinosus.*
Crepidula cretacea.	*Ostrea flabelliformis.*

Ajoutons enfin que MM. Briart et Cornet ont, de leur côté, recueilli dans l'argilite glauconifère du Pays de Herve, à la nouvelle tranchée de la Croix Polinard, un certain nombre des espèces ci-dessus mentionnées. Parmi celles-ci se trouve la *Belemnitella quadrata* qui était associée à la *B. mucronata*. C'est principalement à cause de cette association, qui se retrouve aussi dans la craie d'Obourg du Hainaut, que MM. Briart et Cornet regardent ce dernier dépôt comme synchronique des couches herviennes du Pays de Herve.

Il faut remarquer aussi que deux espèces signalées dans le système hervien ont été retrouvées dans les deux assises supérieures du système nervien, c'est-à-dire dans les silex de Saint-Denis et la craie de Maisières. Ces deux espèces sont : *Ostrea flabelliformis* et *Spondylus spinosus*.

Superposition.   La smectite de Herve recouvre en stratification concordante soit les couches aacheniennes vers l'E., soit les dépôts carbonifères vers l'O.

Puissance.   La puissance de la smectite de Herve varie de 10 à 30 mètres, d'après M. Dewalque.

Usages.   Elle est exploitée notamment à Petit-Rechain, pour servir de terre à foulon dans les fabriques de drap de Verviers.

On l'exploite fréquemment aussi pour la confection à la main des charbons agglomérés servant aux usages domestiques; elle est connue sous le nom de *jelle* (*dielle*).

CRAIE DE HESBAYE.

—

SYNONYMIE : Craie de Hesbaye de d'Omalius. — Système sénonien de Dumont.

Roches.   La craie de Hesbaye est blanche, terreuse, douce au toucher et ne renferme que peu ou point de silex vers la partie inférieure, mais à mesure qu'on s'élève, elle devient jaunâtre, prend une texture grossière, devient rude au toucher, et renferme des silex. Ceux-ci sont noirs et deviennent gris à la partie supérieure où ils se présentent fréquemment en bancs réguliers.

La craie blanche commence par un banc de craie glauconifère renfermant parfois quelques cailloux de roches primaires.

Les silex sont recouverts d'une mince couche blanche de craie siliceuse et, vus au microscope, on y reconnaît, comme le constate M. Dewalque, quantité de spicules de Spongiaires avec Bryozoaires, Foraminifères, etc.

Dumont avait déjà reconnu, du reste, que les silex se sont formés
par concrétion sur un centre d'attraction préexistant formé d'infu-
soires siliceux, de coquilles, etc.

Les couches dont se compose la craie de Hesbaye ont été classées
stratigraphiquement par Dumont de la manière suivante :

Étage supérieur.
- Calcaire grossier demi-fin avec bancs de silex noirs.
- Calcaire grossier à grains moyens avec silex gris brunâtre.
- Calcaire grossier demi-fin avec bancs de silex gris.
- Calcaire terreux avec bancs de silex noirs.

Étage moyen . . . Craie avec silex noirs disséminés.

Étage inférieur. .
- Calcaire bréchiforme.
- Calcaire compacte.
- Craie sans silex.
- Craie glauconifère.
- Calcaire sableux glauconifère.

La craie de Hesbaye a fourni un assez grand nombre de fossiles,
surtout dans sa partie inférieure.

La plupart de ces fossiles se rapportent à la craie de Meudon en
France. On peut citer parmi les espèces les plus abondantes :

Belemnites mucronata.	*Ananchites conoidea.*
Ostrea vesicularis.	*Magas pumilus.*

La faune de la partie supérieure de la craie de Hesbaye paraît
devoir être rapportée plutôt à celle du tuffeau de Maestricht. M. Bosquet dit y avoir trouvé les mêmes fossiles que dans ce dernier dépôt;
M. Horion y cite les espèces suivantes (1859) :

Avicula approxima.	*Hemiaster prunella.*
Ostrea frons.	*Catopygus pyriformis.*
Hemipneustes radiatus.	*Diadema Kleinii.*

Superposition.
La craie de Hesbaye repose généralement sur la smectite de Herve et est recouverte par des dépôts plus récents, crétacés, tertiaires ou quaternaires.

Épaisseur.
D'après Dumont, l'épaisseur de la craie est d'environ 30 mètres en Hesbaye.

Usages.
La craie de Hesbaye est utilisée surtout pour amender les terres ainsi que pour la fabrication de la chaux et celle du *petit blanc*. On l'exploite par puits ou à ciel ouvert.

Les silex de la craie sont employés quelquefois à la fabrication du verre et de la porcelaine et l'on s'en sert aussi pour empierrer les chemins.

TUFFEAU DE MAESTRICHT.

—

SYNONYMIE : Tuffeau de Maestricht de d'Omalius. — Système maestrichtien de Dumont.

Roches.
Ce dépôt est formé en majeure partie, de *tuffeau*, c'est-à-dire d'un calcaire plus ou moins friable, à texture grenue passant à la texture grossière, non écrivant et ordinairement jaunâtre. D'immenses carrières qui ressemblent à des villes souterraines, comme dit d'Omalius, ont été creusées dans cette roche, principalement aux environs de Maestricht. Voici quelle est, d'après M. Horion (1859), la composition de ce dépôt dans la région type, en commençant par les couches les plus inférieures :

1. Couche glauconifère inférieure de $0^m,05$ à $0^m,10$.
2. 10 mètres de calcaire grossier, jaunâtre, avec silex gris brunâtre en bancs diminuant, puis disparaissant supérieurement.
3. Banc de 1 mètre environ de calcaire gris à *Dentalium Mosæ*.
4. Quelques pieds de calcaire grossier, jaunâtre, ordinaire.
5. Banc de calcaire jaune, compacte, concrétionné, à nombreux polypiers, *Corbis sublamellosa, Trochus, Turbo*.
6. 10 mètres de calcaire jaune, sableux, presque sans fossiles, avec bancs jaunes, compactes, inférieurs mais non fossilifères.

Les couches n° 2 présentent de grandes analogies avec celles de la partie supérieure de la craie de Hesbaye dont il serait même difficile

ɔ de les séparer sans la couche glauconifère n° 1. Celle-ci est formée de
ɔ débris plus ou moins roulés de dents de poissons, de fragments de
ɔ coquilles, d'oursins, d'encrines, etc., réunis par un ciment calcareux ;
ɔ c'est un calcaire poudingiforme, comme l'indique aussi le classement
a stratigraphique ci-après des couches maestrichtiennes du Limbourg,
ɔ d'après Dumont :

RIVE GAUCHE DE LA MEUSE.	RIVE DROITE DE LA MEUSE.
Calcaire grossier.	Calcaire coquiller.
Banc de polypiers avec Thécidées.	2ᵉ banc de polypiers.
Calcaire grossier.	1ᵉʳ banc de polypiers avec cailloux.
Banc de polypiers.	Calcaire grossier jaunâtre et calcaire compacte, quelquefois lamello-compacte.
Calcaire grossier des carrières.	Calcaire grossier argileux.
Calcaire subgrossier à Nucules.	Calcaire grossier à grains fins.
Calcaire grossier coquiller.	Calcaire terreux.
Calcaire grossier.	Sable glauconifère, calcareux et macigno glauconifère.
Lit argileux.	Sable glauconifère simple à grains moyens, alternant avec du calcaire sableux glauconifère, quelquefois remplacé par de la marne glauconifère.
Calcaire grossier glauconifère.	
Calcaire bréchiforme, légèrement glauconifère ou calcaire poudingiforme.	Sable graveleux glauconifère et calcarifère.
Calcaire quartzifère caillouteux.	Calcaire quartzifère et glauconifère bréchiforme.
Grès calcareux.	
Calcaire quartzifère miliaire ou calcaire poudingiforme de Jandrain et de Jodoigne.	Calcaire quartzifère et glauconifère poudingiforme.

Nota. — En plaçant en regard l'une de l'autre, les séries maestrichtiennes des deux rives de la
Meuse, je n'ai rien voulu préjuger quant aux rapports existant entre les couches de ces deux séries.

Le tuffeau de Maestricht est surtout renommé par ses nombreux **Fossiles.**
fossiles et notamment par la tête gigantesque de Mosasaure (*Mosasaurus Camperi*) qu'on y a découverte en 1770 et dont le Musée de
Bruxelles vient d'acquérir un superbe exemplaire. Cet établissement
scientifique possède aussi du même dépôt, un exemplaire presque
entier du *Mosasaurus gracilis* ainsi que des tortues marines (*Chelo-
nia Hofmanii* et *C. Suckerbucki,* Ubachs).

Les mollusques sont surtout très-abondants dans le tuffeau de Maestricht. On peut citer parmi les plus caractéristiques :

Belemnitella mucronata.	*Ostrea vesicularis.*	*Lima semisulcata.*
Baculites Faujasi.	— *hippopodium.*	*Arca rhombea.*
Terebratula carnea.	— *lunata.*	*Fissurirostra pectiniformis.*
Crania Ignabernensis.	*Pecten pulchellus.*	*Thecidea papillata.*

Des végétaux ont aussi été rencontrés dans le tuffeau maestrichtien et j'y ai signalé à Canne, en Belgique, un tronc d'arbre de 10 mètres de long (1874).

Superposition.   Le tuffeau de Maestricht repose sur la craie sénonienne et s'étend à l'Ouest jusque Folx-les-Caves où le tuffeau présente comme à Maestricht, des carrières souterraines. Mais le tuffeau maestrichtien a été souvent enlevé par des phénomènes physiques subséquents. C'est ce qui explique pourquoi, à l'extrémité occidentale du massif, on voit, notamment à Orp-le-Grand, le tuffeau tertiaire, qui sera étudié plus loin, reposer directement sur la craie.

Puits naturels.   Il existe dans le tuffeau de Maestricht, un grand nombre de cavités cylindriques ou *puits naturels.* Ces cavités connues aussi sous le nom d'*orgues géologiques* sont remplies de matières-meubles, présentant de certaines analogies avec les dépôts quaternaires qui les recouvrent. Elles ont un diamètre qui varie d'un décimètre à un mètre et même plus vers le haut et qui diminue vers le bas.

Leur présence s'annonce souvent à la surface du sol par une dépression qui, d'après M. Dewalque, semble être le résultat de l'infiltration des eaux pluviales.

Usages.   De grandes carrières sont ouvertes dans le tuffeau de Maestricht et l'on exploite pour faire des pavés et des dalles, des bancs d'une roche quartzeuse tenant tout à la fois du grès et du silex corné et qui s'observe à la base du tuffeau à Folx-les-Caves.

CHAPITRE III

—

DES TERRAINS TERTIAIRES DE LA BELGIQUE.

Les terrains tertiaires forment dans notre pays, de même que dans
le bassin de Paris et dans celui de Londres, des nappes très-étendues
composées de sables, d'argiles et de calcaires, qui reposent généralement sur le terrain crétacé et quelquefois sur les terrains primaires.
Seulement, tandis que les calcaires dominent dans le bassin de Paris, au
point de faire l'objet d'exploitations renommées et d'avoir donné naissance à la cité la plus florissante du continent, ce sont, au contraire,
des sables et des argiles qui constituent la majeure partie des dépôts
tertiaires de l'Angleterre et de la Belgique.

Il n'est pas rare cependant de voir ces sables et ces argiles passer à
d'autres roches, telles que la marne, le grès, le macigno, le psammite,
l'argilite, le silex, le lignite et la limonite. Ces roches se présentent le
plus souvent à l'état meuble ou congloméré, et sont disposées généralement comme les dépôts crétacés qu'elles recouvrent, en couches à
peu près horizontales et légèrement inclinées vers le N.

Nos faunes tertiaires dénotent soit un littoral, soit une mer qui n'a
pas une grande profondeur. Les bancs de coraux et de mollusques des
zones profondes y font défaut, tandis que les groupes littoraux et
sublittoraux y sont largement représentés.

Les dépôts tertiaires s'étendent sur presque toute la partie de notre
pays située au N.-O. de la Sambre et de la Meuse ; on en rencontre
toutefois quelques lambeaux isolés disséminés sur la rive droite de ces
cours d'eau. Ils se poursuivent en Hollande et même en Allemagne,
sous les dépôts quaternaires et modernes qui les dérobent si souvent à
nos investigations. Ils se rattachent aussi aux dépôts analogues du
bassin de Paris par les lambeaux isolés qui reposent sur le terrain
crétacé de l'Artois et de la Picardie. Enfin, à l'O., ils ne sont séparés
du bassin de Londres que par la pointe méridionale de la mer du
Nord.

L'espace occupé par nos dépôts tertiaires représente, en quelque sorte, un grand golfe, limité au S. par les terrains primaires et dans lequel se sont déposés successivement les sédiments marins et fluvio-marins qui constituent les différentes assises de ces dépôts.

Sur le bord méridional de notre golfe tertiaire, ces assises forment de petites collines, tandis qu'au N. d'une ligne passant dans les environs de Cassel, en France, d'Audenarde, d'Alost et de Diest, elles constituent un sol uni et bas, et pour rencontrer le lit de craie sur lequel elles reposent, il a fallu atteindre, comme il a été dit plus haut, jusqu'à la profondeur de 200 mètres dans le puits artésien d'Ostende.

Les terrains tertiaires ont été divisés par sir Ch. Lyell en trois groupes que cet auteur désigne sous les noms de :

Éocène ou inférieur.

Miocène ou moyen.

Pliocène ou supérieur.

Le caractère le plus saillant de chacun de ces groupes consiste à présenter des roches de moins en moins cohérentes, et une faune se rapprochant de plus en plus de la faune actuelle, à mesure qu'on s'élève dans la série.

Toutefois, comme l'a fait remarquer l'illustre géologue anglais, les mots Éocène, Miocène et Pliocène n'ont été originairement inventés que pour désigner une date conchyliologique : le premier de ces mots est dérivé de ἕως, *eos* (aurore), et καινὸς (récent) ; le mot Miocène, de μεῖον, *meion* (moins), et καινὸς, *cainos* (récent) ; et le mot Pliocène, de πλεῖον, *pleion* (plus), et καινὸς, *cainos* (récent).

Un savant allemand, M. Beyrich, a proposé dans ces derniers temps, d'établir entre l'Éocène et le Miocène, un quatrième groupe sous le nom d'*Oligocène*, dans lequel viennent se ranger des dépôts qui sont classés par les uns dans l'Éocène supérieur et par les autres dans le Miocène inférieur.

Si ces dépôts se trouvaient tous représentés dans notre pays, il eût été préférable de les grouper sous un nom belge, celui devenu classique, de *tongrien*, par exemple, mais puisqu'il n'en est pas ainsi et que la partie supérieure de ces dépôts semble faire complétement défaut chez nous, il m'a paru préférable de les réunir sous le nom d' « Oligocène » comme l'ont fait déjà la plupart de géologues, qui, dans ces dernières années, se sont occupés de nos terrains tertiaires.

TERRAIN ÉOCÈNE

—

Synonymie : Terrain éocène de sir Ch. Lyell.

La vaste lacune géologique existant entre le terrain crétacé et les terrains tertiaires est surtout bien prononcée en Belgique où l'on ne cite jusqu'à présent que deux espèces crétacées passant dans nos assises tertiaires : l'*Ostrea lateralis*, Nills. (*O. eversa,* Desh.) et *Lamma elegans.*

Le terrain éocène qui succède immédiatement au terrain crétacé dans la série géologique est formé de dépôts renfermant des faunes fort distinctes qui l'ont fait diviser en trois parties : inférieure, moyenne et supérieure.

Jusque dans ces derniers temps, on admettait que les parties inférieure et moyenne étaient seules représentées en Belgique.

Mais, comme on le verra par ce qui va suivre, de nouvelles recherches ont permis de reconnaître que, loin de faire défaut chez nous, la partie supérieure du terrain éocène y est représentée par des dépôts qui avaient été confondus avec nos couches oligocènes.

TERRAIN ÉOCÈNE INFÉRIEUR.

Le terrain éocène inférieur est représenté chez nous par du calcaire grossier, des sables et des argiles diversement colorés, de l'argilite, des grès et des psammites. Toutes ces roches ont été réunies en cinq groupes ou systèmes qui ont reçu des noms rappelant qu'ils sont respectivement développés sous la ville de Mons, aux environs de Heers dans le Limbourg, près de Landen en Hesbaye, près d'Ypres en Flandre et à la petite colline du Mont Panisel près de Mons. Ces systèmes sont les suivants en commençant par le plus ancien :

1° Système montien.

2° — heersien.

3° — landenien.

4° — ypresien.

5° — paniselien.

I. — SYSTÈME MONTIEN.

SYNONYMIE : Calcaire grossier de Mons (Briart et Cornet, 1865). — Calcaire de Mons
(Dewalque, 1868).

Entre les assises supérieures du terrain crétacé et les couches
sableuses rapportées aux dépôts tertiaires les plus anciens du pays et
même du continent, il existe aux environs de Mons un puissant dépôt
de calcaire grossier. Ce dépôt n'affleure qu'en des points localisés :
à Cuesmes, vers le S. et dans une tranchée de chemin de fer à Hai-
nain près de Thulin, vers le S.-O., mais sa présence a été reconnue sur
plusieurs points par des travaux de sondages entrepris pour la recherche
de la houille ou pour des puits artésiens. C'est par le creusement d'un
de ces puits que MM. Briart et Cornet furent amenés à entreprendre
l'étude de ce calcaire grossier qui, tout en ayant déjà attiré l'attention
de plusieurs géologues, n'avait pas encore été défini jusque-là.

Roches.   Ce nouveau système est constitué par une roche à texture grenue,
assez friable, blanchâtre ou jaunâtre, formée par l'agglomération de
débris organiques, notamment de Foraminifères dont les espèces les
plus abondantes appartiennent au genre *Quinqueloculina*.

Il renferme des lits minces et des rognons souvent très-volumineux
d'un calcaire blanc très-cohérent, à cassure brillante, devenant siliceux ;
quelques-uns de ces rognons renferment de nombreux vides remplis
d'une matière ligniteuse pulvérulente.

Certains bancs de calcaire grossier rappellent, par leur aspect, le
tuffeau de Ciply et de Maestricht, mais si l'on rapproche des échantillons de ces roches la différence de texture permet de les distinguer
facilement. En outre la roche des lits minces et des rognons isolés n'a
pas encore été signalée dans les assises de Ciply ni dans celles de
Maestricht.

Fossiles.   Les fossiles sont très-abondants dans le calcaire grossier de Mons ;
on y compte déjà actuellement plus de 400 espèces d'animaux inver-
tébrés dont les Gastéropodes seuls, au nombre de près de 200, ont été
décrits jusqu'ici. Le nombre des Lamellibranches peut être évalué
à 125 et celui des Bryozoaires, à 50.

Il faudra y ajouter encore celui des Foraminifères dont M. E. Van-den Broeck a entrepris la monographie et celui de ces organismes intéressants qui ont été confondus jusqu'ici avec les Foraminifères et qui viennent d'être reconnus par M. Munier-Chalmas comme appartenant à la section des Algues calcaires (*Dactylopora*, *Acicularia*, etc.).

Mais ce qui donne une importance tout à fait exceptionnelle à la découverte de ce système c'est que, par ses fossiles, et surtout par le grand nombre de ses Cérites (48 espèces) et de ses Turritelles (16 espèces), il se rapproche plus de la faune de l'Éocène moyen de la Belgique et du bassin de Paris, que de la faune de l'Éocène inférieur. On peut citer comme espèces communes au calcaire grossier de Mons et à la faune de notre terrain éocène moyen bruxellien :

Buccinum stromboides.	*Turritella multisulcata.*
Voluta spinosa.	*Ancillaria buccinoides.*
Turbonilla hordeola.	*Oliva mitreola.*
Cerithium unisulcatum.	*Corbula Lamarcki.*

D'autre part, la faune du calcaire grossier de Mons paraît différer complétement de celles de nos couches landeniennes de l'Éocène inférieur, si l'on en excepte les espèces des eaux saumâtres, telles que les *Melanopsis buccinoides*, etc.

Le grand nombre d'espèces appartenant à des genres terrestres vivant, en général, dans le voisinage de la mer, tels que : *Auricula*, *Pythia, Carychium, Melampus, Pupa, Cylindrella, Nematura*, etc., ainsi que les espèces habitant les eaux douces ou légèrement saumâtres et se rapportant aux genres *Physa, Bithinia, Melania, Melanopsis, Cyrena*, etc., donnent un caractère particulier au calcaire grossier de Mons et témoignent bien qu'il a dû se déposer dans un estuaire.

Les principaux gîtes fossilifères du calcaire grossier de Mons ont été rencontrés en creusant les puits de M. Goffint et de M. Coppée sur la commune d'Obourg, près de Mons.

La plupart des espèces fossiles du calcaire grossier de Mons, sont Synchronisme. nouvelles pour la science, mais plusieurs paraissent identiques avec des espèces des sables de Bracheux, des sables de Cuise et du calcaire grossier du bassin de Paris.

En outre, la présence de quelques-unes des espèces de ce dépôt vient d'être signalée par M. Hébert dans la marne strontianifère qui recouvre le calcaire pisolitique dans la carrière des Moulineaux, entre Meudon et Issy. Le même géologue a recueilli aussi à Montainville et à Port-Marly, dans le calcaire pisolitique, une espèce qu'il rapporte au *Pseudoliva robusta* du calcaire grossier de Mons.

Fig. 33. — *Coupe suivant une surface courbe traversant la ville de Mons du S.-O. au N.-E.*

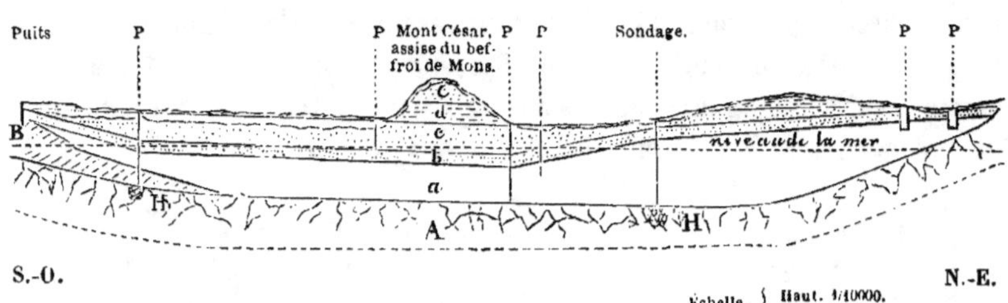

D'après MM. Briart et Cornet (*Bull. de l'Acad. roy. de Belg.*, t. XXII, 1866).

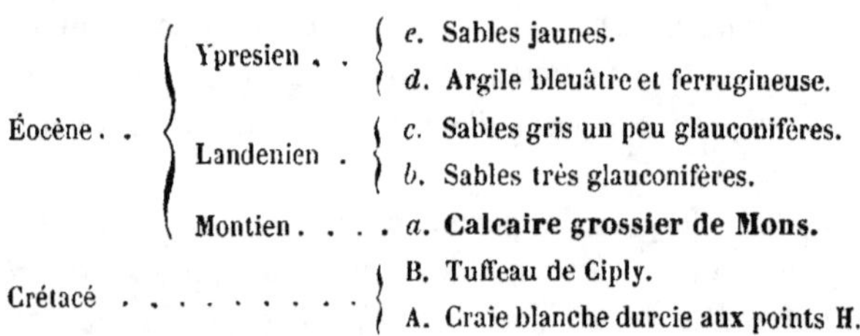

Superposition.   Le calcaire grossier de Mons occupe une vaste et profonde dépression dans le terrain crétacé qu'il paraît avoir considérablement raviné et repose tantôt sur la craie blanche de Spiennes, durcie et jaunie au contact des dépôts qui la recouvrent, tantôt sur le tuffeau maestrichtien dont il n'est pas toujours facile de le distinguer à première vue.

Il est recouvert le plus souvent par des sables verts glauconifères, devenant argileux et ferrugineux vers le bas. Ces sables n'ont pas encore fourni de fossiles jusqu'ici, mais on a cru, néanmoins, pouvoir les rapporter aux couches landeniennes marines dans lesquelles se rencontrent, notamment à Tournai, à Angres, à Ciply, à Jemmapes, etc., la *Pholadomya Konincki* des sables de Bracheux.

Si, comme tout porte à le croire, cette assimilation stratigraphique Colonie. est exacte, le nouveau système du calcaire grossier de Mons offre l'exemple étrange, et qui n'est pas du reste unique dans la science, d'une faune anticipant sur son époque normale d'apparition en se présentant chez nous, longtemps avant l'époque où elle reparaît dans le bassin de Paris.

L'apparition anticipée d'une faune est ce que M. Barrande a appelé une *colonie* et ce que M. Marcou propose d'appeler *centre d'apparition d'êtres précurseurs;* elle constitue une exception aux lois paléontologiques.

La coupe, figure 35, montre la disposition et l'extension du calcaire grossier de Mons aux environs de cette ville.

Le calcaire grossier de Mons atteint 95 mètres d'épaisseur dans le Puissance. sondage Le Breton de la précédente coupe.

Il n'a pas été extrait de matériaux utiles, jusqu'à ce jour, dans le Usages. calcaire grossier de Mons.

II. — SYSTÈME HEERSIEN.

SYNONYMIE : Système heersien de Dumont (1851). — Système infra-landenien de Dumont (1850).

Le système heersien comprend des dépôts qui ne sont figurés sur la Roches. Carte géologique qu'aux environs de Heers dans le Limbourg et que la légende de cette carte classe dans le terrain crétacé en les désignant par les initiales *hs*.

Ces dépôts avaient été rangés d'abord par Dumont dans les terrains tertiaires sous le nom d'*infra-landenien* et ce n'est qu'à partir de 1851 qu'il les considéra comme formant le dernier terme de la série crétacée.

Mais depuis que M. Hébert y a découvert une coquille fossile (*Pholadomya cuneata*), caractéristique des sables tertiaires les plus inférieurs de Bracheux dans la Flandre française, on considère ces dépôts comme postérieurs au terrain crétacé dont ils remplissent les anfractuosités.

Les roches dont se compose le système heersien ont été classées stratigraphiquement par Dumont de la manière suivante, de haut en bas :

Macigno glauconifère.

Argile { simple.
        { sableuse.
        { glauconifère.

Marne { simple.
       { glauconifère.
       { silexeuse.
       { ligniteuse.

Calcaire argileux à Physe.

Lignite d'Hainin.

Sable { silexeux.
      { glauconifère.

Glauconie sableuse.

En 1852, Dumont divise son système heersien en deux étages et donne leur composition dans le puits artésien de Hasselt, où ils atteignent ensemble une épaisseur de 52^m,05 :

DESCRIPTION DES COUCHES ÉOCÈNES HEERSIENNES DU PUITS ARTÉSIEN DE HASSELT.

(D'après Dumont, 1852).

—

Nota. — L'importance du puits artésien de Hasselt pour la connaissance de nos terrains tertiaires, m'a engagé à reproduire dans le corps de cet ouvrage et à leurs places respectives, la description des différents étages qui y ont été rencontrés. C'est pour cette raison que les indications et les n^{os} d'ordre de Dumont ont été conservés.

HEERSIEN. — ÉTAGE SUPÉRIEUR.

64 à 72. Marne très-calcareuse, terreuse, tendre, d'un gris clair, puis blanchâtre, terne, ne se polissant pas dans la coupure, renfermant quelques grains noirs siliceux, faisant une vive effervescence dans les acides et se désagrégeant dans l'eau avec plus ou moins de rapidité. Cette marne est divisée par deux lits d'argile plastique fine, schistoïde, d'un gris terne assez foncé, qui se polit dans la coupure, happe à la langue et fait à peine effervescence dans les acides. L'un de ces lits de 0^m,40 a été trouvé à 144^m,70 de profondeur; le second, de 0^m,45 à 146^m,05 de profondeur . . . . 14^m,25

A REPORTER. . . . . . . 14^m,25

REPORT. . . . 14^m,25

73. Marne blanchâtre analogue à la précédente, mais alternant avec de petits lits de marne grise qui renferme des grains quartzeux et quelques grains de silex noirâtre . . . .   6^m,80

74. Marne gris-clair, très-finement sableuse, renfermant quelques grains de silex, faisant effervescence dans les acides et se désagrégeant rapidement dans l'eau. . . . .   1^m,65

75. Sable silexifère composé de grains très-fins, dont les $^4/_5$ sont de quartz hyalin et $^1/_5$ de silex de couleur sombre. Ces grains sont réunis par un peu de matière marneuse en une masse cohérente mais friable, d'un gris sombre un peu verdâtre, d'un aspect terne, rude au toucher et au couper, se désagrégeant rapidement dans l'eau et faisant effervescence dans les acides . . . .   1^m,65
———— 24^m,55

HEERSIEN. — ÉTAGE INFÉRIEUR.

76. Marne légèrement glauconifère, cohérente, terreuse, gris-clair, terne, légèrement pointillée de vert, ne se polissant pas dans la coupure, faisant une vive effervescence dans les acides. .   0^m,80

77. Glauconie sableuse, friable, à grains fins, d'un vert sombre, dont la moitié consiste en glauconie réniforme d'un noir verdâtre, et l'autre moitié en grains quartzeux anguleux ou peu arrondis, la plupart hyalins, quelques-uns siliceux de couleur sombre. De cette couche a jailli une source d'eau qui s'est élevée jusqu'à 6^m,60 sous le niveau de la station. . . . . . .   5^m,40

78. Sable glauconifère à grains très-fins, dont le $^1/_4$ consiste en glauconie, quelques-uns en silex noir verdâtre et la plupart en quartz hyalin. Ces grains sont réunis par de la glauconie pulvérulente et un peu de matière argileuse, en une masse cohérente, friable, d'un vert moins foncé que la couche glauconieuse précédente. . . . .   2^m,00

79. Sable vert mouvant renfermant quelques pierres. On n'a pu amener à la surface aucun échantillon de cette couche . . .   1^m,50
———— 7^m,70

TOTAL. . . . 52^m,05

CRÉTACÉ MAESTRICHTIEN.

80. Calcaire grossier blanc, cohérent, un peu friable, tachant, qui paraît être composé de débris miliaires de corps organisés fossiles et de calcaire terreux. Cette roche offre les caractères minéralogiques du calcaire de Maestricht et renferme quelques grains de quartz hyalin. Elle fait une vive effervescence dans les acides et s'y dissout presque sans résidu . . . . 1^m,40

Après avoir traversé cette dernière couche, la sonde s'est brusquement enfoncée de 2 mètres, et une source d'eau a jailli à 1^m,10 au-dessus du niveau de la station . . . . 2^m,00

Fossiles. Le système heersien n'a fourni que très-peu de fossiles animaux. Toutefois MM. Rutot et Vincent viennent d'en mentionner un certain nombre d'espèces qu'ils ont recueillies avec M. le comte Georges de Looz, dans les sables glauconifères d'Orp-le-Grand et de Maret (Heersien inférieur), ainsi que dans les marnes de Gelinden et de Maret (Heersien supérieur).

Synchronisme. Ces auteurs ont fait remarquer que, sur dix-neuf espèces de mollusques rencontrés dans les deux étages du système heersien, cinq sont des plus caractéristiques des sables de Bracheux; ce sont :

Chenopus dispar.	*Cytherea orbicularis.*	*Pholadomya cuneata.*
Natica Deshayesiana.	— *fallax.*	

Six sont communes aux *Thanet sands* des Anglais, à savoir :

Cyprina planata.	*Modiola elegans.*	*Nucula Bowerbanki.*
— *Morrisi.*	*Cytherea orbicularis.*	*Pholadomya cuneata.*

Flore. Outre ces fossiles animaux, le système heersien présente encore dans les marnes de Gelinden, une flore qui vient d'être décrite par MM. de Saporta et Marion.

Cette flore indiquerait, d'après ces paléontologistes, un climat modérément chaud, tempéré par l'humidité et exempt de saisons extrêmes.

Superposition. Le système heersien est postérieur à la dénudation du terrain crétacé dont il recouvre l'une ou l'autre assise maestrichtienne ou sénonienne.

Il est recouvert à son tour par différentes assises landeniennes et tongriennes ainsi que par le limon hesbayen.

Dans la tranchée du chemin de fer de Mons à Quiévrain, un peu au S. d'Hainin, on observe entre le calcaire grossier de Mons et le sable vert rapporté au système landenien marin, une argile noire ligniteuse de 1 mètre à 1ᵐ,50 de puissance que Dumont range dans son système heersien comme le montre la légende stratigraphique ci-dessus.

Rappelons en passant que M. Gosselet place sur le même horizon l'argile de Louvil qui, aux environs de Lille, sépare le tuffeau landenien de la craie.

Calcaire à Physe. Dumont rapporte aussi à son système heersien quelques couches traversées par des puits artésiens à Mons et notamment un calcaire argileux d'eau douce qu'il considéra provisoirement en 1849 comme l'équivalent des sables et des marnes de Rilly, près de Reims.

Fig. 34. — *Coupe des couches tertiaires inférieures, au N. d'Orp-le-Grand.*

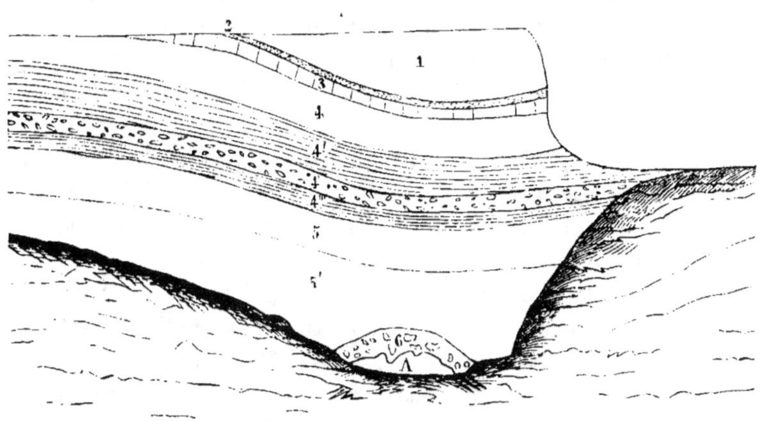

D'après M. Gosselet (*Bull. de la Soc. géol. de France*, 3ᵉ série, t. II, p. 598; 1874).

Landenien marin.	1.	Tuffeau à *Pholadomya Konincki*	2ᵐ,00
	2.	Couche sableuse remplie de dents de Squales. .	0ᵐ,20
	3.	Marne tuffacée blanchâtre, à *Mytilus* et *Cyprina Morrisi*	0ᵐ,50
	4.	Tuffeau sableux, à *Cyprina Morrisi*	1ᵐ,00
	4'.	Sable glauconifère bien stratifié, rempli de Rhizopodes du genre *Marginulina*	1ᵐ,00
Heersien	4''.	Galets de tuffeau.	0ᵐ,40
	4'''.	Sable glauconifère stratifié; *Cyprina Morrisi*. .	0ᵐ,40
	5.	Tuffeau calcaire	1ᵐ,00
	5'.	Tuffeau sableux glauconifère.	2ᵐ,00
	6.	Conglomérat de silex altérés, corrodés, verdis à la surface, dans une couche sableuse	0ᵐ,50
	A.	Craie durcie.	

Mais MM. Briart et Cornet ayant repris récemment (1877) l'étude des échantillons de roches provenant des sondages de Mons et conservés par M. l'ingénieur Lambert, nous ont appris que les moules de

Physes déjà signalés par Dumont, semblent se rapporter tous à une même espèce, que sa taille, relativement petite, ne permet pas de confondre avec la *Physa gigantea* du calcaire de Rilly-la-Montagne.

De son côté, M. le capitaine Delvaux a reconnu dans un nouveau sondage exécuté à Mons en septembre 1876, à la brasserie Paternostre, qu'il existe entre le conglomérat landenien et le calcaire grossier de Mons, un dépôt d'une vingtaine de mètres, formé de marnes sableuses d'origine marine.

Plus ou moins glauconifères dans la partie supérieure, ces marnes passent, vers le bas, à la glauconie presque pure ; elles n'ont fourni que des débris de coquilles très friables et des foraminifères du genre *Polymorphina*, etc.

On ignore quelles sont les relations stratigraphiques de ce dépôt avec le calcaire d'eau douce. Tout ce que l'on sait, c'est que l'un et l'autre contribuent avec le calcaire grossier de Mons qu'ils recouvrent, à combler en partie la grande lacune déjà signalée entre la Craie et le Tertiaire.

Puissance.   Dumont attribue au système heersien une épaisseur de $32^{m},05$ dans le puits artésien de Hasselt.

Usages.   La marne heersienne est exploitée pour l'amendement des terres.

III. — SYSTÈME LANDENIEN.

Le système landenien est principalement formé de roches verdâtres, glauconifères, que Dumont répartit dans deux étages de la manière suivante :

Étage fluvio-marin.	Lignite		feuilleté. terreux.
	Glaise		charbonneuse. sableuse. simple.
	Marne.		
	Grès		pur. silexifère à grains moyens. glauconifère à grains moyens.
	Sable		pur. silexifère à grains moyens. glauconifère { à grains moyens. à grains fins.

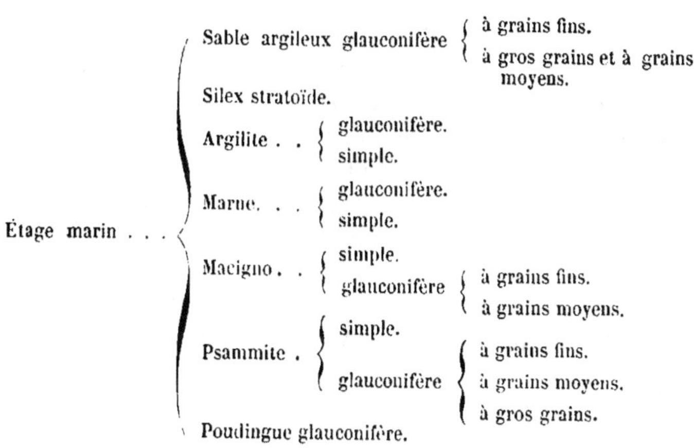

ÉTAGE MARIN.

—

SYNONYMIE : Étage marin (Dumont, 1849). — Tuffeau ou argilite de Lincent (d'Omalius).

L'étage marin du système landenien commence généralement par **Roches.** des cailloux roulés ou du poudingue glauconifère suivi de psammites glauconifères passant au macigno, à la marne, au tuffeau, à l'argilite et au sable.

Ces roches renferment des fossiles marins, généralement dans un **Fossiles.** mauvais état de conservation et à l'état de moules. Néanmoins, les patientes recherches de MM. Rutot et Vincent, jointes à celles qu'avaient déjà faites M. Dewalque, ainsi que MM. G. de Looz, De Jaer, etc., ont permis aux premiers de ces auteurs d'en dresser une liste qu'on trouvera plus loin et qui comprend cent cinq espèces dont un certain nombre restent encore à décrire.

On peut citer parmi les plus abondantes de ces espèces :

Natica Deshayesiana.	*Cardium Edwardsi.*
Turritella bellovacina.	*Astarte inæquilatera.*
— *compta.*	*Cytherea bellovacina.*
Dentalium breve.	*Tellina pseudodonacialis.*
Ostrea lateralis.	*Panopœa intermedia.*
Cucullœa crassatina.	*Pholadomya Konincki.*

On a observé aussi des traces de débris de végétaux dans les psammites landeniens à Wanzin, et certains corps contournés rappelant les gyrolithes du système hervien (crétacé) ont été signalés également dans le Landenien marin, notamment près de Maret.

Synchronisme. — L'étage marin du système landenien correspond, de même que le système heersien, à quelque partie des sables de Bracheux en France et des *Thanet sands* en Angleterre.

Superposition. — Il repose tantôt sur le système heersien ou sur le calcaire grossier de Mons, tantôt sur quelqu'une de nos assises crétacées et plus rarement sur les terrains primaires. Le limon quaternaire le recouvre généralement.

Un ravinement notable le sépare du système heersien sur les différentes couches duquel il repose transgressivement.

Puissance. — Les roches du puits artésien de Hasselt rapportées par Dumont à son système landenien atteignent une épaisseur de 57^m,90; mais comme le grand géologue divise ces roches en trois parties, au lieu de les répartir dans ses deux étages, il serait difficile de dire quelle est l'épaisseur de chacun de ceux-ci à Hasselt.

DESCRIPTION DES COUCHES LANDENIENNES DU PUITS ARTÉSIEN DE HASSELT.

(D'après Dumont, 1852).

Voir la note ci-dessus, p. 196.

LANDENIEN. — PARTIE SUPÉRIEURE.

Sable mouvant très-aquifère, dont on n'a pu amener d'échantillon à la surface.	0^m,40
14. Sable argileux glauconifère ($^1/_{10}$) d'un vert grisâtre, à grains demi-fins, cohérent, friable, résineux au toucher, tachant les doigts.	1^m,30
Sable blanchâtre (pas d'échantillons).	0^m,20
Sable argileux glauconifère ($^1/_{10}$).	1^m,00
Sable mouvant	0^m,50
15. Argile plastique d'un gris assez foncé, terne, qui se polit dans la coupure et se désagrége dans l'eau	0^m,55
A REPORTER	3^m,95

LANDENIEN. — PARTIE MOYENNE.

REPORT . . . . 3^m,95

31. 16 à 30. Sable glauconifère ($^1/_{10}$-$^1/_5$) à grains moyens ou demi-fins, cohérent, résineux au toucher, friable, gris verdâtre sale, légèrement pailleté, renfermant des rognons avellanaires, pugillaires, etc., de grès glauconifère plus ou moins cohérent, à cassure inégale, d'un gris foncé un peu verdâtre, traversé par quelques tubulures capillaires. Ce sable alterne avec des bancs de psammite glauconifère ($^1/_{10}$), à grains demi-fins, résineux au toucher, friable, d'un gris verdâtre pailleté. . . 6^m,20

31. Sable glauconifère légèrement argileux, à grains fins, résineux au toucher, friable, d'un gris verdâtre, légèrement et finement pailleté . . . . 2^m,60

32. Psammite glauconifère ($^1/_5$-$^1/_{20}$) à grains fins, plus ou moins cohérent, parfois friable, d'un gris verdâtre, finement pointillé de vert, traversé par des tubulures capillaires. Certaines parties font une légère effervescence dans les acides . . . . 0^m,20

33. Sable glauconifère semblable au n° 31 . . . . 0^m,80

34. Psammite glauconifère semblable au n° 32 . . . . 0^m,90

35 à 47. Psammite glauconifère ($^1/_{10}$-$^1/_{20}$) à grains fins, plus ou moins argileux, légèrement pailleté, d'un gris pâle, plus foncé à la partie inférieure du massif, plus ou moins cohérent, traversé par des tubulures capillaires faisant une faible effervescence dans les acides. . . . . 14^m,40

48-49. Argile plastique fine, douce au toucher, d'un noir grisâtre terne, qui se polit dans la coupure, traversée par des tubulures capillaires remplies d'opale. Cette argile se désagrége lentement dans l'eau . . . . 0^m,75
——— 25^m,85

LANDENIEN. — PARTIE INFÉRIEURE.

50 à 61. Macigno à grains fins, terreux, d'un gris terne, cohérent, peu friable, rude au toucher et au couper, ne se polissant pas dans la coupure, happant à la langue, traversé par quelques tubulures capillaires renfermant de l'opale. On y voit aussi quelques grains de couleur sombre qui paraissent être de matière siliceuse . . . . 12^m,15

62. Argile plastique fine, d'un noir grisâtre terne, qui se polit dans la coupure et se désagrége dans l'eau . . . . 15^m,30

63. Argile plastique glauconifère et silexifère, c'est-à-dire renfermant des grains fins et plus ou moins nombreux de glauconie et de silex. Cette argile est traversée par des tubulures capillaires remplies d'opale, et présente une couleur gris noirâtre pointillée de blanc. Elle se polit imparfaitement dans la coupure. 0^m,65
——— 28^m,10

TOTAL . . . . . . 57^m,90

Usages.

Les psammites glauconifères sont exploités quelquefois comme moellons. Le tuffeau ou l'argilite donne des pavés et des dalles et quelquefois aussi des pierres réfractaires pour la construction des fours à cuire le pain. L'argile provenant de l'altération de l'argilite, sert à faire des briques et des pannes.

ÉTAGE FLUVIO-MARIN.

—

SYNONYMIE : Étage fluvio-marin ou nymphéen (Dumont, 1849). — Grès de Grandglise et lignite de Landen (d'Omalius). — Sable d'Ostricourt (Gosselet).

Roches.

L'étage fluvio-marin du système landenien renferme principalement des sables, des grès, de la marne et du lignite schistoïde.

Du succin a été trouvé dans le lignite à Esemael en Brabant.

On a rapporté au Landenien fluvio-marin 35 mètres de couches qui, dans le puits artésien d'Ostende, séparent le terrain crétacé des roches rapportées au système ypresien, entre 173 mètres et 208 mètres de profondeur. Ces couches sont formées, d'après M. Dewalque, « de sables divers purs, argileux ou glauconifères, quelquefois avec débris de coquilles ou calcaire sableux, alternant avec des argiles ligniteuses vers le haut, glauconifères vers le bas; cailloux de silex roulés à la base. »

Ainsi qu'on le verra plus loin, le Landenien fluvio-marin a également été rencontré au puits artésien de Gand, mais il ne paraît pas y avoir été entièrement percé.

Les couches traversées ont présenté la même composition qu'à Ostende et on y a rencontré les mêmes fossiles.

Fossiles.

En dehors des fossiles provenant des puits artésiens d'Ostende et de Gand, dont on trouvera plus loin la liste, on ne cite guère dans notre Landenien fluvio-marin que des empreintes de végétaux, telles que des feuilles de *Flabellaria* dans les grès du Hainaut ainsi que des fragments de troncs d'arbre silicifiés et recouverts de cristaux de quartz dans les grès des environs de Tirlemont, ainsi qu'à Huppaye, près de Jodoigne.

Dumont regardait son étage landenien fluvio-marin comme corres- Synchronisme.
pondant aux lignites du Soissonnais et la présence de coquilles des
plus caractéristiques de ce terrain dans les couches du puits artésien
d'Ostende, rapportées au Landenien, est venue appuyer cette manière
de voir.

Mais ces couches sont-elles bien landeniennes ?

M. Gosselet a émis récemment l'opinion qu'elles pourraient être un
peu supérieures aux lignites, à cause de leur grande analogie
minéralogique et paléontologique avec la partie supérieure de la
série de Woolwich dans le bassin de la Tamise. Et comme cette série
supérieure de Woolwich est superposée à d'autres couches qui rappellent tout à fait notre Landenien, il s'ensuivrait que les couches
argilo-sableuses d'Ostende seraient également supérieures au Landenien.

Le Landenien fluvio-marin n'est pas encore nettement délimité ni Superposition.
vers le haut ni vers le bas. Il paraît raviner fortement le Landenien
marin le long de la frontière française, près d'Erquelinnes.

Dumont a fait remarquer que son étage landenien fluvio-marin
s'est déposé, surtout vers l'O., pendant une période d'affaissement du
sol qui a laissé des traces dans le débordement des diverses assises.

Les coupes, figures 35 et 36, donnent la constitution du Landenien
supérieur et des dépôts qui les recouvrent dans les environs de
Jodoigne.

Elles sont relevées dans deux carrières appartenant à MM. Han-
nesse et Moreau, et situées sur la commune d'Huppaye, canton de
Jodoigne.

La première, figure 35, se trouve au S. d'Huppaye et la seconde,
figure 36, dite carrière de l'Épinette, est située au S.-E. de Molembais-
St-Pierre.

M. Moreau, l'un des propriétaires des carrières d'Huppaye et qui a
publié en 1870 une note sur le grès landenien, a bien voulu m'in-
former qu'on avait rencontré dans la carrière de l'Épinette sous 1 mètre
à 1^m,50 de grès, une couche d'argile plastique très-propre à la confection des poteries. Cette argile est d'un gris pâle, très-onctueuse et
varie en épaisseur de 0^m,40 vers l'O. à 0^m,80 vers l'E. Elle n'est séparée
du grès que par un peu de sable blanc, grisâtre, plus ou moins durci
ou par de petits fragments de grès tendres.

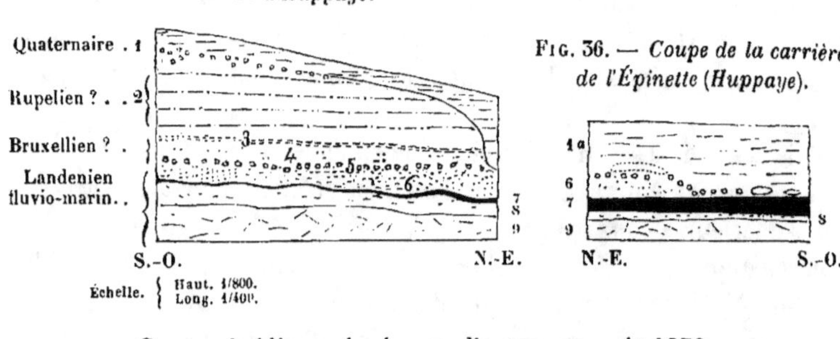

Coupes inédites relevées par l'auteur en août 1879.

Quaternaire . . . . .

1. Limon pâle présentant de petites concrétions calcaires en forme de figurines avec cailloux de silex roulés à la base.

1ᵃ. Idem, se confondant avec l'argile, d'aspect remanié, renfermant des lentilles de sable blanc avec un peu d'argile bleue. C'est du limon stratifié avec cailloux de silex et quelques blocs de grès roulés à la base. On y a trouvé des ossements de Rhinoceros (Moreau).

Oligocène. Rupelien?.

2. Sable parfois un peu argileux, moucheté de noir avec petites concrétions ferrugineuses, devenant parfois jaune, très-quartzeux. 6ᵐ,00

3. Glauconie et gravier rappelant un peu celui de la base du Rupelien, avec tubulations friables 0ᵐ,10

Éocène

Moyen : Bruxellien ?

4. Sable jaunâtre et blanchâtre moucheté de noir . . 1ᵐ,40

5. Cailloux roulés de silex noir rappelant un peu ceux de la base du bruxellien, avec petits cristaux de quartz et gravier plus ou moins argileux, parfois avec de l'argile grise. 0ᵐ,10

6. Sable glauconifère verdâtre, rougeâtre et gris-blanchâtre, devenant vert foncé et parfois ferrugineux au contact du lignite.

7. Banc de lignite variant de 0ᵐ,15 à 1ᵐ,50 d'épaisseur.

Inférieur : Landenien fluvio-marin.

8. Sable blanc et jaunâtre, d'un beau blanc au contact du lignite.

Ce sable, qui atteint de 0ᵐ,25 à 1ᵐ,50 d'épaisseur, est associé au grès sous-jacent, dont il renferme parfois de gros blocs non décomposés.

9. Grès blanc, exploité comme pavés, visible sur une hauteur variant de 1ᵐ,80, à 3,00.

Ce même banc de grès a présenté, en un point qui n'est plus visible aujourd'hui, une épaisseur de 5ᵐ,50.

Les couches landeniennes supérieures présentent quelquefois une curieuse apparence de plissement par ondulations comme on peut le voir dans la tranchée du chemin de fer près la station de Léau entre Landen et Saint-Trond. Cette tranchée est formée de sable légèrement glanconifère, gris-blanchâtre et jaunâtre avec lits argileux, tourbeux et ferrugineux passant à la limonite.

Dans le Hainaut, le Landenien fluvio-marin présente, d'après M. Briart (1874), la succession suivante, de bas en haut, dans les sablières de Carnières :

    1° Sable blanc-verdâtre.

    2° Sable blanc pur.

    3° Sable très-fin, argileux, gris-verdâtre, devenant blanc quand il est sec, veiné de lignes brunes ou jaunes ondulées et contournées.

Il existe aussi près de Mons, sur la commune d'Hyon, un affleurement qui s'observe dans une vaste carrière ouverte à la partie inférieure du versant méridional de la colline de l'Éribus.

M. Cornet y note la succession suivante, de haut en bas (1874) :

    1° Limon quaternaire (terre à briques et ergeron) . . . . $2^m,50$

    2° Argile sableuse bleuâtre, prenant quelquefois par altération une teinte ferrugineuse et renfermant de rares fragments de bois carbonisé, ayant appartenu à des Conifères (Ypresien inférieur). Cette argile est exploitée, de même que le limon n° 1, pour la fabrication des briques.

    3. Sable gris-verdâtre (Landenien), épaisseur visible . . . . $4^m,00$
    Ce sable est exploité pour la fabrication du mortier employé dans les constructions.

Les auteurs ne sont pas d'accord sur la place exacte que le sable n° 3 occupe dans la série landenienne : tandis que les uns le regardent avec Dumont, comme se rapportant à l'étage fluvio-marin, d'autres, au contraire, le rangent dans l'étage marin par cette considération qu'il n'est pas possible de trouver une ligne de démarcation entre les couches à *Pholadomya Konincki* de cet étage marin et le sable en question. Mais il ne semble pas qu'il soit plus facile de séparer ce dernier des sables blancs appartenant incontestablement au Landenien fluvio-marin ; il serait donc superflu de modifier, au moins quant à présent, l'opinion consignée sur la Carte géologique.

Puissance. On a assigné 10 à 20 mètres d'épaisseur au Landenien fluvio-marin mais ce chiffre n'est que très-approximatif.

Usages. Les grès sont exploités comme pavés et le sable pour les usages domestiques ; les argiles donnent des briques, des tuiles et des carreaux.

Les grès landeniens qu'on exploite au S. de Tirlemont dans plusieurs carrières sont de grands blocs remaniés présentant des surfaces arrondies de forme bizarre. Ces blocs de grès sont associés à du gravier et placés entre deux couches de cailloux roulés.

Pour exploiter ces blocs de grès il faut commencer par enlever 4 mètres, 6 mètres et même plus, de limon pâle avec petites figurines calcaires et stratifié vers le bas.

Dumont a montré que c'est cet étage qui renferme la nappe d'eau qui alimente les puits artésiens des environs de Tirlemont (profondeur variant de 26 à 32 mètres au-dessous du niveau de la mer), et de Saint-Trond (profondeur totale moyenne 38^m,60).

IV. — SYSTÈME YPRESIEN.

Le système ypresien est formé de puissants dépôts d'argiles et de sables que Dumont répartit dans deux étages comme suit :

Étage supérieur.
- Sable glauconifère à grains moyens.
- Glaise supérieure.
- Limon
  - argileux . . — Argilite fossilifère.
  - sableux . . — Lit de calcédoine.
  - calcareux .
- Sable fin glauconifère.
  - Banc de Nummulites.
  - Macigno glauconifère.
  - Lits de glaise schistoïde.
  - Lits de glauconie.
- Sable argileux glauconifère.

Étage inférieur.
- Glaise
  - sableuse . . — Glaise sableuse.
  - simple . . — Glaise massive et schistoïde.
- Sable argileux glauconifère ou argile finement sableuse . . .
  - Argile très-ferrugineuse brune.
  - Sable argilo-ferrugineux.

ÉTAGE INFÉRIEUR.

—

SYNONYMIE : Système ypresien (y^1) de Dumont (1849). — Argile d'Ypres de d'Omalius. —
Argile des Flandres de MM. Ortlieb et Chellonneix.

L'étage inférieur du système ypresien est formé d'argile devenant Roches.
parfois sableuse et passant au sable argileux. L'argile plastique y
domine, surtout dans les Flandres ; elle est d'un gris bleuâtre vers le
bas et d'un gris brunâtre à la partie supérieure. Par sa compacité elle
offre de grandes résistances au forage.

Dans quelques localités le système ypresien commence par une
couche de $0^m,50$ à 1 mètre d'épaisseur de sable plus ou moins glauconifère, comme l'indique la légende stratigraphique ci-dessus.

On y rencontre des cristaux de pyrite et de gypse et quelquefois des
lits de calcaire argileux ou des rognons cloisonnés rappelant les
septaria de l'argile de Londres. Quelques fragments de bois ligniteux
et de petites masses de succin ont été rencontrées dans le bassin de
la Haine. Dans le département du Nord, on y remarque, en outre, des
lits minces ou des rognons de sidérose non exploitables (Aubers,
Fives, Perenchies, etc.)

Les seuls fossiles mentionnés, jusqu'à présent, comme provenant Fossiles.
de l'argile ypresienne en Belgique sont des Foraminifères de l'argile
de Londres, se rapportant à des espèces qui vivent encore actuellement
ou qui appartiennent au terrain pliocène. Ce sont :

Nodosaria Raphanus.	*Marginulina Lituus.*
— *longiscata.*	*Cristellaria calcar.*
Dentalina Adolphina.	*Clavulina communis.*
— *pauperata.*	*Cornuspira foliacea.*
Marginulina Wetherelli.	

L'argile ypresienne (y^1) est considérée comme étant le prolongement Synchronisme.
de l'argile de Londres, et paraît manquer dans le bassin de Paris où il
existerait une grande lacune entre les lignites du Soissonnais et les sables
sans fossiles immédiatement inférieurs aux couches de Cuise-la-Motte.

De même aussi une grande lacune paraît exister en Belgique entre

14

notre Landenien fluvio-marin et l'argile d'Ypres ; cette lacune serait comblée en Angleterre par les couches d'Oldhaven.

Superposition.   L'argile ypresienne repose généralement sur le Landenien fluvio-marin ; elle est recouverte par le sable ypresien supérieur sans que l'on observe entre ces deux dépôts une démarcation bien tranchée.

Puissance.   Au puits artésien d'Ostende on a traversé 139^m,50 d'Ypresien entre les couches post-tertiaires et celles rapportées au Landenien fluvio-marin. Le puits artésien de l'atelier central à Louvain a rencontré 56^m,50 d'Ypresien inférieur, celui de la brasserie de la Dyle à Malines en a percé 40 mètres et celui de Molenbeek-St-Jean 15^m,55.

L'argile ypresienne se prolonge dans le département du Nord où elle paraît être divisée en deux assises par un banc de débris roulés.

M. Gosselet a donné le nom d'*argile d'Orchies* à l'assise inférieure et celui d'*argile de Roubaix* à l'assise supérieure.

Mais M. Ortlieb a émis l'idée que l'argile d'Orchies représenterait l'Ypresien en entier alors que l'argile de Roubaix correspondrait à la partie inférieure du Paniselien.

Ces deux argiles bleues sont minéralogiquement identiques, mais elles diffèrent en ce que la première ne renferme pas de fossiles, tandis que la seconde renferme quelques espèces qui se retrouvent également ment dans les sables ypresiens supérieurs.

Usages.   L'argile ypresienne est exploitée pour la fabrication des briques, des tuiles et des tuyaux de drainage. On l'emploie aussi dans le département du Nord pour le foulage de la laine à cause de ses propriétés onctueuses et délayantes.

ÉTAGE SUPÉRIEUR.

—

SYNONYMIE : Système ypresien (y²) de Dumont. — Assise des sables de Mons-en-Pévèle. (Ortlieb et Chellonneix).

Roches.   L'étage supérieur du système ypresien est formé de sables fins grisâtres, très-doux au toucher, légèrement pailleté de mica et renfermant parfois des bancs discontinus ou des lits minces d'argile gris-verdâtre. On y rencontre aussi à la partie supérieure quelques blocs de grès tendres et fossilifères qui ne sont pas renseignés dans la légende ci-dessus, page 208.

MM. Rutot et Vincent ont recueilli récemment, tant dans les environs de Renaix que dans ceux de Bruxelles, un certain nombre de fossiles de l'Ypresien supérieur dont on trouvera plus loin la liste et qui suffisent pour caractériser nettement la faune de cet étage. *Fossiles.*

Les fossiles les plus abondants sont, outre la *Nummulites planulata* qui y forme de véritables agrégats, *Turritella edita, T. hybrida, Vermetus bognoriensis, Pecten corneus, Pectunculus decussatus, Lucina squamula, Ditrupa plana.*

Sur soixante-douze mollusques, quarante-cinq espèces se trouvent dans les sables de Cuise et vingt environ dans le *London clay.* *Synchronisme.*

L'étage supérieur du système ypresien repose généralement sur l'argile de l'étage inférieur; il est recouvert par les roches des systèmes paniselien et bruxellien et fréquemment aussi par les dépots quaternaires. *Superposition.*

On constate sa présence à Louvain, à Bruxelles, dans les collines de Renaix, de Grammont, au Mont Panisel, sous la ville même de Mons, à la colline du Mont de la Trinité près de Tournai, etc.

Dans le bassin d'Orchies (département du Nord) il couronne la petite colline de Mons-en-Pévèle, où il a une épaisseur de 50 mètres.

L'Ypresien supérieur a été rencontré sur une épaisseur de 58 mètres au sondage de la brasserie de la Dyle à Malines, de 48^m,50 à celui de Louvain, de 50^m,45 à celui de la brasserie de Boeck à Molenbeek-St-Jean et de 71^m,07 à celui de Briendonck. *Puissance.*

Cet étage est exploité pour les constructions et le moulage; il renferme l'une des nappes aquifères qui alimentent certains puits artésiens de Bruxelles (Place des Nations, profondeur 57 mètres; Entrepôt; Chaussée d'Anvers). *Usages.*

Il existe à l'E. de Mons, des dépôts argilo-sableux que Dumont rangeait dans son système paniselien, mais qui ne semblent plus devoir y être maintenus depuis que leurs caractères minéralogiques, paléontologiques et stratigraphiques ont été mieux définis. *Argilite de Morlanwelz.*

Ces dépôts s'observent principalement dans la profonde tranchée de la gare de Morlanwelz où ils sont formés, en majeure partie, de sable argileux jaunâtre et grisâtre, renfermant de nombreux blocs d'argilite, quelquefois fortement glauconieux et qui présentent, lorsqu'on les brise, des moules de fossiles, tels que *Voluta depressa* et surtout *Leda Corneti.* *Roches.*

A la base de la tranchée s'observe une argile bleue et à la partie supérieure l'argilite est limitée par un dépôt peu épais de sable caillouteux du système bruxellien ; à $1^m,20$ au-dessous de ce dépôt bruxellien se trouve une petite couche très-glauconieuse, renfermant un lit continu très-dur, de quelques centimètres d'épaisseur, entièrement formé de menus débris de Nummulites (*N. planulata*).

Fossiles. L'argilite de Morlanwelz a fourni aux recherches de MM. Briart et Cornet, un certain nombre de fossiles, notamment à Haine-St-Pierre, à Trazegnies, à Bascoup, à la tranchée de Beauregard (Carnières), à celle de Morlanwelz et surtout a Godarville où les déblais nécessités par le creusement d'un tunnel en ont fait découvrir une certaine quantité dans une argilite calcarifère bleuâtre.

On peut citer les espèces suivantes parmi celles qui se rencontrent le plus habituellement dans l'argilite de Morlanwelz :

Xanthopsis bispinosus.	*Arca Briarti.*
Ficula Smithi?	*Leda Corneti.*
Cassidaria diadema.	*Lucina proxima.*
Pleurotoma antiqua ?	*Tellina Edwardsi.*
Turritella hybrida.	*Cytherea ambigua.*
Ostrea submissa.	*Panopæa intermedia.*
Modiola depressa.	*Ditrupa plana.*
Nucula fragilis.	*Nummulites planulata.*

C'est en se basant principalement sur l'existence de ce dernier fossile dans l'argilite que MM. Briart et Cornet ont cru pouvoir rapporter ce dépôt au système ypresien qui renferme abondamment le même fossile comme on vient de le voir.

Superposition. L'argilite de Morlanwelz repose partout dans le Hainaut sur le Landenien fluvio-marin et est recouvert de même par les sables et grès bruxelliens. MM. Briart et Cornet la classent dans l'Ypresien du Hainaut qu'ils regardent maintenant comme formé des couches suivantes, de haut en bas :

Sables à *Nummulites planulata.*

Argilite supérieure à *N. planulata.*

Sables et grès à *Nucula fragilis.*

Argilite inférieure.

Argile feuilletée à lignites.

De grands déblais pratiqués près la fosse du Viernoy à Anderlues m'ont permis d'observer en juillet 1873, l'argilite de Morlanwelz sous les sables bruxelliens. C'était une argile sableuse jaune brunâtre, renfermant de puissantes lentilles d'argile bleuâtre légèrement pailletée avec argilite fossilifère (*Modiola*) vers le bas.

Plus récemment, de nouveaux puits et sondages, exécutés par la Société des charbonnages de Fontaine-l'Évêque ont traversé près de 10 mètres de ces roches entre le Bruxellien et le Landenien fluvio-marin.

M. Faly a publié une coupe passant par ces puits et sondages; j'en extrait le relevé qu'il donne des roches du Puits du Midi.

Coupe des terrains tertiaires du Puits du Midi, au siège n° 2 de Fontaine-l'Évêque.

D'après M. FALY (*Ann. de la Soc. géol. de Belg.,* t. VI, 1879, pp. 28-38).

QUATERNAIRE.

1. Limon, terre à briques . . . . $1^m,00$

BRUXELLIEN.

2. Sable jaune avec des rognons de grès de plus en plus nombreux à mesure qu'on descend . . . . $14^m,10$

3. Sable jaune, avec bancs de grès calcareux . . . . $3^m,50$

4. Gravier, avec nombreux débris de coquilles et gros grains de quartz, réunis par du calcaire en un banc . . . . $0^m,20$
$\overline{\qquad\qquad}$ $17^m,80$

ARGILITE DE MORLANWELZ.

5. Argile plastique jaune clair . . . . $0^m,35$

6. Sable argileux glauconifère et micacé . . . . $2^m,75$

7. Couche d'argilite cohérente, fossilifère (*Leda Corneti*) . . . . . $0^m,10$

8. Argile sableuse glauconifère, micacée . . . . $3^m,00$

9. Sable argileux glauconifère, micacé, à concrétions pyriteuses . . $3^m,50$
$\overline{\qquad\qquad}$ $9^m,70$

Cette couche est séparée de la suivante par un lit de cailloux atteignant parfois la grosseur d'un poing. Elle n'a été rencontrée qu'au Puits du Midi.

A REPORTER . . . $28^m,50$

LANDENIEN FLUVIO-MARIN.

REPORT. . .   28^m,50

10. Argile avec concrétions pyriteuses	2^m,10	
11. Argile sableuse et sable argileux, micacés	5^m,70	
12. Couche de lignite	0^m,80	
13. Argile plastique noire.	5^m,75	
14. Argile sableuse et sable gris-verdâtre, fin, ligniteux, contenant quelques amas irréguliers de lignite pur.	19^m,95	
15. Lignite.	0^m,10	
Gravier formé de fragments de silex, de pyrite, etc.	0^m,10	
Schiste houiller.	————	54^m,50

TOTAL. . . . . . .   65^m,00

Puissance.   L'argilite atteint dans la tranchée du chemin de fer en face de la station de Morlanwelz, l'épaisseur de 25 à 30 mètres.

<h2 align="center">V. — SYSTÈME PANISELIEN.</h2>

—

SYNONYMIE : Partie des systèmes paniselien et bruxellien de Dumont (1851). — Psammites du Mont Panisel (d'Omalius).

Le système de roches qui termine notre série éocène inférieure se montre principalement aux deux petites collines, situées non loin de celle sur laquelle est bâtie la ville de Mons.

L'une de ces collines, la plus au N. et à la cote de 84 mètres, est celle du Mont Panisel, qui a donné son nom au système; l'autre colline, élevée de 107 mètres, est connue sous le nom de colline du Bois de Mons.

Roches.   Le système paniselien forme la partie supérieure de ces éminences; il commence par du sable grossier, très-glauconifère et argileux, qui repose immédiatement sur les sables fins ypresiens, lesquels constituent, avec l'argile ypresienne qui les supporte, la base du mont.

Le sable paniselien présente des lits de psammites gris-bleuâtres qui, vers le bas, sont souvent altérés, passent à l'argilite et renferment quelques Nummulites, des débris de poissons et autres fossiles ypresiens remaniés. A mesure qu'on s'élève ces lits de psammites passent à un grès vert lustré, légèrement glauconieux, renfermant des mollusques qui n'ont laissé le plus souvent que leurs empreintes. Vers le sommet de la colline du Bois de Mons les psammites sont souvent traversés par des tubulations d'Annélides qui ont agglutiné dans leur enveloppe des spicules de Spongiaires.

On rencontre aussi quelquefois dans les couches paniseliennes, des grès fistuleux semblables à ceux du système bruxellien.

Le système paniselien commence généralement par une couche argileuse qu'il n'est pas toujours aisé de séparer de l'argile ypresienne et dont on évalue l'épaisseur moyenne à 5 ou 6 mètres.

Les roches paniseliennes ont déjà fourni un certain nombre d'es- Fossiles.
pèces dont les plus abondantes au Mont Panisel sont les suivantes :

Rostellaria fissurella.	*Pinna margaritacea.*
Pleurotoma Lajonkairi.	*Nucula fragilis.*
Voluta elevata.	*Cardium porulosum.*
— *plicatella.*	*Lucina squamula.*
Turritella Dixoni.	*Cardita Prevosti.*
Calyptræa suessoniensis.	*Woodia profunda.*
Dentalium lucidum.	*Cytherea proxima.*

Des travaux de terrassement exécutés récemment pour l'établissement d'une nouvelle route reliant la chaussée de Ninove au village d'Anderlecht, près de Bruxelles, ont permis d'observer un important affleurement de Paniselien au sommet de la colline appelée « Montagne des argiles » qui se trouve au S. du plateau de Scheutveld. Cet affleurement paniselien est identique aux couches types du Mont Panisel et M. Vincent qui en a fait une étude spéciale, y a recueilli bon nombre de fossiles. Ce sont ces derniers qui sont renseignés plus loin dans la liste du Paniselien, comme provenant de la rive gauche de la Senne.

Le Paniselien des environs de Renaix a fourni aussi son contingent de fossiles. J'ai recueilli récemment à Nukerke, au N. de Renaix, dans un grès verdâtre, légèrement glauconifère qui était surmonté d'une grande épaisseur de sable quartzeux glauconifère gris cendré, les espèces suivantes :

Fusus bulbus.	*Ostrea submissa.*
Voluta plicatella.	*Cardium porulosum.*
Cytherea ambigua.	— *paniselense.*
Pinna margaritacea.	*Cardita planicosta.*
Lucina consobrina.	*Nummulites planulata.*

Synchronisme.   Jusque dans ces derniers temps, la plupart des géologues belges regardaient le Paniselien comme appartenant par sa faune, à l'Éocène moyen.

Cependant déjà en 1870, MM. Ortlieb et Chellonneix proposaient, après MM. Prestwich et Hébert, de le ranger dans l'Éocène inférieur, en se basant sur la présence dans les roches de ce système de la *Nummulites planulata.*

Ce foraminifère, si caractéristique des sables de Cuise, se retrouve, en effet, dans le Paniselien au Mont Panisel, à Grammont, à Renaix et surtout à la petite colline de Masnuy-S¹-Jean, à 2 lieues au N. de Mons, mais comme il ne s'y présente plus en amas, mais seulement disséminé, l'argument qu'on voulait en tirer, n'était pas concluant.

De nouvelles observations de MM. Rutot et Vincent semblent avoir tranché définitivement la question ; ces habiles observateurs ont montré qu'en faisant abstraction des restes de poissons et de crustacés sur lesquels on ne possède pas de données suffisantes, il reste, sur 129 espèces de mollusques bien dénommés dans le Paniselien, 91 espèces qui se retrouvent dans les sables de Cuise, alors que 36 espèces seulement se rencontrent dans le calcaire grossier.

Le Paniselien doit donc être classé dans l'Éocène inférieur et correspond en France aux couches glauconieuses comprises entre l'horizon de Cuise et le conglomérat de la base du calcaire grossier. On lui donne aussi comme équivalent en Angleterre la partie la plus supérieure de l'argile de Londres.

Superposition.   Les roches du système paniselien reposent sur les sables fins ypresiens et sont généralement recouvertes par les sables éocènes moyens et supérieurs ou par les dépôts quaternaires.

Bien qu'il n'y ait pas un gravier continu à la base du Paniselien et que, lorsqu'on s'écarte des rivages de la mer paniselienne, on constate partout un passage insensible entre les sédiments de cette mer et ceux de la mer ypresienne, il y a lieu, néanmoins, de distinguer le système paniselien du système ypresien.

Outre la disposition particulière en V qu'affectent les couches du Mont Panisel et qui semble devoir s'expliquer comme l'a fait remarquer M. Potier, par des mouvements postérieurs à leur dépôt, mouvements qui ont, en général, modifié considérablement l'allure des couches tertiaires des environs de Mons, on constate encore un ravinement réel au contact du Paniselien et de l'Ypresien.

On exploite le sable paniselien proprement dit pour les constructions et le moulage. Usages.

La Carte géologique de la Belgique indique la présence du système paniselien jusque près de Bruxelles en s'arrêtant toutefois à la rive gauche de la Senne. Mais plusieurs géologues admettent maintenant avec MM. Rutot et Vincent, que des dépôts qui représenteraient le littoral paniselien s'observent sur la rive droite de la Senne, sous la forme de quelques amas isolés ne s'étendant pas plus loin à l'E. Littoral paniselien.

Ces amas sont ceux d'Helmet (Schaerbeek), de Saint-Gilles et d'Uccle près de Calevoet dans la nouvelle tranchée du chemin de fer de Luttre. Ils sont connus depuis assez longtemps déjà par les remarquables débris de crustacés qu'on y a recueillis avec des dents de poissons au milieu des cailloux de silex noirâtres et arrondis, sur la petite couche mince d'argile qui termine la série ypresienne.

Au-dessus de cette couche d'argile apparaissent, au milieu du sable quartzeux, de petits lits submarneux blancs, des rognons de grès et un conglomérat fossilifère renfermant du gravier translucide et des fragments d'argile ainsi que les dents de poissons et les cailloux de la base.

La plus grande partie des fossiles qu'on trouvera mentionnés plus loin comme se rapportant au Paniselien de la rive droite de la Senne proviennent de ce conglomérat. J'ajouterai que ce dernier m'a fourni à Schaerbeek un certain nombre de *Nummulites planulata* et autres fossiles qui se rencontrent habituellement dans les sables ypresiens sous-jacents.

Il existe à Aeltre dans la Flandre orientale, un dépôt formé de sables jaune-verdâtres, légèrement glauconifères et très-fossilifères dont certaines couches sont presque exclusivement formées de *Turritella edita* ou de *Cardita planicosta.*

Ce dépôt ne paraît pas exister sur la rive droite de la Senne, de sorte que, sans la coupe de Cassel, qui sera décrite plus loin, on ne connaîtrait pas ses rapports stratigraphiques avec les sables bruxelliens proprement dits.

Néanmoins, Dumont qui croyait que ces sables bruxelliens s'étendent au delà de la Senne jusqu'à la côte actuelle de la mer, y rapporta le dépôt d'Aeltre, comme le constate la légende de la Carte géologique.

La faune des sables d'Aeltre, telle que nous la fîmes connnaître, avec M. Nyst, en 1872, semblait du reste, confirmer cette manière de voir. Nous y mentionnions, notamment, les *Nummulites lœvigata* et *N. Scabra* qui ne se rencontrent, paraît-il, à Aeltre, qu'au dessus des sables éocènes inférieurs dans de petits lambeaux laekeniens ou wemmeliens, comme j'en signale plus loin un curieux exemple à Baeleghem. (Voir coupe fig. 43.)

Mais de nouvelles recherches de MM. Rutot et Vincent ont montré que les sables d'Aeltre doivent être rangés par leur faune, dans l'Éocène inférieur et réunis aux dépôts paniseliens auxquels ils sont du reste intimement liés comme on le verra ci-après.

Le gîte fossilifère d'Aeltre est situé à peu de distance de la station d'Aeltre, près du pont du chemin de fer et à gauche de la voie ferrée qui conduit de Gand à Bruges.

J'y ai observé en déblayant un peu le talus, la coupe suivante de haut en bas :

1. Limon sableux avec terre végétale 1ᵐ,00
2. Sable jaunâtre à Turritelles devenant blanc et calcarifère à la partie
    supérieure par l'abondance des coquilles qu'il renferme 0ᵐ,80

Ce sont principalement :

Natica separata.	*Cardita planicosta* (jeune âge).
Cardium porulosum.	*Cytherea proxima.*
Nucula fragilis ?	— var. *inornata.*
Corbula gallicula.	*Lucina squamula.*
Crassatella propinqua.	— *decorata.*
Cardita Prevosti.	*Turbinolia sulcata.*

A REPORTER . . . 1ᵐ,80

REPORT. . . 1^m,80

3. Sable jaunâtre plus pâle que le précédent et devenant argileux par place, ne renfermant que quelques Turritelles, mais présentant, au contact de la couche suivante n° 4, un lit de coquilles roulées et corrodées composées en majeure partie de *Turritella edita* et de *Cardita planicosta* dont quelques-unes rappellent les exemplaires roulés qu'on trouve sur la plage d'Ostende . . . . 1^m,15

> Parmi ces coquilles roulées, j'ai recueilli, outre les coquilles ci-dessus mentionnées : *Bifrontia laudunensis, Corbula striatina, Cardita decusata, Mactra recondita,* etc.

4. Couche à *Cardita planicosta* avec leurs deux valves réunies . . . . 1^m,40

> J'y ai recueilli, outre quelques-unes des espèces ci-dessus mentionnées : *Ostrea submissa. Lucina discors,* etc.

5. Sable jaunâtre sans fossiles apparents . . . . 1^m,35

TOTAL . . . . . 3^m,70

Au S.-O. du gîte fossilifère, on observe dans quelques dépressions du terrain et notamment à l'endroit appelé *Terleng* situé à côté d'un moulin, un banc de 0^m,50 de calcaire ou plutôt d'une roche calcaréo-sableuse blanchâtre, légèrement glauconifère, intercalée dans un sable qui semble correspondre par ses fossiles à la couche n° 2.

Ce banc calcaréo-sableux est pétri de fossiles parmi lesquels on distingue, outre des moules de *Turritella edita* et des exemplaires de petite taille de *Cardita planicosta,* des *Bifrontia laudunensis* avec *Voluta elevata, Tellina hybrida,* etc,

Dans la tranchée du chemin de fer, au N.-O. de la station d'Aeltre, la couche à *Cardita planicosta* est seule visible.

On n'observe pas à Aeltre la superpositon des sables à *Turritella* Superposition. *edita* et à *Cardita planicosta* sur les dépôts sous-jacents qui ne se montrent pas au jour en ce point, mais il n'en est heureusement pas de même vers le S.-E., à la colline de Gand, où de belles coupes ont été mises à nu dans ces derniers temps.

On a pu constater que les sables d'Aeltre avec leurs fossiles caractéristiques, reposent sur des sables blancs, peu glauconifères. Ce sont ces sables que Dumont a rapportés par erreur à son système bruxellien et qui forment, d'après la Carte géologique, une large bande entre Alost et la mer du Nord, ainsi que d'importants affleurements dans les collines de Grammont, de Renaix et d'Audenarde.

Dans ces dernières, on observe sous le gravier wemmelien, des sables quartzeux et glauconifères, gris cendrés devenant argileux et passant sans transition aux sables renfermant les grès verdâtres du Paniselien type, dans lesquels j'ai recueilli les espèces ci-dessus mentionnées, page 216.

Les sables à Turritelles d'Aeltre s'observent encore au S. d'Ypres à la base de petites collines appelées Mont-Aigu et Mont-Rouge où ils reposent sur des sables rapportés au système paniselien.

Ils s'étendent aussi sur le territoire français où ils sont surmontés au Mont Cassel et au Mont des Récollets, par des sables bruxelliens analogues à ceux des environs de Bruxelles.

Ces derniers faisant défaut à la colline de Gand, il s'ensuit que les sables d'Aeltre y sont surmontés directement par le gravier laekenien

Disons, enfin, que les sables fossilifères d'Aeltre de même que les grès lustrés glauconifères du Mont Panisel viennent affleurer à l'O. sur le littoral, comme le témoignent les espèces les plus communes d'Aeltre et les fragments de grès fossilifères paniseliens que l'on trouve souvent à l'état roulé sur la plage d'Ostende et de Blankenberghe.

Puissance.   Les sables d'Aeltre atteignent au Mont Cassel et au Mont des Récollets une puissance de 7 à 8 mètres, entre la glauconie paniselienne et les sables blancs quartzeux bruxelliens.

TERRAIN ÉOCÈNE MOYEN.

Aux environs de Bruxelles, sur la rive droite de la Senne, on voit reposer sur les sables fins ypresiens, d'épaisses couches de sables blancs quartzeux et plus souvent calcaires, prenant des teintes diverses sous l'action de certains agents météoriques et chimiques.

Ces sables renferment des concrétions silicéo-calcaires disséminées ou en bancs presque continus.

L'un de ces bancs est percé de trous de mollusques lithophages et associé à une couche de gravier renfermant des Nummulites et autres fossiles roulés.

C'est au niveau de ce banc perforé que Dumont a fixé la limite entre ses deux systèmes bruxellien et laekenien.

Les couches sableuses qui se trouvent au-dessous de ce banc, sont bruxelliennes et celles qui le surmontent, sont laekeniennes.

Ces deux systèmes de couches tels qu'on les trouvera délimités plus loin, sont les seuls représentants chez nous du terrain éocène moyen. On a vu, en effet, que le système paniselien qui avait été aussi rangé dans ce terrain doit être classé, par sa faune, dans le terrain éocène inférieur.

Les roches bruxelliennes et laekeniennes présentent ce curieux phénomène que la continuité des concrétions et des bancs de grès qu'elles renferment est fréquemment interrompue par des sables quartzeux plus foncés se présentant sous la forme de poches profondes et paraissant recouvrir, au moins en de certains points, les sables calcareux supérieurs ou laekeniens.

Avant de faire connaître l'explication de ce phénomène, il convient de faire remarquer qu'il n'a pas influencé les vues stratigraphiques de Dumont.

Et, en effet, le grand géologue détermine, comme il vient d'être dit, la limite entre ses systèmes bruxellien et laekenien à l'aide de la couche à Nummulites roulées et ne tint compte dans le classement stratigraphique de cet ensemble de dépôts, ni des sables quartzeux plus foncés ni des apparentes dénudations qu'ils forment dans les dépôts calcaires.

C'est ce que montre l'extrait suivant de la légende de la Carte géologique où les *sables quartzeux* représentent bien les « sables quartzeux plus foncés » qui remplissent les poches :

Système laekenien . . . { Sable quartzeux.
Sable calcareux à *Num. variolaria*.
Sable graveleux à *Num. lævigata*.

Système bruxellien. . . { Sable quartzeux.
Sable calcareux.
Sable glauconifère à *Venericardia planicosta*.
Gravier.

Contrairement à l'opinion de Dumont, on admit jusque dans ces derniers temps, que les poches de sables quartzeux plus foncés étaient le produit de fortes dénudations.

Comme conséquence de cette manière de voir, M. Dewalque s'inspirant des vues de Lyell (1852) et de Le Hon (1862), proposait en 1863 de considérer comme bruxelliens tous les dépôts calcareux et comme laekeniens les sables quartzeux plus foncés gris-verdâtre, sans fossiles qui, dans sa manière de voir, ravinaient par dénudation profonde, les dépôts calcareux.

C'était modifier notablement la limite de Dumont entre les systèmes bruxellien et laekenien, mais cette opinion ne fut admise ni par MM. Ortlieb et Chellonneix en 1870, ni par moi-même en 1873, ni par aucun des géologues qui, depuis, se sont occupés de ces mêmes terrains.

Néanmoins, l'idée de ravinement continuait à ne laisser aucun doute dans nos esprits et pourtant j'avais, ainsi que d'autres géologues sans doute, observé que, du moins en ce qui concerne les sables bruxelliens, les rognons de grès se prolongeaient généralement des bancs calcarifères à travers les poches en subissant une altération et en prenant une disposition particulière suivant une ligne concave comme s'ils s'étaient affaissés dans les poches. Il y a plus, j'avais reconnu que la couche graveleuse à Nummulites roulées se prolongeait, elle aussi, à travers les poches et cependant je persistais à considérer le sable quartzeux gris-verdâtre laekenien comme représentant une formation indépendante des sables calcareux qu'elle ravinait en y formant des poches.

Il appartenait à un de nos jeunes confrères, M. Ernest Vanden Broeck, de faire la lumière sur cette question en nous donnant l'explication du phénomène qui a ainsi modifié si notablement la nature et l'allure de nos dépôts bruxelliens et laekeniens.

M. Vanden Broeck a démontré que le sable quartzeux gris-verdâtre sans fossiles n'est autre chose que le sable calcarifère dépouillé de ses principes calcareux, organiques ou inorganiques. Cette décomposition est produite par l'infiltration des eaux superficielles qui, étant toujours chargées d'acide carbonique et d'oxygène, dissolvent le calcaire, oxydent les sels ferreux, la glauconie, etc., et donnent lieu au résidu quartzeux, représentant décalcarisé et oxydé du dépôt.

Ces infiltrations s'arrêtant à des profondeurs variables dans les dépôts calcaires donnent naissance aux poches qui ne dénotent, par conséquent, pas un phénomène de dénudation corrélative du dépôt des sables gris-verdâtres.

Ce seraient ces eaux infiltrées et chargées de principes calcaires qui, en pénétrant dans les nappes aquifères, rendraient calcareuses les eaux qui alimentent la Capitale.

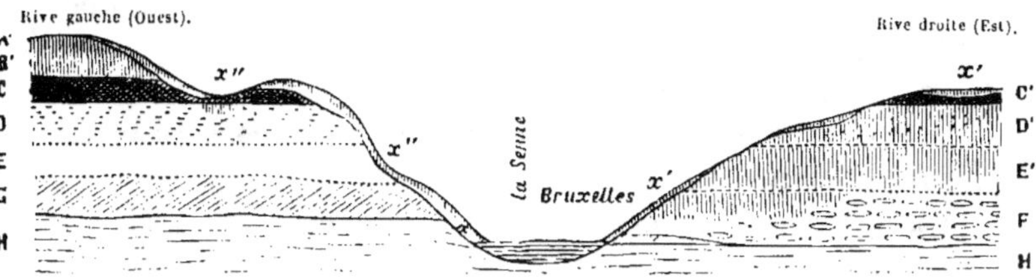

FIG. 37. — *Diagramme destiné à montrer l'action des infiltrations sur les dépôts éocènes des deux rives de la Senne à Bruxelles.*

(Communication inédite de M. E. Vanden Broeck).

DÉPÔTS NORMAUX.	DÉPÔTS ALTÉRÉS.
. . . .	A'. Sables et grès ferrugineux.
. . . .	B'. Sable fin, micacé (Sable chamois).
C. Argile glauconifère wemmelienne	C'. Base sableuse de l'argile glauconifère in-filtrée.
D. Sables blancs fossilifères de Wemmel.	D'. Sables quartzeux jaunâtres, sans fossiles. de l'Avenue Louise.
E. Sables et grès calcarifères laekeniens.	E'. Sables quartzeux verts, sans fossiles, de l'Avenue Louise.
F. Sables et grès fossilifères bruxelliens.	F'. Sables quartzeux verdâtres, sans fossiles.
G. Sables gris et psammites paniseliens.	. . . .
H. Sables et argiles ypresiens.	. . . .
x. Ergeron ou limon calcarifère.	x'x''. Limon brun ou terre à briques.

Nota. — Toutes les parties de ces couches traversées par des hachures verticales représentent les zones atteintes par les phénomènes d'altération. On remarquera que les hachures devant indiquer l'une des poches d'altération situées sous les points x'' n'ont pas été indiquées dans la figure.

En traitant par des acides dilués les sables calcarifères, M. Vanden Broeck obtient des sables quartzeux d'une physionomie tout à fait analogue à celle des sables en poches.

Enfin cet auteur a reconnu que lorsqu'une couche épaisse d'argile repose sur les sables calcarifères, ceux-ci restent intacts et l'on n'y observe conséquemment pas de poches parce que la couche d'argile empêche l'infiltration des eaux superficielles.

Toutefois, certains dépôts, quoique n'étant ni recouverts ni protégés par l'argile, n'ont pas été altérés. C'est alors la pente rapide du sol ou toute autre cause analogue qui a empêché l'infiltration des eaux superficielles et protégé les dépôts.

On peut dire que la découverte de M. Vanden Broeck marquera dans la science et qu'elle aura de nombreuses applications dans presque tous les terrains meubles.

Elle a déjà permis de débrouiller certains problèmes où la stratigraphie pure était restée impuissante.

Parmi ces problèmes l'un des plus importants consistait à raccorder ensemble les dépôts éocènes qui s'observent sur les deux rives de la Senne à Bruxelles.

On sait maintenant que les différences dans la couleur et la composition que présente une même couche des deux côtés du cours d'eau, résultent de ce que tandis que sur la rive droite cette couche a subi l'action des infiltrations, sur la rive gauche elle a été presque totalement épargnée par des dépôts argileux imperméables.

C'est ce que montre le diagramme, figure 37 : on y voit, en effet, les sables D et E de la rive gauche protégées par suite du développement de l'argile glauconifère C et de l'épaisseur du limon quaternaire sur ce versant de la vallée. La base intacte et calcaire du limon, très-souvent visible de ce côté, montre que les infiltrations n'ont pu traverser ce dépôt, sauf en des points localisés x'' où apparaissent alors les poches de sables verts et jaunes sans fossiles.

Les couches A'B' situées au sommet des collines, au-dessus de l'argile C et rarement recouvertes d'une épaisseur suffisante de limon, ont toujours été altérées.

Sur la rive droite le limon x', rare et peu épais, a été partout infiltré et n'a pu protéger les couches sous-jacentes ; de même aussi l'argile C' n'y existe que sous forme de petits lambeaux et n'a pu non plus préserver les couches sous-jacentes de la rive droite.

I. — SYSTÈME BRUXELLIEN.

—

SYNONYMIE : Partie du système bruxellien de Dumont (1850). — Sables à grès fistuleux du Brabant et sables calcarifères de Bruxelles (d'Omalius).

Le système bruxellien est formé de sables blanchâtres ou jaunâtres Roches. caractérisés par la présence de concrétions sous forme de rognons et de blocs de grès se présentant sous des aspects fort différents suivant les niveaux où on les observe. Ces concrétions affectent souvent des formes bizarres qui leur ont fait donner le nom de *grès fistuleux* et qui les font rechercher comme « pierres de grottes. »

M. Rutot a cru pouvoir attribuer la formation de ces grès fistuleux à un Spongiaire du groupe des *Geodia* décrit sous le nom de *Stelleta discoidea*, Rut.

De même aussi il a rapporté à une espèce particulière de Spongiaire (*Dysidea? tubulata*, Rut.), les concrétions tubulaires formées de sable agglutiné qui apparaissent parfois sur les parois d'une coupe de sable balayée par le vent mais dont l'extrême fragilité fait qu'elles se brisent au moindre contact.

A la suite d'observations de M. Carter, l'idée que les grès fistuleux et les tubulations représenteraient le Spongiaire lui-même, a dû être abandonnée. Il faut y voir plutôt des tubulations d'Annélides dont l'animal avait la faculté de s'agglutiner les spicules de Spongiaire qui vivaient à côté d'eux et qui appartenaient bien à des *Geodia* et à des *Dysidea*.

Aux environs de Bruxelles le système bruxellien commence fréquemment par du sable blanc quartzeux qu'on y exploite sous le nom de « sable rude » et qui ne renferme généralement que de rares concrétions contournées et en forme de boules recouvertes des débris d'oursins qui abondent dans le sable à ce niveau.

Ces concrétions ont une cassure vitreuse, translucide et luisante qui leur a valu le nom de *grès lustré*.

A mesure qu'on s'élève, le sable et les concrétions prennent une apparence marneuse et l'on voit bientôt des bancs continus de pierres plates alterner avec des pierres de grottes ou de grès fistuleux. Ceux-ci prennent souvent par l'altération un aspect tuffacé et finissent même par s'effriter au point de se confondre avec le sable.

15

Les pierres plates ont aussi une cassure lustrée et quelquefois submarneuse, mais vers le haut les concrétions affectent la forme de blocs arrondis passant du grès calcarifère au calcaire sableux.

Il arrive aussi fréquemment que les couches supérieures du sable bruxellien sont imprégnées d'hydrate ferrique, passant au grès ferrugineux et même à la limonite qu'on exploite comme minerai de fer.

Fossiles. Le système bruxellien est très-riche en fossiles, mais leur mauvais état de conservation en rend souvent l'étude fort difficile. Outre que les coquilles ont rarement conservé leur test, elles sont parfois d'une telle friabilité qu'il est impossible de les toucher sans les pulvériser. Quelques nouveaux gîtes découverts dans ces derniers temps à l'E. de Bruxelles, semblent cependant faire exception par la remarquable conservation de leurs coquilles.

Parmi les fossiles bruxelliens, se remarquent de belles tortues, de nombreux débris de poissons ainsi que des restes de végétaux tels que fruits de *Nipadites* (N. Burtini) qui furent décrits et figurés pour la première fois par F.-X. de Burtin en 1784. Ces derniers se rencontraient surtout aux buttes sableuses de Schaerbeek qui ont presque entièrement disparu aujourd'hui; ils se trouvaient souvent dans les fausses poches de sable décalcarisé.

J'ai recueilli aussi un certain nombre de ces débris de *Nipadites* associés à des pierres de grottes dans un sable calcarifère, derrière l'ancienne fabrique d'eau-forte à Saint-Gilles et cela lors du percement de la rue de la Fontaine. Leur présence est signalée encore dans les couches éocènes : à la Montagne de Saint-Pierre près de Gand, à Lovenjoul près de Louvain ainsi qu'à Forchies et à Carnières dans le Hainaut.

Les principaux gîtes fossilifères du Bruxellien sont à Woluwe-Saint-Lambert, à Dieghem, à Schaerbeek, à Auderghem, à Etterbeek, à Groenendael et à Uccle.

Synchronisme. Comme on peut le voir par la liste de ses fossiles, le système bruxellien correspond bien à quelque partie du calcaire grossier de Paris, ainsi que d'Omalius l'avait déjà reconnu au commencement de ce siècle.

Un point important qui ressort aussi de la liste des fossiles bruxel-lien revisée par MM. Rutot et Vincent, c'est qu'on y constate la présence, à côté de nombreux fossiles du calcaire grossier, d'un certain nombre d'espèces des sables de Cuise qui n'ont pas encore été signalées en France dans le calcaire grossier.

FIG. 58. — *Coupe à Forest-lez-Bruxelles.*

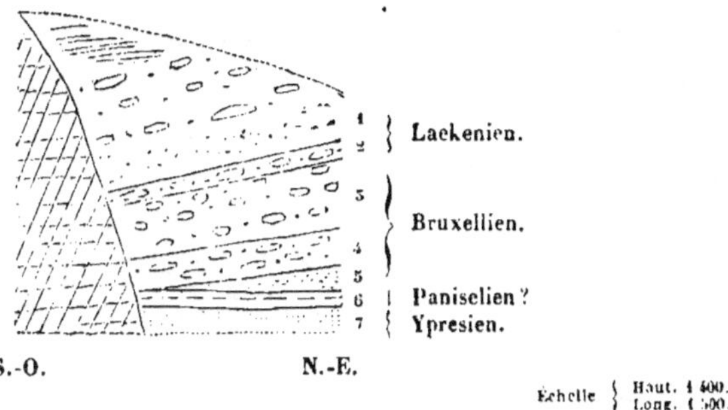

Coupe inédite relevée par l'auteur en mai 1874.

SYSTÈME LAEKENIEN.

1. Sable et grès calcarifères à *Nummulites Heberti* et *Ditrupa strangulata* en bancs séparés de 0ᵐ,60 à 1ᵐ,15 et 1ᵐ,70. Ces roches sont surmontées par des couches de sables remaniés qui occupent la place du Wemmelien.

2. Banc de grès perforé par des mollusques lithophages dans une couche de gravier renfermant la *Nummulites lævigata* et autres fossiles roulés.

SYSTÈME BRUXELLIEN.

3. Sable et grès calcarifères sous forme de moellons variant de 0ᵐ,10 à 0ᵐ,30 d'épaisseur et disposés en bancs séparés de 0ᵐ,70 à 0ᵐ,95 et inclinés de 15° à 21° et 26° S.

4. Sable d'aspect marneux avec bancs de grès lustrés, généralement aplatis, plus rarement arrondis.

5. Sable quartzeux blanc ou légèrement jaunâtre renfermant de rares concrétions arrondies en forme de boules de poires de matras de chimie et plus souvent de fuseaux et présentant de nombreux débris d'oursins incrustés dans la croûte blanche sableuse qui les recouvre.

SYSTÈME PANISELIEN.

6. Argile sableuse bleuâtre et jaunâtre, parfois un peu ferrugineuse; cette argile se durcit en se fragmentant, ce qui lui donne un aspect schistoïde tout particulier.

SYSTÈME YPRESIEN.

7. Sable fin jaunâtre.

Dans ces conditions la faune bruxellienne établirait, en quelque sorte, le passage entre la faune éocène inférieure des sables de Cuise et la faune éocène moyenne du calcaire grossier tout en se rapprochant cependant beaucoup plus de celle-ci. On peut donc dire que par ses fossiles, le bruxellien correspond en France à la partie inférieure du calcaire grossier, de même qu'il peut être assimilé à la partie inférieure des couches de Bracklesham en Angleterre.

Superposition. Les différentes couches dont se compose le système bruxellien sont particulièrement bien développées aux environs de Bruxelles où de grands travaux de terrassements les ont fréquemment mises au jour dans ces dernières années. Ces couches reposent généralement sur les roches des systèmes ypresien et landenien et quelquefois sur le terrain crétacé et sur les terrains primaires. Elles sont recouvertes le plus souvent par les roches des systèmes laekenien et wemmelien ou par les dépôts post-tertiaires.

Le diagramme, figure 42, donne une idée très-nette de l'allure générale et de la composition du Bruxellien ainsi que des couches qui l'ont précédé comme de celles qui l'ont suivi sur les deux rives de la Senne.

La coupe, figure 38, relevée dans la grande carrière de Forest, en un point situé près la rue du Bois, présente quelques particularités intéressantes.

A l'extrémité N. de cette coupe, on observait, à peu près perpendiculairement à celle-ci, une autre coupe qui s'étendait jusqu'à la chaussée de Forest. On y voyait très-nettement que le sable blanc quartzeux de la couche n° 5, qu'on pouvait très-difficilement séparer parfois du sable de la couche n° 4, était interrompu en trois points par les sables ypresien et paniselien ?

La réapparition de ces derniers dans les sables bruxelliens est due à des failles.

Ces failles dont l'existence a été signalée pour la première fois à Forest par M. Dewalque en 1863, sont inclinées vers la vallée.

On en pouvait encore observer un curieux exemple en décembre 1872, vis-à-vis la barrière de Forest, dans une petite tranchée dirigée E.-O. et qui depuis a complétement disparu.

Mais l'exemple le plus curieux est celui fourni par la coupe, figure 39, que les déblais pratiqués à l'occasion d'une nouvelle rue longeant le chemin de fer, au S.-E. de la station de Calevoet, m'ont permis de relever récemment.

La coupe, figure 40, relevée à la nouvelle avenue d'Uccle ou avenue Brugmann, donne la composition des couches supérieures du système bruxellien.

Au Mont Cassel, en France, le système bruxellien présente à sa partie supérieure une couche calcaréo-sableuse que l'on dit être caractérisée par la présence de la *Nummulites lævigata* en place.

FIG. 59. — *Coupe près la station de Calevoet, à Uccle.*

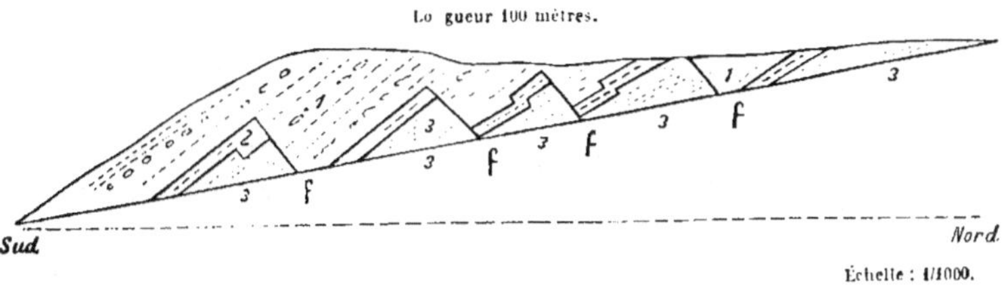

Coupe inédite relevée par l'auteur en mai 1879.

BRUXELLIEN.

1. Sable quartzeux à gros grains avec grès lustrés arrondis et fistuleux, veiné de brunâtre, ce qui donne à l'extrémité de la tranchée un aspect cendré tout particulier.

PANISELIEN ?

2. Sable vert tacheté de jaunâtre séparé en un point, du sable n° 1 par des cailloux ferrugineux avec dents de poissons.

YPRESIEN.

3. Sable gris pâle, très-fin et très-doux au toucher présentant un lit d'argile verdâtre.

f = faille.

Bien que j'aie visité à différentes reprises les collines tertiaires de Cassel, il ne m'a jamais été possible de constater l'existence de ce foraminifère autrement qu'à l'état roulé, comme le constate la coupe décrite ci-après, page 245.

Ici comme dans la carrière de Baeleghem, figure 43, les aggloméra-

tions de *N. lævigata* se présentent à l'état de galets et se confondent
pour ainsi dire avec le gravier wemmelien qui sera étudié plus loin.

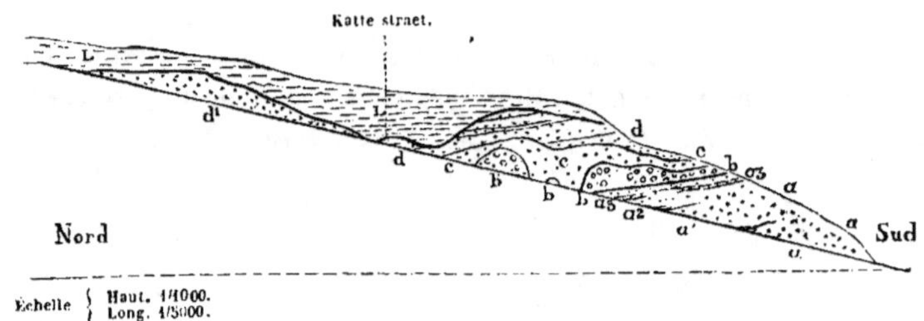

Fig. 40. — *Coupe prise à l'avenue Brugmann, à Uccle.*

D'après M. Mourlon (*Patria belgica*, t. I, p. 165).

Quaternaire.   L.   Limon quaternaire brun ou terre à briques à la partie supérieure ;
     sableux et prenant une teinte verdâtre rubanée à la partie inférieure,
     surtout au contact des cailloux de silex roulés. (Dépôt limoneux
     stratifié.)

Wemmelien
(éocène supér.).

d^1. Sables identiques à *d*, mais sans gravier et sans lits argilo-ferrugineux ;
    devenant parfois très-argileux au contact du limon.

d. Sables fins, jaunes et blancs, glauconieux, traversés par des lits minces
    de limonite concrétionnée et d'argile, et renfermant des couches de
    graviers variant en épaisseur de quelques centimètres à plus d'un
    mètre et colorées fréquemment en rouge brunâtre ou en noirâtre
    par le fer et le manganèse. Ce gravier est souvent concrétionné et
    renferme d'abondantes *Num. variolaria*, ainsi que des *Ditrupa*.

c. Sable d'un jaune verdâtre sans fossiles, prenant parfois une teinte fon-
    cée d'un gris sale légèrement brunâtre et paraissant raviner forte-
    ment les couches inférieures, ce qui n'est que le résultat de leur
    décalcarisation par les infiltrations.

Laekenien
(éocène moyen).

b^1. Sables et grès calcarifères à *Nummulites Heberti*, *N. variolaria* et
    Ditrupa strangulata, extrêmement abondants.

b. Banc de grès perforés de trous de mollusques lithophages dans une
    couche de sable graveleux renfermant de nombreux *Pecten* et des
    fossiles roulés, tels que *Num. lævigata*, etc.

a^5. Banc de grès rouge ferrugineux pétri de fossiles (*Rostellaria ampla*).

a^2. Sables blancs quartzeux exploitables.

Bruxellien
(éocène moyen).

a^1. Sables calcarifères renfermant un gîte composé presque exclusive-
    ment d'*Ostrea cymbula*.

a. Sables blancs quartzeux à gros grains renfermant quelques concré-
    tions siliceuses ayant l'aspect tuffacé ou effrité (grès fistuleux).

Mais ailleurs, comme, par exemple, aux environs de Bruxelles, ce foraminifère se rencontre également, toujours à l'état roulé, mais dans une couche graveleuse avec grès perforés fixant admirablement la limite entre les couches bruxelliennes et celles du système laekenien qui semblent faire défaut à Cassel et à Baeleghem.

Rappelons ici que de nombreux débris roulés de grès siliceux renfermant la *Num. lævigata* ont été signalés à la surface des champs ou à la base du Quaternaire dans le nord de la France par M. Gosselet.

Leur présence a été constatée également dans des conditions analogues, en Belgique, près d'Angre, à l'occasion d'une excursion de la Société malacologique, en septembre 1876.

Le système bruxellien atteint l'épaisseur d'une trentaine de mètres *Puissance.* dans la profonde tranchée du chemin de fer près la station de Mont-Saint-Guibert et l'on n'y observe pour ainsi dire que des sables quartzeux à grès fistuleux. Il est donc permis d'avancer que le système bruxellien doit avoir au moins 40 à 50 mètres de puissance.

Les grès bruxelliens sont exploités comme moellons et lorsqu'ils *Usages.* passent au calcaire comme à Gobertange on les utilise comme pierre de taille. Cette pierre se marie admirablement dans les constructions, avec la pierre bleue du calcaire carbonifère. Les grès fistuleux sont recherchés sous le nom de *pierres de grottes* pour l'ornementation des jardins. Le sable est employé pour verreries, pour les constructions et pour les usages domestiques.

La limonite est exploitée comme minerai de fer, notamment dans la forêt de Soignes.

II. — SYSTÈME LAEKENIEN.

SYNONYMIE : Partie du système laekenien de Dumont (1851). — Sables de Lede (Alost) (Mourlon, 1873).

Le système laekenien, tel qu'il se trouve maintenant limité, est *Roches et fossiles.* formé exclusivement de sables et grès calcaires très-fossilifères, pétris de *Ditrupa strangulata* et de deux petites Nummulites confondues d'abord sous le nom de *N. variolaria* mais parmi lesquelles M. Vanden Broeck a reconnu la présence de la *N. Heberti* qui est même caractéristique de la masse du dépôt.

Ce dernier commence par une couche de graviers renfermant des rognons de grès percés de trous de mollusques lithophages et qu'accompagnent de nombreux fossiles le plus souvent roulés. Parmi ces fossiles, les uns se rencontrent déjà dans les couches bruxelliennes sous-jacentes (*Ostrea cymbula*), tandis que les autres ne s'observent pas en place chez nous dans le Bruxellien (*Terebratula Kickxi*, *Nummilites lævigata*, *N. scabra*). Avec ces fossiles roulés, il s'en trouve aussi tels que *Nummulites Heberti* et *Anomia sublævigata* qui ont vécu à ce niveau et qui caractérisent par leur extrême abondance les couches de sables calcaires qui surmontent le gravier.

FIG. 41. — *Coupe des couches éocènes du Parc royal de Saint-Gilles-lez-Bruxelles.*

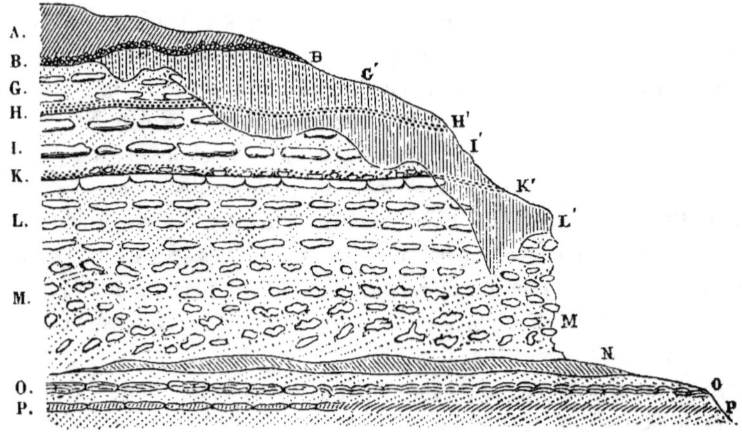

D'après les dernières recherches de MM. RUTOT, VANDEN BROECK et VINCENT
(*Ann. de la Soc. géol. du Nord*, 1879, t. VI, pl. X, p. 436).

Quaternaire		A. Sable tertiaire remanié.	
		B. Lit de silex roulés.	
Supér.	Wemmelien	G. Sables de Wemmel. G'. Sables altérés.	
		H. Gravier à *N. variolaria*. H'. Gravier altéré.	
Moyen.	Laekenien	I. Couche à *Ditrupa*. I'. Couche altérée.	
		K. Gravier à *N. lævigata* roulées. K'. Gravier altéré.	
	Bruxellien	L. Sables et grès calcarifères. L'. Sables altérés.	
		M. Sables et grès siliceux.	
Infér.	Paniselien	N. Sable et argile verte.	
	Ypresien supér.	O. Banc à *N. planulata*.	
		P. Banc à *Ditrupa plana*.	

Éocène.

Ces couches sableuses sont particulièrement bien développées aux environs de Bruxelles.

La couche graveleuse qui forme le banc séparatif du Bruxellien et du Laekenien renferme aussi des blocs de silex crétacés fossilifères roulés et corrodés.

Le système laekenien correspond par ses fossiles au calcaire grossier *Synchronisme.* moyen ou *couche à Milioles* du bassin de Paris, c'est-à-dire aux bancs à *Orbitolites complanata* et *Ditrupa strangulata* de Parnes, de Grignon, de Mouchy, etc. De même aussi il correspond à la partie supérieure des couches de Bracklesham en Angleterre.

Les sables et grès calcaires laekeniens reposent généralement sur *Superposition.* les roches analogues du Bruxellien et sur les roches glauconifères du Paniselien.

Les roches laekeniennes sont le plus souvent surmontées de sable quartzeux gris-verdâtre, sans fossiles, présentant les fausses poches qui, jusque dans ces derniers temps, ont fait croire à l'existence de ravinements considérables. Mais, comme il a été dit plus haut, la nature quartzeuse des sables est ici due au phénomène de la décalcarisation par infiltration des eaux pluviales.

Lorsque ce phénomène n'a pas agi, on voit les roches laekeniennes recouvertes par des couches de sables et de grès calcaires avec lesquelles elles ont été longtemps confondues et dont elles ne sont séparées que par un gravier, souvent peu apparent et dont la véritable importance n'a été reconnue que depuis les recherches de MM. Rutot, Vanden Broeck et Vincent. (Voir fig. 41, H et H'.)

Le système laekenien n'a qu'une assez faible épaisseur qu'on peut *Puissance.* évaluer approximativement à une dizaine de mètres au plus.

On exploite les rognons de grès laekeniens comme moellons pour les *Usages.* fondations.

TERRAIN ÉOCÈNE SUPÉRIEUR.

Jusque dans ces derniers temps, on admettait qu'il existe en Belgique, entre les dépôts que Dumont rapporte à son système laekenien et ceux dont il fait son système tongrien, une grande lacune résultant de ce que le terrain éocène supérieur semblait y faire complétement défaut.

Les dernières recherches sur nos dépôts tertiaires ont montré que cette manière de voir est basée sur de fausses assimilations stratigraphiques et sur une étude insuffisante de nos faunes.

On verra, en effet, par ce qui va suivre, que le terrain éocène supérieur est représenté chez nous, et particulièrement aux environs de Bruxelles, par des dépôts qui avaient été rapportés par erreur au système laekenien et à d'autres systèmes plus récents.

Toutefois ces dépôts éocènes supérieurs offrent encore des différences fauniques assez appréciables avec le Laekenien proprement dit tel qu'on vient de le voir délimité et qui correspond exactement par ses fossiles à quelque partie de l'Éocène moyen, pour qu'on soit autorisé à admettre entre eux l'existence d'une lacune de quelque importance.

Cette lacune paraît être comblée dans le bassin de Paris par les Caillasses qui y constituent le calcaire grossier supérieur.

SYSTÈME WEMMELIEN.

—

SYNONYMIE : Système wemmelien de MM. Rutot et Vincent (1878). — Partie des systèmes laekenien, tongrien, rupelien et diestien de Dumont (1851).

Roches.   Aux environs de Bruxelles on observe, au-dessus des sables et grès calcareux laekeniens à *Ditrupa*, d'autres sables qui, lorsqu'ils n'ont pas été décalcarisés par les infiltrations, pourraient être facilement confondus avec les premiers s'ils n'en étaient séparés par un gravier renfermant abondamment la *Num. variolaria* dont c'est le principal niveau.

Ces sables et grès calcaires qui surmontent les couches à *Ditrupa* se sont surtout montrés bien caractérisés dans les travaux de terrassements qui viennent d'être exécutés pour la création du Parc royal de Saint-Gilles (coupe, fig. 41) et pour la construction d'une prison à la limite des territoires de Forest et de Saint-Gilles.

Ils renferment abondamment, comme les sables de Wemmel, de Jette et de Laeken sur la rive gauche de la Senne, une Nummulite qui avait d'abord été rapportée par d'Archiac à la *N. planulata minor* et indiquée par erreur dans les listes comme étant la *N. Heberti*, mais qui paraît devoir constituer une nouvelle espèce sous le nom de *N. wemme-lensis* (La Harpe et Vanden Broeck).

Lorsque les sables de Wemmel sont décalcarisés par infiltration, ils deviennent jaunâtres, comme le montre la coupe, figure 57, et rappellent alors certain sable du Tongrien inférieur auquel Dumont les a du reste rapportés.

Sur la rive gauche de la Senne on voit, à mesure qu'on s'élève, les sables fossilifères de Wemmel se charger de glauconie, passer à l'argile glauconifère, puis à des sables micacés jaune-rougeâtre ou rosés, d'un aspect particulier, connus sous le nom de « sables chamois » et enfin à des sables grossiers et ferrugineux renfermant des plaquettes de limonite.

On sait que Dumont, trompé par de fausses apparences minéralogiques, a rapporté ces trois derniers dépôts respectivement à ses systèmes tongrien, rupelien et diestien.

Tous ces dépôts passent de l'un à l'autre par transitions insensibles, comme on peut le constater sur les talus des chemins montants qui aboutissent à la Chaussée Romaine, entre Jette et Wemmel. Le plus bel exemple de ces passages insensibles a été fourni par la tranchée de cinq mètres de haut qui a été creusée récemment à l'intersection de la Chaussée Romaine et de la route de Merchtem pour l'aplanissement de celle-ci.

Il n'est que juste de rappeler à cette occasion que déjà en 1862, Le Hon décrivait en la figurant, la *coupe entre le Couvent de Jette et la Chaussée Romaine*, et qu'il réunissait le sable chamois et l'argile glauconifère aux sables fossilifères sous-jacents.

Quant aux sables grossiers et grès ferrugineux qui terminent la série à la Chaussée Romaine, Le Hon continua à les considérer comme diestiens.

Ce n'est, du reste, que tout récemment que MM. Rutot et Vincent les ont réunis aux sables chamois.

Ces observateurs zélés ont reconnu, en effet, que les sables chamois passent de la manière la plus insensible aux sables et grès ferrugineux sans être séparés de ces derniers par un gravier.

Lorsque ce gravier existe, il est constitué par des cailloux de silex roulés du Quaternaire et il indique l'état remanié des sédiments ferrugineux sus-jacents.

Rappelons enfin que Le Hon avait signalé la présence de l'argile glauconifère surmontée du sable chamois à l'E. de Bruxelles, dans les berges de la route joignant l'ancien Champ des manœuvres à la chaussée de Louvain, c'est-à-dire à l'avenue de Cortenberg.

Fossiles. — Les fossiles semblent être localisés jusqu'ici dans le gravier de la base et le sable nummulitique qui le surmonte. Toutefois à Cassel, en France, sir Ch. Lyell en a signalé depuis longtemps la présence dans l'argile glauconifère, et en 1870 MM. Ortlieb et Chellonneix confirmèrent les vues que l'illustre géologue anglais avait émises sur l'âge de ces couches : se basant sur les déterminations qu'avait faites M. Nyst des fossiles recueillis par eux dans l'argile glauconifère, ils n'hésitèrent pas à enlever ce dépôt au système tongrien où Dumont l'avait rangé, pour le réunir aux sables éocènes sous-jacents.

M. Vanden Broeck a reconnu la présence de la *N. wemmelensis* dans les « sables chamois » non altérés et provenant des sondages pratiqués par le B^on van Ertborn dans la province d'Anvers.

Les fossiles sont très-abondants dans les sables de Wemmel, de Jette, de Laeken, etc., et y ont généralement conservé leur test, ce qui en facilite l'étude bien qu'il soit souvent fort difficile de les conserver intacts à cause de leur extrême friabilité.

Tous ces fossiles constituent une faune d'un caractère tout spécial, différant tout à la fois de la faune laekenienne et de la faune tongrienne.

Cette considération jointe à ce qui vient d'être dit relativement à l'impossibilité de séparer les sables fossilifères des dépôts argileux et sableux qui les surmontent ainsi que la stratification transgressive de cet ensemble de couches constatée par MM. Rutot et Vincent, ont engagé ces géologues à grouper toutes ces couches sous la dénomination de *système wemmelien* du nom du village de Wemmel près de Bruxelles.

C'est à Wemmel que se trouve le gîte fossilifère le plus important; non-seulement il a fourni aux patientes recherches de MM. Rutot, Vincent et Lefèvre une très-grande quantité de fossiles, mais il a été en quelque sorte le point de départ des nouvelles recherches qui ont amené la création du système wemmelien.

Après le gîte de Wemmel viennent ceux de Laeken et de Jette qui furent principalement explorés par MM. Nyst et Le Hon.

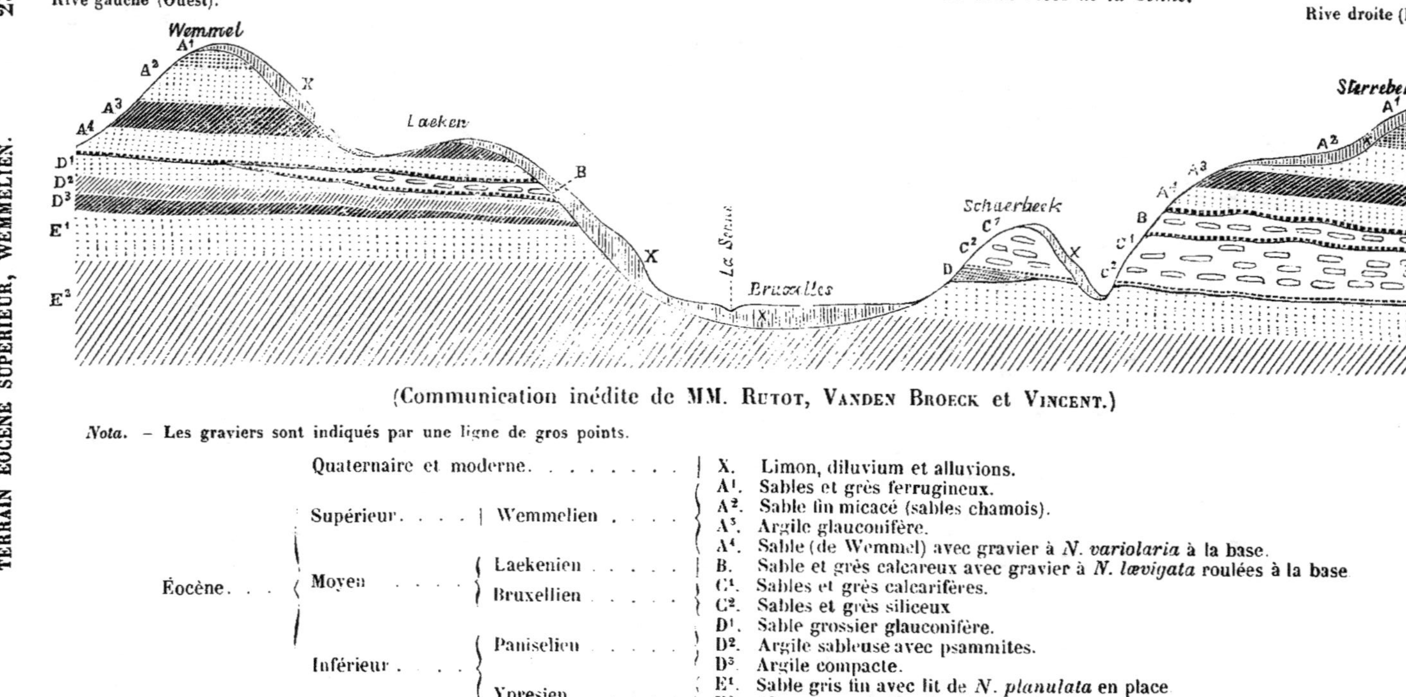

Fig. 42. — *Diagramme de la disposition des couches tertiaires sur les deux rives de la Senne.*

(Communication inédite de MM. RUTOT, VANDEN BROECK et VINCENT.)

Nota. — Les graviers sont indiqués par une ligne de gros points.

Quaternaire et moderne.			X.	Limon, diluvium et alluvions.
	Supérieur. . . .	Wemmelien	A¹.	Sables et grès ferrugineux.
			A².	Sable fin micacé (sables chamois).
			A³.	Argile glauconifère.
			A⁴.	Sable (de Wemmel) avec gravier à *N. variolaria* à la base.
Éocène. . . .	Moyen	Laekenien	B.	Sable et grès calcareux avec gravier à *N. lævigata* roulées à la base
		Bruxellien	C¹.	Sables et grès calcarifères.
			C².	Sables et grès siliceux
			D¹.	Sable grossier glauconifère.
	Inférieur	Paniselien	D².	Argile sableuse avec psammites.
			D³.	Argile compacte.
		Ypresien	E¹.	Sable gris fin avec lit de *N. planulata* en place.
			E².	Alternances de lits de sable et d'argile.

Enfin sur la rive droite de la Senne on connaît maintenant les gîtes de Saint-Gilles et de Forest ainsi que celui de la grande tranchée du chemin de fer de Bruxelles à Louvain, entre Saventhem et Cortenberg en face de Nosseghem.

Des fossiles se rapportant au niveau qui nous occupe ont aussi été signalés dans les déblais d'un puits de briqueterie à l'ancienne plaine de Linthout.

En dehors des environs de Bruxelles des fossiles wemmeliens ont été rencontrés en abondance à Baeleghem, à Gand, en différents points des environs d'Alost et dans les sondages d'Oedelem près de Bruges et de la province d'Anvers.

Synchronisme. — Le système wemmelien correspond par ses fossiles aux sables moyens en France, ainsi qu'à l'argile de Barton et aux *Upper Bagshot sands* qui leur succèdent immédiatement dans le bassin de Londres.

Ces derniers sont, d'après M. Prestwich, les analogues des sables intercalés dans l'île de Wight entre l'argile de Barton et la série de Headon qui commence l'Oligocène.

Or M. Ch. Barrois, qui a levé la Carte géologique d'une partie de cette île, a reconnu en 1876 que les sables dont il s'agit sont l'exact représentant minéralogique et stratigraphique des sables chamois et que ceux-ci doivent, par conséquent, être rangés dans l'Éocène supérieur.

De son côté, M. Potier avait rajeuni l'argile glauconifère en l'assimilant aux Caillasses du bassin de Paris et M. Ortlieb avait émis l'idée que ces dépôts pourraient bien représenter l'Éocène supérieur dans le bassin franco-belge.

Il était réservé à MM. Rutot et Vincent de nous donner la démonstration de ce fait important.

Superposition. — Les roches wemmeliennes sont le plus souvent recouvertes par des dépôts post-tertiaires, ainsi que par des sables glauconifères altérés qui ont été rapportés aux sables de Diest, mais dont l'âge relatif n'est pas encore définitivement fixé, bien qu'on y ait renseigné, près de Louvain, la présence de la *Terebratula grandis*.

Les sondages d'Aertselaer et de la place Saint-André à Anvers ont permis de constater la superposition de l'argile de Boom sur les sables chamois wemmeliens. Mais nulle part on n'a pu encore constater le contact du Wemmelien avec les roches de l'Oligocène inférieur (Tongrien inférieur de Dumont).

Les sables wemmeliens reposent sur les sables blancs calcarifères ou gris verdâtres décalcarisés du système laekenien qu'ils ont fortement ravinés au point de les faire disparaître parfois complétement. C'est ce qui explique pourquoi ces sables wemmeliens s'observent quelquefois au contact ou presque au contact du Bruxellien, comme c'est le cas à Baeleghem, à Gand et à Cassel et plus souvent encore au contact des roches rapportées maintenant au système paniselien, comme les collines des environs de Renaix en fournissent un exemple.

La coupe, figure 43, que j'ai relevée dans la carrière de M. Wauters, au S.-E. de l'église de Baeleghem, a pour la première fois appelé mon attention sur l'intensité du phénomène qui a agi parfois sur le Laekenien au point de n'en plus laisser subsister que de faibles traces. Cette coupe présente de haut en bas :

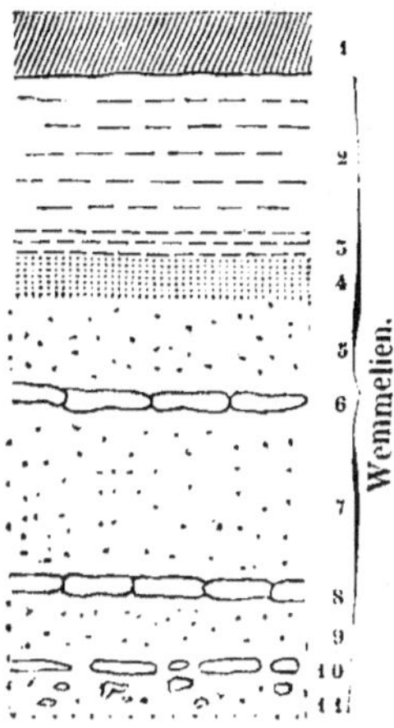

Fig. 43. — *Coupe d'une carrière au S.-E. de l'église de Baeleghem.*

Coupe inédite relevée par l'auteur le 24 août 1875.

Coupe de Baeleghem.

1. Limon avec cailloux roulés abondants 1ᵐ,00
2. Argile grise nuancée de jaunâtre avec paillettes de mica.
3. Idem, devenant plus jaunâtre, plus glauconieuse, plus sableuse et passant sans transition au sable sous-jacent. Les couches 2 et 3 ont ensemble. 3ᵐ,00
4. Sable très-glauconifère avec paillettes de mica moins abondantes que dans l'argile sableuse sous-jacente. Il renferme une matière noire, comme à l'avenue Louise. 0ᵐ,80
5. Sables blanchâtre et jaunâtre, légèrement glauconieux avec de rares paillettes de mica, devenant parfois très-calcarifères par l'abondance des fossiles comme c'est le cas dans la partie orientale de la carrière. Dans la partie occidentale, le sable est jaunâtre, décalcarisé et sans fossiles 1ᵐ,70

J'ai recueilli dans cette couche les espèces suivantes :

Galeocerdo latidens.	*Cardium parile.*
Lamna elegans.	*Corbula Lamarcki?*
Myliobates.	*Lucina elegans.*
Dentex laekenensis?	*Cypricardia pectinifera.*
Nautilus Lamarcki (fragm.)	*Nucula lunulata.*
Vermetus Nysti.	— *similis.*
Ostrea cubitus.	*Turbinolia sulcata.*
— *gryphina.*	*Ditrupa strangulata.*
Pecten Honi.	*Num. wemmelensis.*
— *corneus.*	

6. Banc de grès coquiller, *Lucina arenaria*, etc., continu, variant en épaisseur
de. . . . . 0^m,15 à 0^m,40

7. Sable calcarifère coquiller, pétri de *Nummulites wemmelensis*. . . . . 2^m,60
Les principales espèces recueillies dans cette couche sont :

Galeocerdo minor.	*Lunulites radiata.*
Vermetus Nysti.	*Serpula,* sp.
Ostrea gryphina.	*Ditrupa strangulata.*
Pecten Honi.	*Turbinolia sulcata.*
Nucula similis.	Bryozoaires divers.

8. Banc de grès calcarifère coquiller avec *Nautilus Lamarcki* et les espèces suivantes :

Rostellaria fissurella.	*Cytherea suberycinoides.*
Turritella incerta.	*Tellina rostralis.*
— *sulcifera.*	— *filosa.*
Voluta.	*Lucina Ermenonvillensis.*
Cardita sulcata.	*Lunulites radiata.*

9. Sable blanc calcarifère avec *Nummulites wemmelensis* et *N. variolaria*. . . 1^m,00

10. Banc de grès coquiller, graveleux, avec *N. wemmelensis* et *N. variolaria*.

11. Sable graveleux avec abondantes *Terebratula Kickxi*, souvent brisées mais ayant
encore parfois leurs deux valves réunies.

Cette couche, dans laquelle j'ai recueilli aussi des *Vermetus Nysti*, un *Belosepia
Blainvillei* et des débris de poissons plus ou moins roulés, renferme des blocs perforés de silex blond recouvert de Bryozoaires, fortement roulés et parfois aussi très-
découpés, avec d'autres petits blocs de grès perforés analogues à ceux qui s'observent à la base du Laekenien.

Il est bon de noter aussi que j'ai recueilli dans la carrière, mais sans pouvoir en assigner le niveau exact, outre la *Nummulites lœvigata* roulée :

Terebellum fusiforme.	*Pectunculus pulvinatus.*
Bulla conica, var. *ultima.*	*Chama.*
Anomia sublœvigata.	*Cardium porulosum.*
Thracia wemmelensis.	— *Honi.*
Cytherea sulcataria.	— *Cossmanni.*
Diplodonta puncturata.	*Lucina arenaria.*
Corbula gallica.	*Crassatella Woodi.*

Nota. — M. Vincent a bien voulu me prêter son concours pour la détermination des fossiles ci-
dessus mentionnés.

Fig. 44. — *Coupe de Gand.*

+ 28ᵐ

1 } Wemme-
2 }   lien.
3 }
4 } Laekenien
5 }
6 } Paniselien.
7 }
8 }
9
10
11
12 } Ypresien.
13
14
15
16
17 } Landenien.
18
19

Échelle : 1/1000.

N = *Niveau de la mer.*

La coupe ci-dessus montre bien que le Laekenien n'est plus guère représenté à Baeleghem que par quelques galets roulés à *N. lævigata* qui se confondent, pour ainsi dire, avec le gravier wemmelien.

Il ne m'a pas été donné d'observer les couches inférieures à ce gravier, mais la coupe, figure 44, prise à la colline de Gand, où 1 mètre de Laekenien a été préservé, montre le contact de la couche à *N. lævigata* roulées avec le Paniselien d'Aeltre.

Coupe de Gand.

Dressée par M. Rutot, d'après les observations inédites faites à la citadelle de Gand et les renseignements fournis par M. le Bᵒⁿ van Ertborn relativement au forage du puits de Hemptinne. Détermination des fossiles par M. Vincent.

1. Argile glauconifère avec lit à *N. wemmelensis* à la base.
2. Sables de Wemmel avec *Scalaria spirata, Terebratula Kickxi, Pecten corneus,* etc., en place.
3. Banc calcaire agglutinant en blocs durs le bas des sables de Wemmel très-fossilifères et le gravier de la base du Wemmelien, caractérisé par l'abondance de la *N. variolaria.*
4. Sable très-calcareux, très-fossilifère, avec *Ditrupa strangulata* et terminé à sa base par un lit épais de gravier renfermant en abondance des fragments roulés de roche à *Nummulites lævigata* et *scabra,* des dents de Squales roulées, des osselets de Crenaster, etc.
5. Sable vert, fin, avec banc de *Cardita planicosta* bivalves, identique à celui rencontré à Aeltre. Ce sable renferme de très-nombreux fossiles parmi lesquels on rencontre le plus communément :

Voluta elevata.	*Ostrea submissa.*
— *plicatella.*	*Nucula fragilis.*
Natica semipatula.	*Cardium porulosum.*
— *separata.*	*Lucina squamula.*
Turritella edita.	*Cardita planicosta.*
— *Dixoni.*	*Cytherea proxima.*

6. Sable blanc avec lignes de glauconie en stratification oblique, sans fossiles.

7. Sable argileux verdâtre, avec psammites ou grès blanchâtres vers le haut, verts, durs et lustrés vers le bas. Les grès supérieurs renferment des débris de végétaux, ceux du bas renferment la faune paniselienne marine.

8. Argile bleu-noirâtre très-compacte, avec fossiles, formant la base du Paniselien.

9. Sables verts fins, devenant un peu argileux vers le bas, avec traces de fossiles.

10. Petit lit d'argile verte.

11. Sable argileux, glauconifère, avec rognons de grès verts fossilifères.

12. Argile sableuse sans fossiles.

13. Argile dure et compacte d'un vert pâle.

14. Alternances d'argile tendre et d'argile dure, d'un gris pâle.

15. Argile très-dure et plastique, grise, devenant plus tendre et sableuse vers le bas.

16. Argile sableuse passant rapidement aux sables grossiers et galets roulés, base de l'Ypresien.

17. Sable fin, vert, très-fossilifère, avec *Cyrena cuneiformis*, etc.

18. Banc concrétionné dur, dans les sables.

19 Argile dure imperméable.

Nota. — Afin de réduire la coupe ci-dessus aux dimensions du texte, tout en gardant une proportion suffisante pour l'échelle des hauteurs, nous avons réduit l'épaisseur de la couche d'argile n° 15 qui en réalité devrait avoir 0m,005.

Après avoir fait connaître la composition du système wemmelien à Baeleghem et à Gand, il ne sera pas sans intérêt de montrer quelle est celle du même système à Cassel, dans la Flandre française.

La coupe de Cassel, devenue classique par les travaux de MM. Ortlieb et Chellonneix, avait déjà été décrite par Dumont en 1850, comme on a pu le voir par la publication récente des mémoires posthumes préparés par le grand stratigraphe. Aussi en publiant à nouveau cette coupe n'ai-je en vue que d'interpréter la succession des couches dont elle se compose d'après les dernières recherches de MM. Rutot, Vanden Broeck et Vincent et cela à l'aide des matériaux que j'ai recueillis sur place, à différentes reprises.

MM. Ortlieb et Chellonneix ayant figuré la coupe de Cassel dans leurs *Études des collines tertiaires du département du Nord comparées avec celles de la Belgique*, je me bornerai à y renvoyer en indiquant à quels numéros de leur coupe correspondent ceux de mon relevé.

Coupe du Mont des Récollets (Cassel), relevée le 26 août 1874.

<table>
<tr><td></td><td colspan="2" align="center">COUPE
de
MM. Ortlieb
et
Chellonneix.</td></tr>
<tr><td></td><td>N^{os} corresp^{ts}.</td><td>Épaisseur.</td></tr>
</table>

1. Argile sableuse, légèrement pailletée, grise, nuancée de jaunàtre, surmontée par des détritus et de la terre végétale cachant les sables et grès ferrugineux. Cette argile n'avait pas encore été mentionnée au Mont des Récollets parce que les travaux de la carrière venaient seulement de la mettre à découvert à la date du levé de cette coupe. Mais elle est tout à fait semblable à celle renseignée par MM. Ortlieb et Chellonneix à la briqueterie de la Gendarmerie . . . . 　»　1^m,50

2. Argile sableuse glauconifère jaunâtre présentant à sa base et presque au contact des sables sous-jacents, qu'elle paraît raviner, une *bande noire* de glauconie de quelques centimètres. Cette argile est parfois fossilifère.

   M. Vincent y a recueilli, avec M. Ortlieb et M. Lefèvre, les espèces suivantes :

Belosepia Blainvillei.	*Pecten Honi.*
Ficula nexilis.	*Pectunculus pulvinatus.*
Fusus bulbus.	*—　　Nysti.*
— longævus.	*Nucula similis.*
Ancillaria buccinoides.	*Cardium parile.*
Pleurotoma amphiconus.	*Crassatella Nystana.*
Turritella sulcifera.	*Cardita sulcata.*
— brevis.	*Cytherea sulcataria.*
Ostrea cubitus.	*Tellina filosa.*
— gryphina.	*Psammobia,* sp. ?
Anomia sublævigata.	*Sanguinolaria,* sp. ?
Pecten corneus.	*Corbula Lamarcki.*
— sublævigatus.	*Panopæa corrugata.*

（1-5　　6^m,00）

   L'argile n° 2 m'a paru raviner fortement les sables sous-jacents, au contact desquels elle devient plus sableuse et renferme de menus débris de coquilles. Mais c'est peut-être encore le résultat de quelque altération.

3. Sable calcarifère à *Nummulites wemmelensis* avec bancs plus ou moins concrétionnés formés de Nummulites, d'*Ostrea gryphina* avec *Ditrupa strangulata, Leda striata, Tellina rostralis, Lucina Ermenonvillensis,* etc., et présentant parfois de petites concrétions rougeàtres ferrugineuses et fossilifères.　　4-9　2^m,60

Wemmelien.

4. Sable semblable au précédent, renfermant quatre bancs concrétionnés : le premier et le supérieur est un banc de grès discontinu, légèrement teinté de brunâtre ; le deuxième est un banc calcaréo-sableux offrant des moules de *Nautilus Lamarcki* qui ont quelquefois conservé leur test, et pétri d'*Ostrea gryphina* avec *Ostrea* voisine de l'*O. cariosa*, *Crassatella Nystana* et *Lucina Ermenonvillensis*, etc.; le troisième est un banc discontinu formé presque exclusivement de moules naturels de *Turritella sulcifera* avec *Tellina filosa*, *Tellina rostralis*, etc.; enfin le quatrième est un banc calcaréo-sableux et graveleux renfermant de nombreux moules d'un grand *Cerithium* qui paraît bien différer du *C. giganteum*, comme notre regretté confrère Bayan en avait émis l'idée à l'occasion de la réunion de l'Association française à Lille, en 1874. ... 10-17 | 2^m,70

5. Couche graveleuse, calcaréo-sableuse, très-fossilifère, renfermant avec la *Nummulites variolaria*, la *N. lœvigata* libre et roulée et parfois aussi agglomérée sous la forme de galets, surtout au contact du banc de grès sous-jacent. ... 18 | 1^m,00

J'ai recueilli aussi à ce niveau de beaux spécimens d'*Echinolampas affinis* qui n'ont encore été rencontrés en Belgique que dans les couches laekeniennes.

6. Banc concrétionné très-fossilifère, renfermant en abondance le *Cardium porulosum* avec *Cytherea lœvigata*, etc., dans une couche graveleuse.

Ce banc, dont la surface est fortement corrodée, forme la limite inférieure des Nummulites à Cassel. — Toutefois pour MM. Ortlieb et Chellonneix, la *N. lœvigata* se trouverait en place sous ce banc, mais je n'ai pu constater ce fait. ... 19-20 | 1^m,00

7. Sable quartzeux blanc et jaunâtre, pétri de fossiles extrèmement friables et renfermant plusieurs rangées de concrétions siliceuses passant au grès fistuleux.

La plus supérieure de ces rangées de concrétions est très-fossilifère et renferme notamment : ... 21-25 | 1^m,50

Lucina discors, Cardium porulosum, Cardita planicosta, Ostrea cymbula, Keilostoma minor.

8. Sable quartzeux avec coquilles friables très-abondantes, sans concrétions apparentes, si ce n'est vers le bas où se remarquent des grès fistuleux en voie de formation. ... 26 | 3^m,00

9. Plus bas, le niveau à Rostellaires est caché au moment où je relève cette coupe, mais dans le trou occidental de la grande carrière de Grandel, on voit la superposition des sables et grès bruxelliens sur les roches de la zone d'Aeltre. ... 27

Wemmelien (suite).

Laekenien ?

Bruxellien.

10. La zone d'Aeltre m'a paru commencer par un banc calcaréo-sableux et très-fossilifère, rappelant celui de Terleng à Aeltre (voir ci-dessus. p. 219), et renfermant abondamment, comme lui, le *Cardium porulosum* et le *Bifrontia laudunensis.*

En dessous de ce banc, la roche se charge de glauconie et se montre pétrie de *Turritella edita* avec *Fusus longævus, Voluta elevata?, Cardita planicosta, Cytherea proxima.*

Enfin à un niveau inférieur aux roches précédentes, s'observent des sables blanchâtres glauconifères, puis des sables verdâtres qui furent déjà rapportés les uns et les autres au Paniselien par MM. Ortlieb et Chellonneix.

Il semble résulter clairement de ce qui précède qu'au Mont des Récollets les couches supérieures au système bruxellien doivent être toutes rapportées au nouveau système wemmelien si l'on en excepte peut-être une couche d'un mètre formée, comme à Baeleghem, de débris roulés avec *Num. lævigata* et de fossiles laekeniens qui se confondent avec le gravier wemmelien.

La puissance du Wemmelien est très-variable d'un point à un autre : tandis qu'il n'atteint qu'une trentaine de mètres dans les collines entre Bruxelles et Vilvorde, il a été rencontré sur 40^m,70 dans le sondage de Briendonck, sur 52 mètres dans celui de Malines, sur 51^m,50 dans celui d'Aertselaer et sur 83^m,20 dans celui de la place Saint-André à Anvers.

Le sable wemmelien est employé pour les constructions et le ballast.

J'ai pensé qu'il serait utile de terminer ce qui est relatif au terrain éocène en transcrivant ci-après le tableau dans lequel MM. Rutot et Vincent ont montré quels sont, dans l'état actuel de nos connaissances, les subdivisions de ce terrain en Belgique et les correspondants de celles-ci à l'étranger. Il est bien entendu, comme l'ont fait remarquer les auteurs de ce tableau, que les correspondances des subdivisions ne doivent pas se prendre ligne par ligne dans le sens horizontal, mais bien groupe par groupe, ainsi que l'indiquent les petites accolades placées près de la séparation des colonnes « Belgique » et « Bassin de Paris ».

Tableau du synchronisme des couches éocènes de Belgique, de France et d'Angleterre.

		BELGIQUE.	BASSIN DE PARIS.	ANGLETERRE.
Éocène supérieur.	Wemmelien.	Sables et grès ferrugineux Sables chamois Argile glauconifère. Sables de Wemmel. Gravier à *Nummulites variolaria.*	Marnes à *Pholadomya Ludensis* et gypse marin inférieur Calcaire de Saint-Ouen Grès de Beauchamp Sables de Guépel. Gravier à *Nummulites variolaria.* (Horiz. d'Auvers). } *Sables moyens.*	*Upper Bagshot sands.* *Argile de Barton.*
Éocène moyen.	Laekenien.	*Lacune* Couche à Ditrupa et Orbitolites Gravier à *Numm. lævigata* roulées *Lacune*	Caillasses. | *Calcaire grossier supér.* Calcaire à Cérithes. Calcaire à Orbitolites et Milioles. Couches à *Cerithium giganteum.* Couche à *Nummulites lævigata.*	*Bracklesham beds.*
	Bruxellien.	Sables à grès calcareux. Sables à grès siliceux	*Calcaire grossier moyen.* *Calcaire grossier infér.* Sables glauconifères Gravier à dents de Squales	
Éocène inférieur.	Paniselien .	Sables à *Cardita planicosta* d'Aeltre. Sables blancs glauconifères Sables argileux et psammites Gravier ou argile	Horizon de Visigneux. Horizon de Cuise. } *Sables de Cuise .* Horizon d'Aizy.	*Argile de Londres.*
	Ypresien .	Sables à *Nummulites planulata.* Argile des Flandres		
	Landenien.	Sables et lignite. Couches d'Ostende et de Gand à *Cyrena cuneiformis.* Tuffeau de Lincent, d'Angre, etc.	*Lignites du Soissonnais et argile plastique*	*Woolwich beds.*
	Heersien .	Marnes de Gelinden, à végétaux. Sables à *Cyprina planata.*	*Sables de Bracheux*	*Thanet sands.*
	Calcaire grossier de Mons		*Calcaire pisolitique et marnes strontianifères.*	

TERRAIN OLIGOCÈNE

—

Synonymie : Terrain oligocène de Beyrich. — Terrain tongrien de Dumont de 1839. —
Terrain miocène inférieur de sir Ch. Lyell.

Le terrain oligocène est représenté en Belgique par une série de
dépôts marins et fluvio-marins qui sont particulièrement bien développés aux environs de Tongres dans la province de Limbourg. Ces dépôts
renferment une grande quantité de coquilles fossiles dont plusieurs
gîtes sont devenus célèbres, principalement par les travaux de M. Nyst.

D'Omalius rapporte que de Luc avait déjà signalé, au siècle dernier,
le gîte de Klein-Spauwen comme étant remarquable par l'abondance
de ses coquilles. Mais ce n'est qu'à partir de 1835 que M. Nyst fit
connaître les premiers résultats de ses études sur les coquilles fossiles
du Limbourg, études qui devaient aboutir à sa grande description de
1845. Entre-temps M. de Koninck avait, de son côté, publié en 1838
une première description des fossiles de l'argile de Boom, c'est-à-dire
de l'un des termes supérieurs de la série des dépôts dont il est ici
question.

En 1839, Dumont réunit tous ces dépôts sous le nom de *système
tongrien*, nom qui fut adopté plus tard par Alcide d'Orbigny (1852) et
par la plupart des autres géologues pour désigner le Miocène inférieur. Dix ans plus tard, en 1849, Dumont subdivisa son système tongrien en trois *systèmes* particuliers. Il conserva le nom de *Tongrien* au
premier d'entre eux et donna aux deux autres les dénominations de
Rupelien et de *Bolderien* à cause des dépôts fossilifères que présentent
respectivement ces deux systèmes sur les bords du Rupel et à la petite
colline appelée : le Bolderberg, près d'Hasselt.

En 1851 il distingua dans chacun de ses trois systèmes deux étages,
comme suit :

Système bolderien.	Nymphéen (lignite du Rhin).
	Marin.
Système rupelien.	Argile schistoïde de Boom.
	Sable jaunâtre.
Système tongrien.	Argile verte de Henis.
	Sable glauconifère de Lethen.

Quant au système bolderien, les dépôts dont il se compose en Belgique et dans lesquels Dumont ne voyait que les représentants de son étage marin, doivent rentrer en partie dans le système rupelien et en partie aussi probablement dans le terrain quaternaire. Et, en effet, le conglomérat fossilifère du Bolderberg, avec sa faune si voisine de celle de nos sables miocènes d'Edeghem, paraît bien représenter le cordon littoral d'une plage marine quaternaire avec éléments remaniés de ces dépôts miocènes.

Les sables blancs fins, pailletés, sans fossiles qui se montrent immédiatement sous ce conglomérat fossilifère, se lient intimement aux argiles du Rupel dont ils ne semblent guère pouvoir être séparés, comme on le verra plus loin.

En 1852, sir Ch. Lyell proposa un nouveau classement des couches tertiaires formant les systèmes tongrien et rupelien du Limbourg.

Il les envisagea comme constituant, sous le rapport paléontologique, trois groupes dont l'inférieur (Tongrien inférieur) et le supérieur (Rupelien supérieur), tous deux marins, avaient plus de rapports entre eux qu'avec le groupe moyen ; ce dernier étant fluvio-marin et se composant du Tongrien supérieur et du Rupelien inférieur dont les faunes sont si voisines qu'on peut à peine les distinguer l'une de l'autre par leurs fossiles.

MM. Ortlieb et Dollfus, en rendant compte de l'excursion de la Société Malacologique à Tongres en mai 1873, sont arrivés à des conclusions analogues par des considérations très-ingénieuses qui indiquaient un nouveau mode d'interprétation pour une partie de nos terrains tertiaires.

Ces géologues furent les premiers à distinguer dans nos dépôts tongriens et rupeliens du Limbourg, qu'ils réunirent sous le nom d'Oligocène, des dépôts de lagunes (sables fossilifères) et des sables de dunes subordonnés à ces dépôts.

Les grands travaux qui ont été exécutés dans ces derniers temps pour la construction du chemin de fer de Tongres à Saint-Trond ont mis au jour, dans de profondes et remarquables tranchées, la série presque complète des dépôts oligocènes du Limbourg, depuis le sable de Vliermael à *Ostrea ventilabrum* jusques et y compris le sable blanc pailleté du Bolderberg.

On a pu constater qu'il n'existe pas de ligne de démarcation bien tranchée entre tous ces dépôts et qu'en général ils passent même de l'un à l'autre par transitions insensibles. Il faut en excepter cependant la ligne de contact bien nette qui sépare, notamment dans la grande et belle tranchée au N. de Tongres, l'argile de Henis (Tongrien supérieur) des sables de Neerrepen (Tongrien inférieur).

Je rappellerai à cette occasion qu'en me ralliant aux conclusions du Mémoire de MM. Ortlieb et Dollfus en 1873, je faisais remarquer que la présence du dépôt de gravier et de cailloux roulés de la base des sables rupeliens n'avait pas encore été signalée lorsque ces sables sont en contact avec l'argile tongrienne ou argile de Henis.

Il semble donc que cette argile remplace en quelque sorte le gravier et doit être considéré, de même que ce dernier, comme la base d'un groupe entièrement distinct du Tongrien proprement dit. C'est pour cette raison et par suite des considérations qui précèdent que MM. Rutot et Vanden Broeck ont proposé de ne plus laisser subsister dans le Tongrien que les sables de l'étage inférieur correspondants à l'Oligocène inférieur des Allemands et de ranger l'argile de Henis et les sables du Bolderberg respectivement à la base et à la partie supérieure du Rupelien, comme le montre le tableau suivant :

NOUVELLE CLASSIFICATION.	DIVISIONS DE DUMONT.
Oligocène — moyen. — supérieur. . . . . . Manque.	
Rupelien. — marin. { Sables blancs du Bolderberg.	Système bolderien.
Argile de Boom et argile à Nucules de Bergh. . . .	Système rupelien supérieur et inférieur (pars).
Rupelien. — fluvio-marin. { Sables à Cérithes de Vieux-Jonc et sables à Pétoncles de Bergh	Système rupelien inférieur (pars).
Argile de Henis.	Système tongrien supérieur.
Oligocène — inférieur. — Tongrien . . . { Sables de Neerrepen. . . . / Sables de Grimmertingen. . }	} Système tongrien inférieur.

SYSTÈME TONGRIEN.

—

SYNONYMIE : Système tongrien inférieur du Limbourg (Dumont 1849). — Sables de Vliermael
à *Ostrea ventilabrum* de d'Omalius et sables de Neerrepen de MM. Ortlieb et Dollfus.

Roches.

Le système tongrien, tel qu'il est ici délimité, comprend les dépôts que Dumont range dans l'étage inférieur de son système tongrien, si l'on en excepte, toutefois, ceux qui, comme l'argile glauconifère, doivent maintenant rentrer dans le nouveau système wemmelien.

Ces dépôts s'observent principalement aux environs de Tongres ; ils commencent par un gravier surmonté de sables fins, très-argileux, glauconifères et très-fossilifères.

A mesure qu'on s'élève, les sables deviennent moins argileux, toujours fossilifères et, vers le haut, ils sont souvent agglutinés par de la limonite et se terminent par un niveau coquiller dans lequel se remarquent des valves dépareillées, roulées ou brisés de Lamellibranches et qui éveille à l'esprit l'idée d'un cordon littoral.

Au-dessus de ce dernier, dépourvu de gravier, se développent des sables blanchâtres, plus grossiers, meubles, généralement non stratifiés, prenant parfois une teinte chocolatée sous l'influence de matières ligniteuses et qui paraissent entièrement dépourvus de fossiles.

C'est à cause de ces caractères que MM. Ortlieb et Dollfus ont proposé de les regarder comme formant un dépôt de dune, sous le nom de « sables de Neerrepen », les sables fossilifères sous-jacents représentant le dépôt littoral.

Fossiles.

Le système tongrien renferme une faune exclusivement marine. Ses nombreux fossiles se rencontrent principalement aux environs de Tongres : à Vliermael, à Lethen, à Smeermaas, à Lilliers, à Hoesselt et à Grimmertingen.

Ces dépôts fossilifères ne sont que la continuation en Belgique de l'Oligocène inférieur de l'Allemagne, ou système marin d'Egeln ; ils correspondent à la partie supérieure du gypse et des marnes gypseuses de Montmartre, dans le bassin de Paris, ainsi qu'à la série de Headon en Angleterre.

Les sables tongriens s'étendent dans le Limbourg sur les dépôts Superposition. éocènes heersiens et landeniens (puits artésien de Hasselt) et dans la province de Liége sur la craie. Les petits lambeaux de sables tongriens dont MM. Briart et Cornet ont signalé l'existence sur les plateaux de Herve, paraissent aussi reposer sur la craie.

Ils sont recouverts, en de certains points très-localisés, par les couches argileuses fluvio-marines qui servent de substratum aux sables fossilifères fluvio-marins.

Le système tongrien ne présente guère qu'une épaisseur de 5 à Puissance. 6 mètres dans ses affleurements ; mais comme on le verra ci-après, page 260, il atteint plus de 21 mètres au puits artésien de Hasselt.

SYSTÈME RUPELIEN.

Comme on a pu le voir par le tableau ci-dessus, page 249, le système rupelien, tel qu'on le comprend maintenant, correspond à l'Oligocène moyen des Allemands. Il se compose toujours des deux étages qu'y a distingués Dumont, avec cette différence que l'argile de Henis est réunie à l'étage inférieur ou fluvio-marin et les sables du Bolderberg à l'étage supérieur ou marin.

ÉTAGE INFÉRIEUR OU FLUVIO-MARIN.

SYNONYMIE : Systèmes tongrien supérieur et rupelien inférieur du Limbourg (Dumont, 1849). Marnes de Henis et sables de Klein-Spauwen de d'Omalius.

Le Rupelien inférieur ou fluvio-marin commence par une couche Roches. d'argile verte connue sous le nom d'*argile de Henis*. Cette argile se charge parfois de matière ligniteuse et devient brune ou noire.

Vers le haut, cette argile alterne avec des couches sableuses et finit par passer à un sable plus grossier, fossilifère, qui a reçu les noms de *sables de Klein-Spauwen* (Vieux-Jonc) et de *sables de Bergh* suivant les localités où il a été observé.

L'argile de Henis renferme de petits cristaux de gypse (Dewalque) et M. l'ingénieur Julien m'a remis un petit échantillon de sperkise provenant de l'argile rupelienne de la tranchée, figure 45.

Fossiles. La faune de ces dépôts est fluvio-marine comme l'annonçait du reste la présence de matières ligniteuses dans l'argile de Henis.

Elle se compose à la fois d'espèces terrestres, des genres *Cyclostoma*, *Succinea* et *Pupa*; d'espèces fluviatiles, des genres *Lymnœa*, *Planorbis* èt *Neritina*; et d'espèces d'estuaire, des genres *Cerithium*, section des *Potamides*, *Melania*, *Bithynia* et *Cyrena*, qui sont mêlées à des espèces marines.

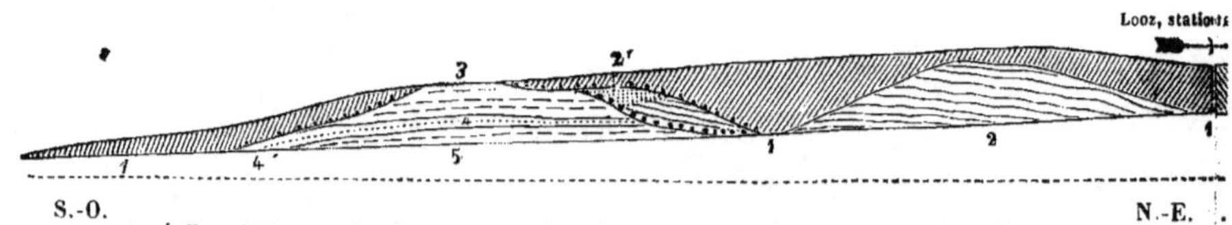

Fig. 45. — *Coupe prise dans la tranchée à l'O. de la station de Looz.*

Coupe inédite relevée par l'auteur en octobre 1878.

Quaternaire . . .	1. Limon brun ou terre à briques. (Limon hesbayen.)
	2. Dépôt limoneux stratifié avec menus débris de coquilles disséminés et petites concrétions calcaires, surtout dans les parties sableuses. Ce dépôt présente des couches de cailloux de silex roulés atteignant jusqu'à 1 mètre d'épaisseur.
	Il renferme par places des sables blanc et jaune (2') et se présente le plus fréquemment sous la forme de marne ou d'argile sableuse pâle, *Rosse marne*.
Rupelien fluvio-marin . . .	3. Argile verte tirant sur le noir et renfermant des parties ferrugineuses jaune-brunâtre.
	4. Sables blanc et jaune devenant ferrugineux, brun-jaunâtre et se durcissant au contact de l'argile verte sous-jacente.
	4'. Idem, interstratifiés d'argile bleue en couches ondulées.
	5. Argile verte tachetée de jaune, passant à la marne.

Il est à remarquer que l'argile verte de Henis ne renferme pas de fossiles à proprement parler.

Ce n'est que lorsqu'elle alterne avec des sables, comme le montre la coupe, figure 45, qu'on commence à rencontrer les coquilles ci-dessus mentionnées et encore ne paraissent-elles pas être *in situ* dans l'argile.

La faune du Rupelien inférieur ou fluvio-marin varie quelque peu suivant les localités où on l'observe. C'est ainsi qu'à Vieux-Jonc, par exemple, elle est saumâtre et identique à celle qu'on vient de voir dans les alternances de sables et d'argile de Henis. A Bergh, au contraire, on trouve avec les espèces d'eau saumâtre, des espèces purement marines se rapportant aux genres *Pectunculus*, *Pleurotoma*, *Lucina*, *Cyprina*, etc.

L'argile de Henis correspond, en Allemagne, aux argiles vertes à Cyrènes du bassin de Mayence et peut-être aussi aux lignites du Rhin que Dumont considérait comme la partie supérieure de son système bolderien. — Synchronisme.

En Angleterre elle paraît être représentée par la marne verte de la série de Bembridge et dans le bassin de Paris par les marnes vertes supérieures au gypse de Montmartre.

Quant aux sables de Klein-Spauwen qui surmontent l'argile de Henis, on leur donne généralement pour correspondants, en France, le grès de Fontainebleau; en Angleterre, la série de Hempstead et en Allemagne la plupart des couches supérieures aux marnes à Cyrènes du bassin de Mayence.

Les dépôts argilo-sableux fluvio-marins du Rupelien inférieur reposent généralement sur le sable de Neerrepen du Tongrien qu'ils paraissent raviner, comme le montre la coupe de la grande tranchée au N. de Tongres sur la nouvelle ligne de Tongres à Saint-Trond, qu'on trouvera plus loin au chapitre IV. — Superposition.

Ils sont surmontés par l'argile à *septaria* ou par l'argile à Nucules du Rupelien supérieur ou marin.

La coupe, figure 46, des tranchées de Kerniel, au N.-E. de Looz, sur la nouvelle ligne de Tongres à Saint-Trond, montre bien cette superposition. Cette coupe, relevée par MM. Rutot et Vanden Broeck (*Ann. de la Soc. géol. de Belgique*, t. V, pl. 4), présente la succession suivante de haut en bas :

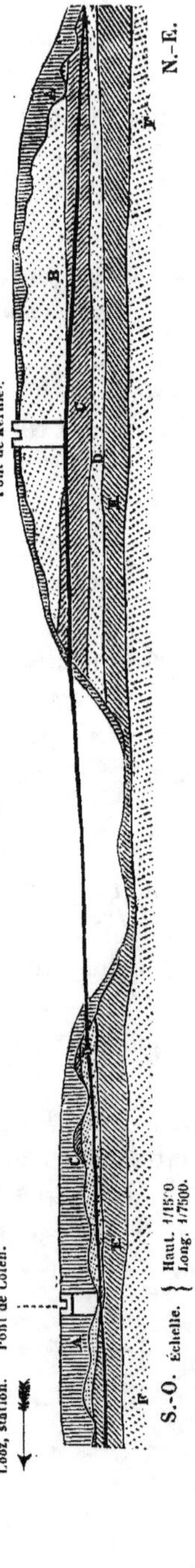

N.-E.
Pont de Kerniel.
Pont de Colen.
Looz, station.
S.-O.
Échelle. { Haut. 1/1500.
Long. 1/7500.

FIG. 46. — *Coupe des tranchées de Kerniel au N.-E. de Looz.*

Coupe des tranchées de Kerniel au N.-E. de Looz.
(FIG. 46.)

A. Ensemble de l'*ergeron* et de son dérivé par altération, le *limon*, avec lit de cailloux à la base, ravinant les assises sous-jacentes. En certains endroits, le Diluvium ancien se montre également sous l'ergeron.

B. Sables blancs du Bolderberg.

> Sable blanchâtre, assez gros vers le haut, devenant plus fin et micacé en descendant, sans fossiles et passant insensiblement à la couche suivante . . . . 7 mètres.

C. Argile à *Nucula Lyelliana* de Bergh.

> Argile sableuse, grise, foncée, micacée, renfermant une grande quantité de *Nucula Lyelliana*, Bosq. . . . 4 à 5 mètres.

D. L'argile précédente passe assez brusquement, mais sans ravinement ni gravier, à des sables jaunâtres à grains assez gros, remplis de débris triturés de coquilles et de coquilles entières, appartenant à la fois aux faunes de Klein-Spauwen (Vieux-Jonc) et de Bergh : *Cerithium elegans, C. plicatum*, var. *Galeotti, Cyrena semistriata, Pectunculus obovatus, Pecten Hœninghausi*, etc.

> Tous ces sables représentent donc un même horizon, les différences fauniques dépendent uniquement des conditions locales . . . . 2 à 3 mètres.

E. Les sables fossilifères ci-dessus passent par alternances à l'argile verte de Henis. Celle-ci est pure et compacte vers le bas. Vers le haut elle devient finement sableuse et passe aux sables supérieurs par l'intermédiaire d'un ou deux lits sableux très-coquillers, caractérisés par la présence d'abondantes *Cytherea incrassata*. . . . . . . 3 à 4 mètres.

F. Sables blanchâtres, glauconifères de Neerrepen, nettement séparés de l'argile de Henis qui les surmonte.

Nota. — Lorsque je relevai la coupe de la grande tranchée de Kerniel, en octobre 1878, je pus constater qu'il existe entre les sables B et l'argile C une couche d'épaisseur fort variable de sables blanc et jaune plus ou moins argileux, tenant tout à la fois de B et de C, plus argileux vers le bas et plus sableux vers le haut.

Il y avait donc passage insensible entre l'argile B et les sables C, ce qui concorde parfaitement avec les observations des auteurs précités.

La seule différence que je constate dans la coupe de ces derniers, telle qu'elle est représentée ci-contre et telle que je l'ai relevée moi-même, c'est que la dénudation quaternaire a atteint en plusieurs points les couches inférieures à B, ce que ne montre pas la coupe en question.

Ensuite, il ne m'a pas été donné de constater la superposition des couches inférieures de la coupe, qui n'a été reconnue que dans quelques points situés à un niveau inférieur à la voie ferrée.

Lorsque l'argile de Henis fait défaut on voit, notamment près de Louvain, comme le montre la coupe, figure 47, les sables fluvio-marins reposer sur les couches tongriennes, inférieures à cette argile, avec interposition du gravier signalé par Dumont.

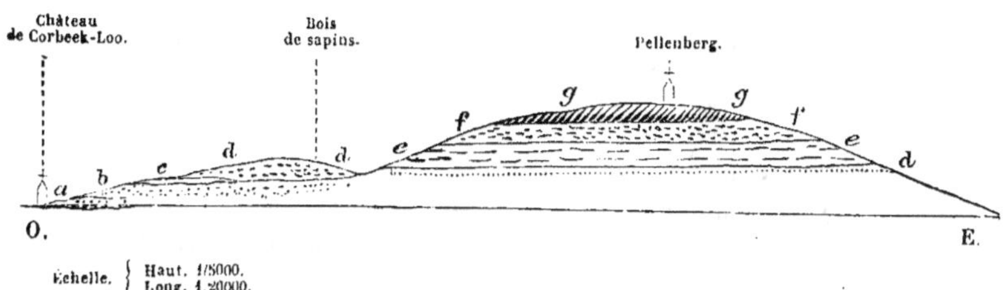

FIG. 47. — *Coupe de la colline du Pellenberg, près de Louvain.*

D'après M. MOURLON, avec le concours de M. de la VALLÉE POUSSIN (*Patria belgica*, t. I, p. 172, f. 18).

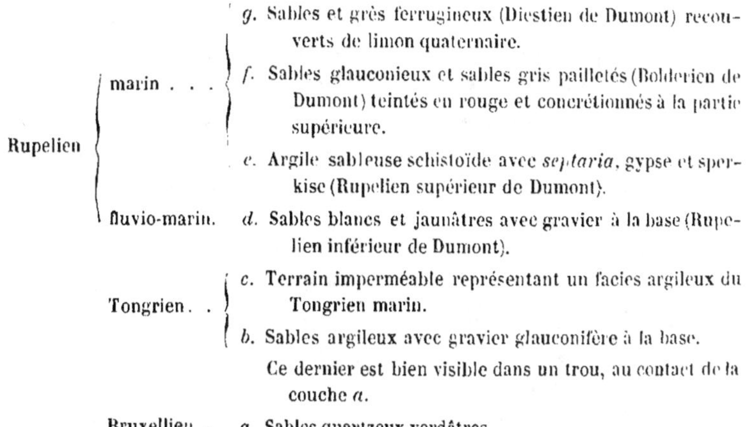

Rupelien

marin . . .

g. Sables et grès ferrugineux (Diestien de Dumont) recouverts de limon quaternaire.

f. Sables glauconieux et sables gris pailletés (Bolderien de Dumont) teintés en rouge et concrétionnés à la partie supérieure.

c. Argile sableuse schistoïde avec *septaria*, gypse et sperkise (Rupelien supérieur de Dumont).

fluvio-marin.

d. Sables blancs et jaunâtres avec gravier à la base (Rupelien inférieur de Dumont).

Tongrien . .

c. Terrain imperméable représentant un faciès argileux du Tongrien marin.

b. Sables argileux avec gravier glauconifère à la base. Ce dernier est bien visible dans un trou, au contact de la couche *a.*

Bruxellien .   *a.* Sables quartzeux verdâtres.

Nota. — **M.** Vanden Broeck vient de reconnaître que les sables et grès ferrugineux *g* de la coupe ci-dessus comprennent, en réalité, deux dépôts distincts, séparés par un lit continu de galets. Le dépôt inférieur se rattache sans aucun doute aux couches sous-jacentes, et c'est donc lui seul qui fait partie du Rupelien supérieur marin.

On verra ci-après que les couches du puits artésien de Hasselt Puissance. rapportées au Rupelien inférieur fluvio-marin ont ensemble 10ᵐ.35.

Usages. L'argile de Henis est employée pour la fabrication des briques, des tuiles et des carreaux ; les sables sont utilisés pour les constructions et le ballast.

ÉTAGE SUPÉRIEUR OU MARIN.

SYNONYMIE : Système rupelien inférieur (pars) et supérieur, et partie du système bolderien de Dumont. — Marnes argileuses de Boom; marnes sableuses à *Nucula Lyelliana* de Bergh et sables du Bolderberg de d'Omalius.

Roches. Le Rupelien supérieur ou marin est principalement constitué par l'argile à *septaria* qu'on exploite à Boom et autres localités des bords du Rupel. Cette argile est souvent sableuse et schistoïde, pailletée de mica et alterne avec du sable très-argileux et glauconifère.

On rapporte maintenant à l'argile de Boom une argile sableuse qui, de même que celle-ci, ne renferme que des fossiles marins dont l'espèce la plus commune est la *Leda* (*Nucula*) *Lyelliana*, Bosq.

Dumont plaçait cette argile dans son système rupelien inférieur et ce fut sir Ch. Lyell qui, le premier, la regarda comme contemporaine de l'argile de Boom dont elle ne serait qu'un faciès moins profond.

On a déjà vu par la coupe, figure 46, des tranchées de Kerniel qu'il est impossible de séparer l'argile à Nucules des sables blanc et jaune, parfois très-micacés du Bolderberg. C'est ce qui a porté à réunir ces sables à la série oligocène du Limbourg.

L'argile rupelienne renferme de gros rognons de calcaire argileux (*septaria*), des cristaux de gypse et des traces de lignite organoïde.

Fossiles. Les fossiles de cette argile sont quelquefois pyritisés. On en compte quarante-deux espèces dont l'association semble indiquer qu'elles vivaient dans une mer assez profonde.

Ces fossiles se rencontrent principalement à Boom, Basel, Niel, Schelle, Edeghem, etc., et, en général, dans les briqueteries des bords de l'Escaut et du Rupel ainsi que dans celles de Saint-Nicolas.

Synchronisme. L'argile rupelienne marine des bords du Rupel se retrouve dans le nord de l'Allemagne où elle est connue sous le nom d'argile à septaria (*septarien-thon*).

On lui donne pour équivalent en France, le dépôt lacustre supérieur ou calcaire de la Beauce.

La présence de *septaria* dans l'argile de Boom l'avait fait rapporter d'abord à l'argile de Londres (*London clay*) qui renferme également de ces rognons calcaires. La paléontologie elle-même ne semblait pas s'opposer à cette assimilation et comme le calcaire grossier de Paris et nos sables bruxelliens ont aussi un certain nombre de fossiles semblables à ceux de l'argile de Londres, ils furent considérés comme équivalents. On en tira donc la conséquence que l'argile de Boom était parallèle au calcaire grossier et enfin au système bruxellien, contrairement aux observations qui, dès 1839, avaient amené Dumont à reconnaître que l'argile de Boom était bien supérieure aux sables de Bruxelles.

Comme ces vues furent combattues par des géologues de la valeur de d'Archiac (*Histoire des progrès de la géologie*, t. II, 1re partie, p. 498, 1849), le grand stratigraphe s'attacha à démontrer que l'argile de Boom est non-seulement supérieure au système bruxellien, mais encore aux sables fossilifères du Limbourg.

C'est principalement la coupe d'une carrière située dans la partie occidentale du Predikheerenberg (*Bull. Acad. Belg.*, 1re série, 1850, t. XVIII, 2e part., p. 179), qui lui fournit sa démonstration.

Cette carrière montre, en effet, les sables avec gravier à la base, qu'il rapporte à son Rupelien inférieur, surmontés de l'argile de Boom et reposant sur des sables argileux qu'il rapporte à son Tongrien inférieur.

Enfin, à un niveau inférieur à ces dépôts, Dumont put observer le long de la grande route qui est à peu près horizontale, du grès ferrugineux bruxellien et plus bas encore, dans la tranchée du chemin de fer, pratiquée sous la route et qui aboutit, d'un côté, à la station de Louvain, et, de l'autre, aux étangs de l'abbaye de Parc, le sable à grès fistuleux bruxellien.

On peut facilement constater dans cette tranchée, qui a environ 2,000 mètres de longueur, du S.-S.-E. au N.-N.-O., que le système bruxellien est sensiblement horizontal et, par conséquent, inférieur aux roches de la carrière du *Predikheerenberg*.

Dans une autre coupe située à 600 mètres à l'O. du hameau de Heydcken, commune de Lubbeck, à environ 1 1/2 lieue à l'E. de Louvain, Dumont a eu la bonne fortune de retrouver dans l'argile schistoïde rupelienne les fossiles les plus caractéristiques de l'argile de Boom.

En outre ces argiles schistoïdes recouvrent, de la manière la plus évidente, les sables à pétoncles de Bergh, qui, dans le Limbourg, se montrent au-dessus des argiles vertes à *Cyrena semistriata*.

Dans la coupe d'Heydeken ces sables à pétoncles surmontent les sables d'un brun chocolat clair qui reposent eux-mêmes sur les couches tongriennes.

C'était donc démontrer, même par la paléontologie, la postériorité de l'argile de Boom aux sables de Tongres et de Bruxelles.

Puissance. L'argile de Boom a présenté une épaisseur de $38^m,80$ dans le sondage d'Aertselaer et de $60^m,30$ dans celui de la place Saint-André à Anvers.

Elle se montre aussi très-épaisse dans certaines tuileries des bords de l'Escaut, surtout entre Tamise et Rupelmonde et l'on va voir qu'elle dépasse 34 mètres au puits artésien de Hasselt.

Usages. L'argile rupelienne est utilisée pour la fabrication des tuiles, des tuyaux de drainage, des carreaux de pavement et des briques.

Les concrétions calcaires ou *septaria* sont exploitées pour la fabrication du ciment romain.

Le sable du Bolderberg qui surmonte l'argile à Nucules est utilisé pour les constructions et le ballast.

On a vu ci-dessus, pp. 196 et 202, quelle est la composition des couches éocènes rencontrées dans le puits de Hasselt; voici maintenant quelle est, d'après Dumont, la succession des couches oligocènes qui les surmontent dans ce même puits.

DESCRIPTION DES COUCHES OLIGOCÈNES DU PUITS ARTÉSIEN DE HASSELT.

(D'après Dumont, 1852.)

RUPELIEN SUPÉR. OU MARIN (*Rupelien supér. de Dumont*).

D. Argile verdâtre mêlée de sable ($2^m,15$) surmontée de $9^m,15$ de
dépôts modernes et quaternaires. . . . . $2^m,15$

1. Argile sableuse imperméable à l'eau, composée de grains quartzeux
très-fins dominants, de grains terreux d'un gris sombre, de paillettes blanchâtres, métalloïdes, très-petites et de matière argi-

A REPORTER . . . . . $2^m,15$

Report. . .	2^m,15

leuse, parfois un peu calcareuse, uniformément entremêlés et formant une masse plastique, schistoïde, d'un gris sombre, terne, finement pailletée assez tendre, rude au couper, ne se polissant pas dans la coupure, happant fortement à la langue, se désagrégeant dans l'eau et faisant parfois effervescence dans les acides. Cette argile contient des rognons de calcaire argileux, quartzifère, dur, compacte, à cassure conchoïde, d'un gris clair, terne, dont les grains quartzeux sont peu distincts à l'œil. Un rognon de ce calcaire a été rencontré à 51^m,50 de profondeur. . . . . 28^m,55

2. Argile semblable à la précédente, mais un peu plus sableuse, et d'un gris moins foncé, légèrement verdâtre en sortant du trou de la sonde. Le milieu de cette couche est à peu près au niveau de la mer . . . . 5^m,00

5. Argile semblable à la précédente, mais à grains quartzeux moins fins et ne faisant pas effervescence dans les acides. . . . . . . 0^m,50

———— 54^m,20

Rupelien infér. ou fluvio-marin (*Rupelien infér. de Dumont*).

4. Sable d'un gris verdâtre sombre, à grains quartzeux moyens, anguleux, revêtus d'un enduit vert-grisâtre d'un aspect terne. Ce sable est peu cohérent, très-aquifère; il renferme quelques grains noirâtres non glauconieux, à poussière noire . . . . 4^m,95

5. Cailloux avellanaires et ovulaires aplatis de silex noirâtre, entremêlés de sable grisâtre à grains moyens inégaux, plus gros que dans la couche précédente, et de coquillages parmi lesquels on distingue particulièrement des Pétoncles, des Cérithes, la *Cypricardia Nysti;* on y distingue aussi quelques grains de glauconie. 0^m,50

———— 5^m,45

Rupelien infér. ou fluvio-marin (*Tongrien supér. de Dumont*).

6. Couche dont la partie supérieure consiste en sable très-argileux hétérogène d'un vert grisâtre mêlé de blanchâtre, plastique, rude au couper, ne se polissant pas dans la coupure, faisant effervescence dans les acides, et dont la partie inférieure est une argile compacte, fine, plastique, imperméable, douce au toucher, d'un beau vert terne, se polissant dans la coupure et se désagrégeant dans l'eau . . . . 2^m,45

7. Sable gris blanchâtre, parfaitement meuble, à grains quartzeux moyens, anguleux ou peu arrondis dont la surface est légèrement ternie. Ce sable renferme quelques grains noirâtres, la plupart siliceux, quelques-uns glauconieux, des fragments de coquillages et quelques cailloux de silex. . . . . 0^m,45

A reporter. . . .	2^m,90	39^m,65

Report. . . .   2^m,90   59^m,65

8. Sable gris noirâtre à grains quartzeux un peu plus fins que dans le sable précédent et sali par des matières argileuses et charbonneuses. Ce sable renferme aussi des débris de coquillages . . .   1^m,90

Source d'eau retenue par la couche argileuse suivante :

9. Argile plastique compacte, fine, imperméable, douce au toucher, d'un beau vert terne, qui se polit dans la coupure, se désagrége aisément dans l'eau et renferme des fossiles. On a trouvé sous cette argile un gros rognon de grès pyritifère. . . . .   0^m,10

—————— 4^m,90

Tongrien (*Tongrien inférieur de Dumont*).

10. Sable glauconifère (¹/₁₀) à grains moyens ou demi-fins, meuble ou peu cohérent, d'un beau vert et très-pailleté, dans lequel les grains glauconieux sont réniformes ou arrondis et les grains quartzeux, anguleux ou peu arrondis et colorés en vert, à la surface, par de la glauconie pulvérulente. . . . .   8^m,95

11. Couches alternatives de sable argileux plus ou moins friable, et d'argile sableuse plus ou moins plastique à grains très-fins, glauconifères (¹/₁₀) d'un gris sombre et très-pailletée . . . .   8^m,65

11bis. Trois couches de sables : la première blanchâtre, la deuxième, très-verte, et la troisième d'un vert pâle, d'où une source s'est élevée à 15 mètres de hauteur dans les tubes. (Pas d'échantillons). . . . .   1^m,00

12. Sable glauconifère, légèrement argileux, peu cohérent, friable, d'un vert grisâtre sombre, pailleté, à grains quartzeux moyens, anguleux, ternes à leur surface. . . . .   2^m,90

13. Cailloux avellanaires de silex noirâtre, entremêlés de sable graveleux à grains quartzeux très-inégaux, dont les plus fins sont anguleux et les plus gros arrondis. Cette couche ne renferme que quelques grains de glauconie. . . . .   0^m,45

—————— 21^m,95

Total. . .   66^m,50

TERRAIN MIO-PLIOCÈNE

—

Synonymie : Terrain miocène supérieur de sir Ch. Lyell. — Terrain pliocène diestien de Dumont.

Il existe aux environs d'Anvers, sur les deux rives de l'Escaut, des sables noirs ou grisâtres, parfois verdâtres, très-glauconifères, qui sont recouverts soit par nos sables gris et jaunes-rougeâtres pliocènes, soit par des dépôts post-tertiaires. Ce sont ces sables noirs que Dumont a confondus avec les sables glauconifères de Diest, sous le nom de *système diestien* et qui constituent les *sables inférieurs d'Anvers* de M. Vanden Broeck ainsi que le *système anversien* de MM. Van Ertborn et Cogels. Tandis que certains géologues, se basant principalement sur la faune de ces sables, y voient des représentants du Miocène supérieur, d'autres, au contraire, guidés plutôt par des données stratigraphiques et des considérations géogéniques, en font la partie inférieure du Pliocène.

Cette dernière manière de voir a été surtout bien développée par M. Vanden Broeck dans son *Esquisse géologique et paléontologique des dépôts pliocènes des environs d'Anvers* (1876-1878) et peut se résumer ainsi

« L'élévation du sol dans les contrées qui forment aujourd'hui l'Europe centrale marqua la fin de la période miocène et causa le retrait des eaux qui couvraient ces contrées. Le mouvement d'exhaussement, se continuant pendant la période pliocène, fit successivement reculer les rivages de l'Océan vers des régions de plus en plus occidentales. C'est précisément à partir de ce mouvement de recul vers l'Ouest que commença dans la région N.-O. de l'Europe la période pliocène, et si la faune de ces premiers horizons, qu'à l'exemple de certains géologues, on pourrait peut-être appeler *mio-pliocènes*, offre d'étroites analogies avec la faune miocène proprement dite, cela n'a rien que de très-naturel, puisque la première dérive de la seconde, dont elle ne paraît, du moins dans la partie orientale du bassin, séparée par aucune lacune dans la sédimentation ni par conséquent dans l'évolution faunique. »

Le commencement de la période pliocène serait uniquement marqué pour M. Vanden Broeck, par le déplacement géographique des eaux ou plutôt par la discordance stratigraphique causée par le retrait graduel vers l'O., qui fait que depuis les plaines de l'Allemagne du Nord jusqu'aux limites du bassin pliocène anglais, les couches les plus anciennes sont localisées vers le S.-E. et les plus récentes vers le N.-O.

En attendant que la lumière se fasse complétement sur cette question, il semble que, surtout dans l'état actuel de nos connaissances sur les terrains tertiaires du continent, la préférence doive être accordée à la paléontologie sur l'*accident* stratigraphique. Ce dernier ne s'étend, en effet, qu'à des espaces plus limités que les modifications de la faune et l'évolution de la série animale est évidemment une loi d'ordre bien supérieur dans sa généralité et dans son uniformité à celle d'oscillations du sol ou de régimes modifiés des mers.

La paléontologie nous montre que la faune des sables noirs d'Anvers tient tout à la fois de celles du Pliocène et du Miocène tout en paraissant cependant se rapprocher davantage de la faune miocène; aussi désignerons-nous provisoirement, à l'exemple d'autres géologues, sous le nom de *mio-pliocènes* les sables noirs qui renferment cette faune.

Comme l'indique la Carte géologique, nos sables noirs d'Anvers reposent directement sur les couches rapportées maintenant à l'Oligocène moyen. Il existe donc entre ces dépôts une grande lacune résultant de ce que les couches de l'Oligocène supérieur, si bien développées dans le Nord de l'Allemagne, ainsi que celles de la plus grande partie du Miocène, font défaut en Belgique.

De même aussi, les différences fauniques qui se constatent entre nos sables noirs et nos couches pliocènes témoignent d'un arrêt dans la sédimentation et indiquent, par conséquent, encore une lacune de quelque importance.

Les sables mio-pliocènes d'Anvers ne paraissent pas être représentés en Angleterre, mais ils se retrouvent, avec des caractères minéralogiques et paléontologiques identiques, dans plusieurs provinces centrales de la Hollande ainsi que dans l'Allemagne du Nord. Seulement l'épais manteau quaternaire qui les recouvre dans ces régions ne permet guère d'en constater l'existence qu'à l'aide de sondages.

Les sables mio-pliocènes d'Anvers présentent trois zones distinctes :

la première, qui ne renferme que de rares ossements, est surtout caractérisée par l'abondance de la *Panopæa Menardi;* la deuxième renferme les ossements de Mésocètes ainsi que des bancs épais de *Pectunculus pilosus;* la troisième est le niveau graveleux des ossements d'Hétérocètes, comme je l'ai reconnu en 1876.

OBSERVATION.—La zone à *Panopæa Menardi* a toujours été regardée comme étant plus ancienne que celle à *Pectunculus pilosus*, mais c'est uniquement d'après des considérations paléontologiques.

Ce n'est que tout récemment que M. Vanden Broeck, mettant à profit les grands travaux qui s'exécutent en ce moment pour la confection des nouveaux murs de quai de l'Escaut, a pu constater la superposition des sables à Pétoncles sur les sables à Panopées, en descendant à l'aide d'un appareil à air comprimé jusqu'à 4 mètres en contre-bas du lit de l'Escaut, soit à plus de 16 mètres sous sa surface.

SABLES A *PANOPÆA MENARDI*.

En creusant, il y a quelques années, à Edeghem, pour établir une briqueterie, on découvrit un dépôt fossilifère dont M. Nyst fit connaître la remarquable faune en 1861.

Ce dépôt est formé de sables grisâtres, légèrement argileux, et renferme une grande quantité de coquilles dont l'une des plus abondantes est la *Panopæa Menardi*, qui se présente généralement avec ses deux valves réunies et dans la position verticale ou de croissance. Vers le bas, le sable est très-argileux au contact de l'argile oligocène sous-jacente et commence par un lit de gravier noir avec petits cailloux et fragments roulés de blocs de *septaria*. Ceux-ci sont souvent perforés de mollusques lithophages tels que des Modioles, des Saxicaves et des Pholades (*Pholadidea papyracea*). On constate aussi sur ces mêmes blocs des perforations probablement dues à des Annélides et qui sont remplies par le sable glauconifère à Panopées.

M. Nyst nous apprend que c'est dans les sables d'Edeghem qu'a été recueilli le bloc de succin offert par M. de Page à la Société paléontologique d'Anvers.

Parmi les cent cinquante-deux espèces de coquilles que mentionne

M. Nyst dans les sables d'Edeghem, on peut citer parmi les plus abondantes :

Murex Nysti.	*Saxicava arctica.*
Fusus sexcostatus.	*Corbula striata.*
— *Rothi.*	*Venus multilamella.*
Conus Dujardini.	*Cardium subturgidum.*
Ancillaria obsoleta.	*Lucina borealis.*
Pleurotoma interrupta.	*Astarte radiata.*
Chenopus pes-pelecani.	*Cardita intermedia.*
Dentalium costatum.	*Arca latesulcata.*
Panopœa Menardi.	*Pecten tigrinus.*

Les débris d'ossements paraissent être très-rares dans ces sables
coquilliers ; on ne cite guère que quelques vertèbres de Dauphins et
une espèce de cétacé ziphioïde (*Placoziphius Duboisii*) qui a été rencontrée aussi en 1862 dans les sables noirs du canal d'Hérenthals.

Les grands travaux militaires qui ont été exécutés dans ces derniers
temps au Kiel, au S. d'Anvers, entre la route de Boom et l'Escaut, ont
mis à découvert la zone d'Edeghem avec tous ses fossiles caractéristiques.

Celle-ci s'observe également sur la rive gauche de l'Escaut, au nouveau fort en construction de Cruybeke et dans les briqueteries de
Burght.

En ce dernier point, on observe, à la partie supérieure des sables à
Panopées, des graviers qui, d'abord rares, finissent par former un banc
continu analogue à celui qui, comme on le verra plus loin, recouvre
généralement partout les sables noirs à Pétoncles et qu'on peut regarder, avec M. Vanden Broeck, comme représentant un gravier d'émersion.

Les derniers sondages effectués par MM. Van Ertborn et Cogels
montrent que la zone des sables à Panopées a, sur la rive droite, une
plus grande extension qu'on ne le supposait auparavant.

D'autre part on sait qu'ils se poursuivent vers le N. jusque dans
la Gueldre, où des forages en ont décelé la présence et permis d'y
recueillir de nombreux fossiles, notamment à Rekken, près d'Eibergen,
et à Giffel, près de Winterswyck.

Synchronisme. En appelant l'attention sur les rapports fauniques que présente la faune d'Edeghem avec celle du conglomérat fossilifère du Bolderberg ainsi qu'avec celle des sables noirs à Pétoncles, qui seront étudiés plus loin, M. Nyst fait remarquer qu'elle a plus d'analogie avec celle de l'étage falunien B des environs de Bordeaux, du Piémont, de la Sicile et de l'Autriche qu'avec celle de nos dépôts pliocènes.

Les sables à *Panopœa Menardi* reposent, partout où ils ont pu être observés jusqu'ici, sur l'argile rupelienne de l'Oligocène moyen, au contact de laquelle ils présentent, partout aussi, un lit de cailloux roulés avec blocs de *septaria* remaniés, arrondis et souvent criblés de trous de Pholades, etc. Superposition.

Ces sables sont surmontés en de certains points, comme on l'a vu ci-dessus, page 263, par les sables noirs à Pétoncles, mais ce sont généralement des dépôts post-tertiaires qui le recouvrent. C'est ainsi qu'au Kiel, par exemple, ils s'observent au contact d'un amas coquillier quaternaire renfermant des ossements d'Éléphant et de Rhinocéros.

Les sables à Panopées n'ont que quelques mètres d'épaisseur aux environs d'Anvers. Puissance.

SABLES A *PECTUNCULUS PILOSUS*.

Dans tout le sous-sol de la ville d'Anvers et particulièrement au nouveau bassin de batelage (quartier du Sud), au fossé capital de l'Enceinte, notamment aux portes de Berchem et de Borsbeek, ainsi qu'à l'ancien fort d'Hérenthals, etc., on observe des sables moins argileux que ceux d'Edeghem, mais auxquels la glauconie, toujours plus abondante et en grains plus gros, donne une teinte noirâtre foncée d'où est venu le nom de « sables noirs. » Ces sables sont très-fossilifères et renferment quantité de coquilles, dont le *Pectunculus pilosus* constitue souvent à lui seul des bancs variant de $0^m,50$ à $0^m,80$ d'épaisseur. On peut citer parmi les espèces les plus communes : Roches
et fossiles.

Ficula condita.	*Cardium subturgidum.*
Turritella subangulata.	*Lucina borealis.*
Corbula striata.	*Astarte radiata.*
Scrobicularia prismatica.	*Arca diluvii.*
Saxicava arctica.	*Pectunculus pilosus.*
Venus multilamella.	*Nucula Haesendoncki.*

De nombreux ossements de Mésocètes, de Ziphius et de Dauphins ont été recueillis dans les sables noirs, surtout à Vieux-Dieu (Moortsel) et à Berchem et n'ont été rencontrés qu'à ce niveau jusqu'ici.

Synchronisme. La présence des coquilles ci-dessus mentionnées et d'autres encore, telles que l'*Ostrea navicularis*, etc., dans les sables noirs, font regarder ces derniers, par les paléontologistes, comme un des termes de la série des *faluns* et par conséquent de la partie supérieure du Miocène.

Superposition. Les sables noirs à Pétoncles reposent sur les sables à Panopées et probablement aussi sur l'argile oligocène rupelienne lorsque ces derniers font défaut; ils sont généralement surmontés par les sables graveleux d'émersion qui les séparent soit des sables pliocènes à *Isocardia cor* comme aux Bassins, soit des sables à Bryozoaires comme à l'Enceinte ou des dépôts post-tertiaires comme au bassin de batelage.

Sables de Diest. Les sables de Diest, qui ont servi de type à Dumont pour la création de son système diestien, sont très-glauconifères, et passent au sable et au grès ferrugineux par altération de la limonite due aux infiltrations des eaux météoriques, ce qui explique la teinte rougeâtre qui affecte si souvent les roches diestiennes. Ils présentent fréquemment une fausse stratification due à la même cause et qui se manifeste par la disposition oblique des plaquettes de grès.

On a vu plus haut que Dumont a rapporté à son système diestien des dépôts qui doivent rentrer soit dans l'Éocène supérieur, wemmelien, soit encore, comme le montre la coupe du Pellenberg figure 47, dans l'Oligocène et dans le Quaternaire. Quant aux sables de Diest proprement dits, il serait difficile, au moins quant à présent, de déterminer leur âge relatif exact.

Je rappellerai seulement que M. Gosselet, en rendant compte d'une course qu'il fit aux environs d'Anvers, avec ses élèves de la Faculté des sciences de Lille, insiste sur la grande analogie que présentent les sables glauconieux qui surmontent les marnes rupeliennes dans les briqueteries de Tamise et de Rupelmonde, avec ce que l'on appelle les sables de Diest dans les collines de la Flandre (1875).

De mon côté j'ai signalé, presque simultanément, dans une note à l'Académie, la grande ressemblance des sables glauconieux des bords de l'Escaut avec les sables de Deurne, qui ont une teinte gris-cendré

. . toute particulière, et que j'indique sur mes coupes comme se trouvant entre les sables noirs à Pétoncles et les sables graveleux à Hétérocètes (*Bull. Acad. Belg.*, t. XLII, pl. I, fig. 3, nº 5').

Lorsque je visitai en 1875, avec M. le Dʳ Van Raemdonck, les briqueteries de Steengelagen, hameau de la commune de Basel, sur la rive gauche de l'Escaut, entre Tamise et Rupelmonde, je pus constater sur une longueur de plusieurs centaines de mètres, la succession suivante de haut en bas :

Coupe de Steengelagen (entre Tamise et Rupelmonde).

	1. Alluvions 1ᵐ,00	
Post-tertiaire.	2. Sable argileux passant à l'argile et connue sous le nom de *leem* par les ouvriers; il a un aspect remanié et on en fait quelquefois des briques 1ᵐ,00	
	3. Sable jaunâtre ferrugineux renfermant de rares petits cailloux blancs et noirs et auquel des traces de limonite donnent un aspect remanié 0ᵐ,60	
	4. Sable grisâtre, nuancé de jaunâtre et zoné de glauconie vers le bas. 1ᵐ,50	
	5. Cailloux roulés avec débris de *septaria*, d'ossements et de coquilles brisées et roulées, ainsi que de concrétions ferrugineuses avec moules de coquilles comme celles de l'amas coquillier de Berchem. Cette couche ravine le sable sous-jacent 0ᵐ,40	
Sables de Diest ?	6. Sable gris-cendré, glauconifère, avec taches ferrugineuses dans la masse et moucheté comme à Deurne. Ce sable devient parfois jaune brunâtre à la partie supérieure, au contact de la couche de cailloux nº 5 . . . . 2ᵐ,40	
	7. Débris d'ossements et de cailloux roulés teintés en gris bleuâtre par la marne argileuse sous-jacente.	
Oligocène rupelien marin.	8. Marne argileuse de Boom exploitée sur une épaisseur de 30 mètres et renfermant des bancs discontinus de grandes concrétions ovales, aplaties de calcaire argileux (*septaria*) recouvertes de petits cristaux de pyrite octaédrique irisée et atteignant jusqu'à 2 mètres de diamètre.	

Le grès ferrugineux des sables de Diest est utilisé comme pierre de construction dans la Campine. On exploite aussi le minerai de fer très-quartzeux des mêmes sables.

Il est à remarquer que la plus grande partie de ce minerai a été remaniée à l'époque quaternaire.

On a signalé les sables de Diest en Angleterre dans le Kent, où ils couronnent les Downs du N., entre Folkestone et Dorking, à Padlesworth, à Lenham près de Maidstone, etc.

SABLES GRAVELEUX A HÉTÉROCÈTES.

Roches et fossiles. Les sables noirs à Pétoncles sont généralement surmontés par une couche de sable le plus souvent verdâtre par altération et renfermant de petits cailloux blancs et noirs translucides. Ce sable graveleux est surtout caractérisé par un groupe de cétacés remarquables par l'allongement excessif de la tête, que M. Van Beneden a rapportés au genre *Cetotherium* et auquel il avait donné d'abord le nom d'*Heterocetus* qu'il reprend aujourd'hui.

Avec ces débris d'Hétérocètes, j'ai recueilli des dents de poissons se rapportant à l'*Oxyrhina hastalis*, un fragment de vertèbre de *Carcharodon megalodon* ainsi que les restes de Phoque (*Monatherium aberratum*) et un certain nombre de coquilles telles que : *Ostrea navicularis, Pecten Caillaudi, P. Duwelzi*, etc., qui se retrouvent également et plus abondamment dans les sables noirs sous-jacents.

Superposition. Les sables graveleux ont été surtout bien étudiés au S.-E. de l'Enceinte, à Berchem et à Deurne où ils sont surmontés par un lit de concrétions à Bryozoaires et à Térébratules représentant bien, comme l'a indiqué M. Vanden Broeck, un mince dépôt littoral de la mer pliocène.

On rapporte aux sables à Hétérocètes les sables graveleux qui ont été observés au bassin du Kattendyck entre le sable noir et le sable gris pliocène.

La présence des mêmes sables graveleux a pu également être constatée sur toute la moitié S. du bassin de batelage en construction, où ils étaient tantôt en place et tantôt à l'état remanié à la base du Quaternaire. Tous ces sables graveleux présentent donc bien des caractères minéralogiques, paléontologiques et stratigraphiques permettant d'y voir, comme je l'ai reconnu en 1876, une zone spéciale, représentant pour M. Vanden Broeck la phase d'émersion de nos dépôts miopliocènes. On a vu plus haut, page 264, qu'un gravier d'émersion surmonte les sables à Panopées, mais il n'a été observé qu'en des points où les sables à Pétoncles ne reposent pas sur ces derniers.

Toutefois il est probable que ce gravier d'émersion se retrouve sous les sables à Pétoncles, bien que l'observation directe n'en ait pas encore été faite.

Si l'existence de ce double gravier d'émersion se confirme, il y aurait lieu d'établir une distinction importante entre les deux grands horizons de nos sables mio-pliocènes.

La coupe, figure 48, prise à Berchem-lez-Anvers sur la contrescarpe du fossé capital de l'Enceinte donnera la composition détaillée des sables graveleux ainsi que des sables noirs qu'ils recouvrent et des couches pliocènes et post-tertiaires qui les surmontent.

FIG. 48. — *Coupe de Berchem-lez-Anvers.*

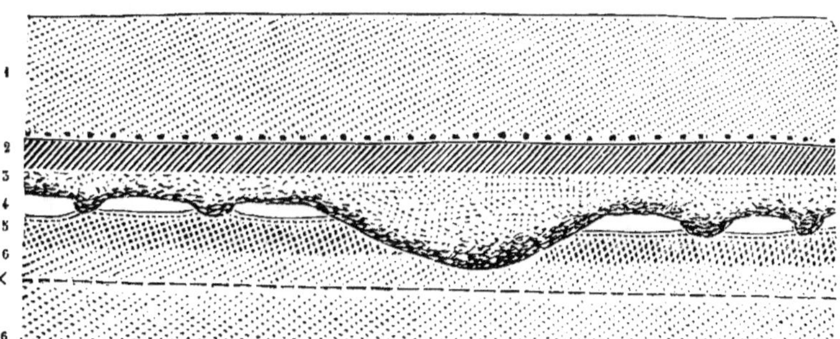

Échelle des hauteurs : 1/100.

D'après M. MOURLON (*Bull. de l'Acad. roy. de Belgique,* 2e série, t. XLII, 1876, fig. 1 et 2).

DÉPOTS QUATERNAIRES.

1. Sables campiniens blancs et jaunes, parfois orangés, surmontés de terrains rapportés et renfermant à la base un lit mince de petits cailloux roulés et anguleux, opaques et translucides avec quelques menus fragments de concrétions ferrugineuses.

2. Sable argileux traversé de petites veines et de petites lentilles de glauconie, devenant souvent grisâtre et passant à l'argile surtout vers le bas où il renferme de nombreux petits cailloux roulés blancs et noirs qui se confondent avec ceux de l'amas coquillier sous-jacent.

3. Amas de coquilles tertiaires dans un sable jaunâtre renfermant, surtout au contact de la couche n° 4, de nombreux petits cailloux blancs et noirs, opaques et translucides,

des cailloux roulés plus volumineux, des débris d'ossements roulés, des moules de coquilles concrétionnés et fortement roulés. Les coquilles dont se compose l'amas sont généralement brisées, mais on y observe, néanmoins, des Lamellibranches avec leurs deux valves réunies et quelques Gastéropodes entiers.

Vers le bas, l'amas coquillier passe fréquemment à un sable verdâtre qui n'est autre que le sable n° 5 remanié et qui se confond pour ainsi dire avec ce dernier lorsque le lit de concrétions n° 4 n'est pas bien apparent. J'ai recueilli dans l'amas coquillier onze vertèbres de *Plesiocetus minor* dans leur position normale; un maxillaire roulé de *Plesiocetus Garopii* ainsi que des débris de *Plesiocetus minor*, deux vertèbres roulées paraissant appartenir à des espèces différentes de *Delphinus*, des dents d'*Oxyrhina trigonodon*, d'*O. Wilsoni* et les différentes espèces de coquilles que voici :

Nassa labiosa.	*Cardium decorticatum?*
Turritella incrassata.	— *Parkinsoni?*
Voluta Lamberti.	*Cyprina rustica,* cc.
Natica varians.	— *Islandica,* cc.
— *cirriformis.*	*Astarte Burtini.*
Ostrea ungulata, cc.	— *incerta,* c.
— *edulis.*	— *Omaliusi.*
Pecten grandis, c.	— *triquetra,* rr.
— *complanatus,* r.	*Venus casina.*
— *opercularis.*	— *turgida,* r.
— *pusio.*	*Corbula striata,* cc.
Pectunculus glycimeris.	

L'amas coquillier ravine parfois notablement les couches sous-jacentes. Au point où le ravinement atteint sur la coupe jusqu'à la couche n° 6, l'amas, dont les coquilles sont plus brisées qu'habituellement et pressées les unes contre les autres, prend une teinte grisâtre qui rappelle tout à fait l'amas coquillier quaternaire du Kiel mentionné ci-dessus, page 265.

En outre, la collection du Musée renferme un fragment de défense d'*Elephas*, recouvert en un point de petits cailloux et d'une valve rougeâtre d'*Astarte incerta,* que M. de Pauw recueillit en 1867 près d'un batardeau du fossé capital, non loin de la coupe, figure 48. De mon côté, j'ai recueilli en 1874, à Berchem, sur la contrescarpe du fossé capital, un fragment de cubitus gauche d'*Elephas*, recouvert de sable jaune-rougeâtre.

Tous ces faits semblent bien assigner une origine quaternaire, sinon à tout l'amas coquillier de l'Enceinte, au moins à une partie de ce dernier.

DÉPOT LITTORAL PLIOCÈNE.

4. Lit de concrétions sableuses, argilo-calcaires, jaunâtres, pétries de Térébratules (*Terebratula grandis*), avec leurs deux valves réunies. Ces Térébratules sont recouvertes parfois de Bryozoaires et remplies par les mêmes concrétions dans lesquelles s'observent de nombreux Ptéropodes (*Spirialis rostralis*).

Ces concrétions jaunâtres alternent quelquefois avec d'autres concrétions plus calcaires et plus glauconieuses ayant une teinte gris-blanchâtre et devenant parfois tout à fait blanche par altération.

Ces dernières concrétions sont généralement très-fossilifères et renferment une faune particulière composée d'individus de petite taille peu déterminables à cause de leur friabilité et aussi de leur caractère propre. Ce sont principalement, d'après les déterminations de M. Nyst, des coquilles se rapportant aux genres : *Natica, Niso?, Trochus?, Solarium, Tornatella, Scaphander, Cylichna, Lacuna, Cardium, Astarte?, Pecten, Solen,* ainsi qu'aux espèces suivantes :

Ringicula buccinea?	*Saxicava arctica.*
Spirialis rostralis.	*Pecten pes-lutræ.*
Isocardia lunulata?	*Lyonsia obovata.*
Ligula prismatica?	*Valvatina umbilicata.*
Modiola phaseolina, cc.	*Lingula Dumortieri.*

J'ai encore recueilli à ce niveau des débris d'Oursins, de Serpule et d'Éponge.

SABLES MIO-PLIOCÈNES GRAVELEUX A HÉTÉROCÈTES.

5. Sable vert glauconieux avec petits cailloux blancs et noirs, souvent translucides, présentant à la partie supérieure et presque au contact de la couche n° 4, un lit de coquilles devenues blanchâtres par altération.

Parmi ces coquilles, il en est d'origine pliocène, telle que *Isocardia cor* et peut-être aussi la *Cardita senilis,* etc., tandis que d'autres, comme la *Terebratula grandis* et le *Pecten pes-lutræ* (P. Danicus), pourraient peut-être se rapporter à la couche à Bryozoaires n° 4 et que la plus grande partie semblent être en place à ce niveau. Du nombre de ces dernières sont : *Ostrea navicularis, Pecten Caillaudi, P. Duwelzi, Isocardia lunulata,* etc.

En un point de la coupe, mes recherches ont mis à découvert un crâne de cétacé qui était intercalé au milieu des concrétions de la couche n° 4. La partie supérieure de ce crâne était usée, ce qui le faisait ressembler aux débris d'ossements roulés de l'amas coquillier qui s'observent fréquemment à ce niveau. Aussi quelle n'a pas été ma surprise lorsqu'en poursuivant ces recherches il fut retrouvé, en place et sous les concrétions, le squelette presque entier se rapportant au crâne en question. Il y avait une caisse tympanique, une omoplate, un atlas et neuf vertèbres et fragments de côtes de l'*Heterocetus affinis,* Van Ben.

J'ai recueilli aussi trois dents d'*Oxyrhina hastalis* avec ces débris d'Hétérocètes.

En d'autres points de la coupe, mais toujours au même niveau, sous les concrétions de la couche n° 4, il fut recueilli six vertèbres dorsales avec côtes et une phalange de l'*Heterocetus Burtini,* Van Ben.; un atlas avec fragments de crâne, d'humérus et d'omoplate de l'*Heterocetus dubius* ainsi qu'un fragment d'humérus de Phoque se rapportant au *Monatherium aberratum,* Van Ben., et un fragment de vertèbre de *Carcharodon megalodon.*

SABLES MIO-PLIOCÈNES A *Pectunculus pilosus*.

6. Sable vert devenant de plus en plus foncé à mesure qu'on approche du niveau d'eau du fossé; il prend alors la teinte particulière qui lui a fait donner le nom de « sable noir. »

Cette assise sableuse est traversée de lits coquilliers variant de 0^m,15 à 0^m,20 d'épaisseur.

Le niveau coquillier supérieur est formé de moules de coquilles concrétionnés tantôt noirs et durcis, tantôt rouges, ferrugineux et friables qui présentent un aspect tout particulier.

Les différents niveaux coquilliers de la couche n° 6 m'ont fourni les espèces suivantes :

Balanophyllia prælonga.	*Cardium subturgidum.*
Chenopus pes-pelecani.	*Venus multilamella.*
Natica helicina.	*Nucula Haesendoncki.*
— *stercus muscorum.*	*Limopsis sublævigata.*
— *varians.*	*Panopœa Menardi.*
Trochus . . . . . *sp?*	*Astarte radiata.*
Ostrea navicularis.	*Corbula striata.*
Pecten Duwelzi.	*Stephanophyllia Nysti.*
— *Lamallii.*	*Lunulites Edwardsi.*
— *Woodi.*	— *rhomboïdalis.*
Isocardia lunulata.	*Cidaris* . . . . .

× Niveau d'eau du fossé capital de l'Enceinte.

TERRAIN PLIOCÈNE

—

Synonymie : Vieux pliocène de sir Ch. Lyell. — Terrain subapennien de d'Orbigny.

Le terrain pliocène, tel qu'il est limité dans cet ouvrage, est représenté en Belgique par les sables gris et jaunes rougeâtres qui constituent l'ancien *système scaldisien* de Dumont.

Ces sables sont, en général, moins glauconifères que ceux de nos dépôts mio-pliocènes et la glauconie y est en grains plus petits.

Ils renferment une quantité prodigieuse d'ossements de Cétacés se rapportant aux genres *Balœna, Balœnula, Balœnotus, Megaptera* et *Balœnoptera*.

On y trouve aussi des débris de plusieurs espèces de Phoques ainsi qu'une grande quantité de poissons et beaucoup de coquilles.

La plus grande partie de ces précieux débris du grand ossuaire d'Anvers a été recueillie à l'occasion des grands travaux militaires, exécutés autour de la ville d'Anvers et grâce au concours actif des officiers du génie qui ont conduit ces travaux, et de M. le vicomte du Bus de Ghisignies, alors directeur du Musée.

Mais ce ne fut que plus tard, sous l'administration de M. Éd. Dupont, et avec l'aide intelligente de M. de Pauw, que M. Van Beneden fut mis en mesure d'entreprendre la publication des ossements d'Anvers dans les *Annales du Musée*.

L'éminent anatomiste estime à un volume de deux cents mètres cubes environ l'ensemble des restes de Cétacés dont il a entrepris la description et, désireux de rendre hommage au précieux concours qu'il rencontre dans le personnel du Musée et en particulier de la part de M. de Pauw, il ajoute :

« Ceux qui ont pu voir ces amas d'ossements recueillis et entassés dans les caves du Musée peuvent, seuls, se faire une idée des efforts qu'il a fallu pour effectuer les triages et pour rapporter ensuite chaque os à son genre et à son espèce. »

Tout récemment, M. Van Beneden dit encore dans l'introduction de la 2e partie de sa *Description des ossements fossiles des environs d'Anvers* (1880) : « Nous ne savons comment nous exprimer au sujet du concours que nous avons trouvé dans le coup d'œil et l'activité de M. de Pauw, contrôleur des ateliers. Il a classé, comparé et déterminé les nombreux ossements du Musée et consigné le résultat de ses observations dans un catalogue raisonné; il a dessiné les contours des os à l'appareil du Lucci et a dirigé avec le plus grand soin l'exécution des planches. »

Rappelons aussi que la conchyliologie de nos dépôts pliocènes vient d'être décrite par

M. Nyst dans le tome III des *Annales du Musée* et qu'elle ne compte pas moins de 240 espèces figurées dans un atlas de 28 planches in-4°.

Enfin l'étude des poissons plagiostomes a été commencée par le major Le Hon, qui y a consacré les dernières années de sa vie et qui estimait à trente mille le nombre de dents soumises à son examen.

Les nombreux bancs fossilifères des environs d'Anvers, rapportés au terrain pliocène, sont souvent formés de coquilles brisées, triturées et de débris remaniés et plusieurs d'entre eux paraissent plutôt devoir être rapportés au terrain quaternaire, comme l'amas coquillier de la coupe, figure 48, semble en fournir un exemple.

Ces bancs fossilifères alternent avec des sables qui renferment des fossiles en place et en parfait état de conservation.

On a distingué depuis longtemps deux horizons dans ces dépôts pliocènes, en se basant uniquement sur leur coloration.

La division inférieure ou *Crag gris* était rapportée au crag blanc ou crag corallin d'Angleterre (*White or Coralline Crag*), tandis que la division supérieure ou *Crag jaune* était assimilée au crag rouge (*Red Crag*) qui surmonte le précédent.

Mais déjà en 1868, M. Dewalque s'attachait à démontrer que la couleur jaunâtre ou jaune-brunâtre du *Crag jaune d'Anvers* et du *Crag rouge de Calloo* n'est qu'une altération superficielle due à la décomposition de la glauconie et que telle couche est grise en un point et jaune à peu de distance.

M. Dewalque déclarait en conséquence ne pouvoir établir de subdivision dans nos dépôts pliocènes.

Ce n'est qu'en 1876 que M. Cogels démontra l'existence dans ces dépôts de deux horizons distincts, indépendants de la coloration des sables et ne correspondant nullement aux divisions arbitraires de *Crag gris* et de *Crag jaune*.

Il proposa de les désigner sous les noms de *sables à Isocardia cor* et de *sables à Trophon antiquum*.

M. Cogels avait eu l'heureuse initiative de mettre à profit, pour l'étude de ces dépôts, tous les grands travaux qui furent exécutés sur un espace compris entre les anciens bassins d'Anvers, le Dam, les magasins au bois près de la citadelle du Nord et l'Escaut. Aussi peut-on dire que le Mémoire dans lequel il a consigné le résultat de ses recherches a jeté un grand jour sur cette question.

Celle-ci fut reprise, développée et généralisée, en 1878, par M. Vanden Broeck, qui démontra, en outre, que le phénomène d'altération qui a modifié la couleur des sables par la décomposition de la glauconie est dû à l'infiltration des eaux météoriques.

Il désigna les deux nouvelles divisions de notre Pliocène sous les noms de *sables moyens* et de *sables supérieurs d'Anvers*, celui de *sables inférieurs* se rapportant, comme on l'a vu, à nos couches mio-pliocènes.

Plus récemment les belles coupes mises à nu par la construction de trois nouvelles cales sèches et d'un bassin formant le prolongement de celui du Kattendyck ainsi que les coupes du fort de Zwyndrecht, sur la rive gauche de l'Escaut, ont mis hors de doute la nécessité d'établir deux divisions bien tranchées dans les dépôts connus jusqu'ici sous le nom de *système scaldisien*.

Les roches de ces deux divisions étant séparées par une couche de cailloux et de graviers et différant notablement par leurs faunes, acquièrent chacune la valeur d'un système tel que le comprenait Dumont. Or ce dernier semble n'avoir que peu ou point connu la division inférieure des *sables à Isocardia cor*, et comme cette division est pour ainsi dire localisée à Anvers, si l'on en excepte quelques lambeaux récemment mis à nu au fort de Zwyndrecht, je proposerai de la désigner sous le nom de *système anversien*, réservant le nom de *système scaldisien* à la division supérieure à *Trophon antiquum*.

Nota. — MM. Van Ertborn et Cogels ont déjà employé le mot *anversien* dans la légende des deux planchettes d'Hoboken et de Contich qui viennent d'être publiées par l'Institut cartographique militaire sous le contrôle de la Commission de la Carte géologique. Mais c'est pour désigner un ensemble de couches qui n'est pas suffisamment étudié, comme on l'a vu ci-dessus page 269 et qui comprend plusieurs horizons dont on ne connait pas encore l'importance stratigraphique et dont l'un d'eux, d'ailleurs, celui des sables à Panopées d'Edeghem, n'a pas même été signalé à Anvers.

M. Vanden Broeck qui, dans son *Esquisse*, avait proposé de désigner provisoirement cet ensemble de couches sous le nom de *sables moyens d'Anvers* accepte aujourd'hui le *système anversien* comme représentant les sables à *Isocardia cor* ainsi que les sables à Bryozoaires et à Térébratules.

SYSTEME ANVERSIEN.

—

SYNONYMIE : Sables à *Isocardia cor* de M. Cogels (1874). — *Sables moyens d'Anvers* de
M. Vanden Broeck (1878). — Partie du système scaldisien de Dumont? (1849).

*Roches
et fossiles.*

Les sables du système anversien ont généralement conservé la
teinte grise, parce qu'ils ont été rarement altérés, protégés qu'ils sont
généralement par les dépôts scaldisiens proprement dits. Ils commencent par un gravier surmonté, aux nouveaux bassins, d'une couche de
sable gris foncé ou noir lorsqu'il est humecté et dans laquelle M. Cogels
mentionne des dents de Squales, *Cyprina rustica*, *Turbinolia* et une
Cardita qu'il avait rapportée d'abord à la *C. intermedia* des sables à
Pétoncles mais qu'il a reconnu, depuis, être la *C. senilis* du crag
corallin d'Angleterre.

Vient ensuite un sable gris-verdâtre foncé vers le bas, où il présente
une zone très-fossilifère avec Cétacés, Scalaires, etc., et devenant à la
partie supérieure gris-verdâtre pâle, puis gris-jaunâtre et brunâtre
par altération et renfermant de nombreux ossements de Cétacés.

M. Cogels a recueilli dans ces sables plus de soixante espèces de
coquilles dont les plus abondantes sont, outre l'*Isocardia cor* qui lui
a servi à les caractériser, *Ringicula buccinea*, *Turritella incrassata*,
Lucina borealis, et surtout l'*Astarte Omalii* qui est peut être la plus
caractéristique par son extrème abondance. Toutes ces coquilles ne
sont pas en bancs, mais plutôt disséminées dans la masse sableuse; les
Lamellibranches ont conservé leurs valves réunies, les Gastéropodes
sont bien intacts et les ossements non roulés, ce qui indique qu'ils sont
bien en place.

Parmi les ossements, je citerai ceux de *Balænula balænopsis*, Van
Ben., ainsi que ceux de *Balænoptera rostelum*, Van Ben., et *B. mus-
culoïdes*, Van Ben., ce dernier représenté par un squelette presque
entier, et tous se trouvant dans le sable gris à *Isocardia cor* formant
le plancher des nouvelles cales sèches à Anvers.

Les nouvelles recherches entreprises récemment par MM. Vanden
Broeck et Cogels à l'occasion des grands travaux excutés aux cales

sèches et au fort de Zwyndrecht ont entièrement confirmé les résultats des premières études de M. Cogels et ont apporté de nouveaux faits en faveur de la séparation bien tranchée qui existe entre les dépôts anversiens et ceux qui les surmontent.

Les sables à *Isocardia cor* du système anversien, dans lesquels des fragments de Térébratules viennent encore d'être rencontrés à Zwyndrecht, correspondent en Angleterre au crag corallin qui, par suite des ravinements du crag rouge, n'est plus représenté que par quelques vestiges.

On retrouve aussi les mêmes sables vers le N.-O. en Irlande et leur limite septentrionale serait indiquée, d'après M. Vanden Broeck, par les dépôts pliocènes du Schleswig, de la partie orientale du Holstein et par ceux de l'île de Sylt.

M. Cogels a observé aux nouveaux bassins, le contact des sables à *Isocardia cor* sur la zone graveleuse des sables mio-pliocènes.

Ils sont généralement surmontés par les sables à *Trophon antiquum* comme le montre le diagramme, figure 49.

Au fort de Zwyndrecht, sur la rive gauche de l'Escaut, on retrouve les sables anversiens surmontés des sables scaldisiens et présentant des caractères minéralogiques et paléontologiques identiques à ceux des bassins.

Les sables anversiens n'ont guère que 3 à 4 mètres d'épaisseur en Belgique, mais d'après les renseignements fournis par M. Dewalque et par M. Vanden Broeck, ils atteindraient plus de 130 mètres d'épaisseur au puits artésien d'Utrecht, où ils ont été rencontrés à partir de 238 mètres jusqu'à 368^m,50 de profondeur.

Dans certains points des environs d'Anvers, où les sables à *Isocardia cor* semblent faire complétement défaut, on constate entre les sables mio-pliocènes graveleux et des amas de coquilles tertiaires, dont une partie au moins paraît être quaternaire, des sables et des concrétions à Bryozoaires avec *Terebratula grandis, Lingula Dumortieri, etc.* C'est ce que montre la coupe, figure 48. M. Nyst a signalé en 1861 des dépôts analogues au fort n° 2 à Wommelghem, aux environs de Wyneghem et ils paraissent s'étendre sur toute la région comprise entre les villages de Deurne, de Wyneghem, de Wommelghem, de Borsbeek et de Berchem.

M. Vanden Broeck considère ce dépôt comme étant en place, en de certains points, notamment à Wommelghem et comme représentant aussi parfois, notamment à l'Enceinte, un mince dépôt littoral de la mer anversienne qui serait venue affouiller les sables graveleux sous-jacents et y enfouir des Térébratules, etc.

On trouvera plus loin la liste dressée par M. A. Houzeau de Lehaie et révisée par M. Busk, des Bryozoaires recueillis dans les divers gisements de ce dépôt et qui montrent ses relations étroites avec le crag corallin. Sur cent espèces de la liste de M. Houzeau, soixante-douze se retrouvent, en effet, dans le crag corallin.

M. G. Brady qui a étudié les Entomostracés de nos couches à Bryozoaires, de même que ceux des autres dépôts d'Anvers, y a également trouvé une faune bien spécialisée.

De même aussi, les Foraminifères, qui feront prochainement l'objet d'une importante publication de la part de M. Vanden Broeck, concourent au même résultat.

Les sables à Bryozoaires paraissent constituer l'un des gisements et même, d'après M. Vanden Broeck, le niveau unique de la *Terebratula grandis* à Anvers. Ce Brachiopode, ainsi que les Bryozoaires, les coquilles, etc., qui l'accompagnent, indiquent une sédimentation un peu plus profonde que celle des sables à *Isocardia cor* et ayant encore plus d'affinité que ces derniers avec les conditions de dépôt du crag corallin du bassin anglais.

SYSTÈME SCALDISIEN.

—

Synonymie : Partie du système scaldisien de Dumont (1849). — Sables à *Trophon antiquum* de M. Cogels (1874). — *Sables supérieurs d'Anvers* de M. Vanden Broeck (1878).

Roches et fossiles.

Aux sables à *Isocardia cor* succède une couche de coquilles brisées avec cailloux et ossements roulés, imprégnée quelquefois d'une argile verdâtre.

Cette couche est surmontée de sables généralement colorés en jaune-rougeâtre renfermant encore un ou plusieurs bancs coquilliers et caractérisés par le *Trophon antiquum* qui, en Angleterre, est spécial au crag rouge et n'a jamais été rencontré dans le crag corallin.

La coloration naturelle de ces dépôts, qui est grise comme celle des sables anversiens sous-jacents, subsiste parfois encore vers le bas lorsqu'ils ont été protégés contre le phénomène d'altération. C'est ce qui explique pourquoi tous ces sables et bancs coquilliers ont été confondus pendant si longtemps sous le nom de système scaldisien.

La coupe, fig. 49, montre, en effet, qu'en ne tenant compte que de la coloration des dépôts, on réunirait la couche à éléments remaniés de la base des sables à *Trophon* (M) ainsi que le banc *in situ* resté normal et gris (K) à la partie supérieure des sables à *Isocardia cor* (N).

Sous le rapport paléontologique, les sables à *Trophon* sont surtout caractérisés par la présence de certains fossiles, généralement abondants à ce niveau et qui n'ont pas encore été signalés dans les sables anversiens sous-jacents.

Ce sont principalement :

Trophon antiquum.	*Purpura tetragona.*
— *gracile.*	*Astarte incerta.*
Nassa labiosa.	*Pecten maximus.*
Purpura lapillus.	var. *complanatus.*

D'autres espèces sont encore, par leur grande abondance, caractéristiques de ce niveau, notamment : *Nassa reticosa, Voluta Lamberti, Astarte Basteroti, Ostrea edulis* et le *Pecten Gerardi,* ce dernier formant parfois de petits amas avec ses deux valves réunies.

Les principaux gîtes fossilifères des sables à *Trophon* sont à Calloo, à Austruweel, au Stuyvenberg, aux nouveaux bassins, à Wyneghem et au fort de Zwyndrecht.

Les travaux du nouveau fort de Merxem, situé à environ 3 kilomètres au N. du village de ce nom, ont permis d'observer un dépôt coquillier renfermant une grande quantité de *Corbula striata,* que MM. Vanden Broeck et Cogels considèrent comme représentant un faciès spécial des sables à *Trophon.*

Les sables du système scaldisien reposent sur ceux du système anver- Superposition. sien qu'ils ont dénudé ou tout au moins affouillé très-sensiblement. Ils sont surmontés par des dépôts post-tertiaires comme le montre le diagramme, fig. 49, dans lequel se trouvent réunies les données fournies par un grand nombre de coupes réparties sur une surface d'environ 6 hectares (nouvelles cales sèches et bassin formant le prolongement de celui du Kattendyck).

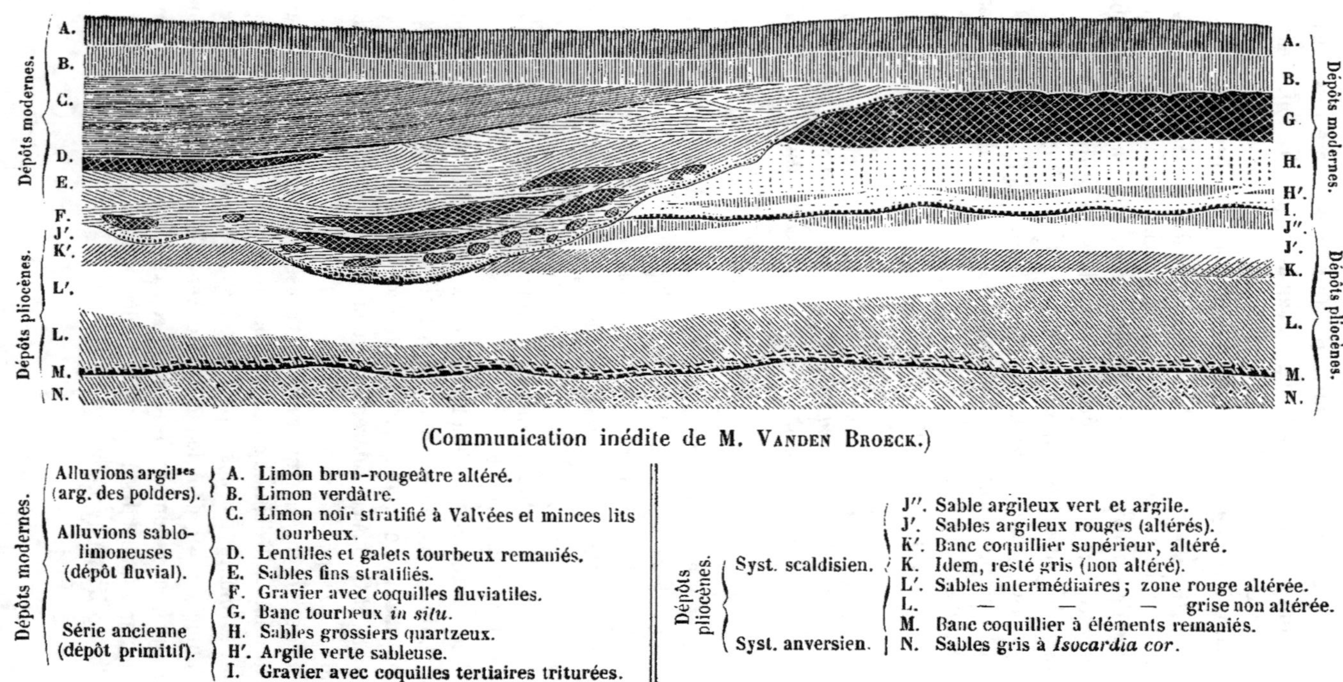

Fig. 49. — *Diagramme de la disposition des couches pliocènes et modernes aux nouvelles cales sèches et au bassin formant le prolongement du Katlendyck à Anvers.*

(Communication inédite de M. Vanden Broeck.)

Dépôts modernes.

Alluvions argil^{ses} (arg. des polders).
A. Limon brun-rougeâtre altéré.
B. Limon verdâtre.

Alluvions sablo-limoneuses (dépôt fluvial).
C. Limon noir stratifié à Valvées et minces lits tourbeux.
D. Lentilles et galets tourbeux remaniés.
E. Sables fins stratifiés.
F. Gravier avec coquilles fluviatiles.
G. Banc tourbeux *in situ.*

Série ancienne (dépôt primitif).
H. Sables grossiers quartzeux.
H'. Argile verte sableuse.
I. Gravier avec coquilles tertiaires triturées.

Dépôts pliocènes.

Syst. scaldisien.
J''. Sable argileux vert et argile.
J'. Sables argileux rouges (altérés).
K'. Banc coquillier supérieur, altéré.
K. Idem, resté gris (non altéré).
L'. Sables intermédiaires ; zone rouge altérée.
L. — — — grise non altérée.
M. Banc coquillier à éléments remaniés.

Syst. anversien.
N. Sables gris à *Isocardia cor*.

Les différentes couches de ces coupes ont été bien étudiées par MM. Vanden Broeck et Cogels, qui se proposent de les décrire en détail. Le premier de ces auteurs les a déjà sommairement décrites dans son *Compte rendu de l'excursion faite à Anvers les 17 et 28 juillet 1879 par la Société Malacologique de Belgique* et ce qui est relatif aux couches pliocènes peut se résumer comme suit :

Coupe des couches pliocènes aux nouvelles cales sèches et au bassin formant le prolongement du Kattendyck.

(Fig. 49).

Le fond du plancher des cales est creusé dans les sables à *Isocardia cor* du système anversien (N).

La base des sables à Trophon est constituée, aux cales comme au Kattendyk, par un banc coquillier à éléments remaniés (M) contenant, outre des galets, des graviers et des ossements roulés, de nombreuses coquilles roulées et usées et d'autres entières. Les Lamellibranches, surtout les genres *Ostrea* et *Pecten*, y sont très-abondants. En certains endroits, les *Pecten grandis, P. pusio, P. opercularis, P. Gerardi*, etc., y sont pressés les uns contre les autres. La faune de ce banc remanié, base des sables supérieurs, n'a aucune valeur stratigraphique réelle, étant composée, en partie, d'éléments enlevés par dénudation aux sables anversiens sous-jacents, en partie, d'éléments appartenant aux sables scaldisiens à Trophon.

Au-dessus du banc remanié, on trouve de 1^m,50 à 2 mètres de sable argileux (L et L') peu coquillier, mais dans lequel on observe parfois des coquilles entières et bivalves. C'est la zone des *sables intermédiaires*.

Au-dessus des sables intermédiaires on observe, *dans toute l'étendue des travaux*, un banc coquillier épais de 0^m,50 à 0^m60 (K et K'), pétri de fossiles serrés les uns contre les autres et renfermant une faune riche et variée, qui est celle des sables à Trophon. Ce banc est sensiblement horizontal, de même que celui de la base. Ici, les coquilles sont en grande partie *in situ*. Un grand nombre de Lamellibranches sont bivalves. On constate l'absence presque complète d'éléments roulés étrangers ou remaniés.

Au-dessus du banc coquillier on trouve encore 1 mètre de sable très-argileux (J') renfermant, comme le sable intermédiaire, des coquilles éparses. Ce dépôt est souvent entamé et même parfois entièrement enlevé par les ravinements des dépôts modernes, qui reposent partout au-dessus, formant la moitié supérieure des talus.

Une action chimique particulière opérée sur place fait apparaître, en de certains points, une argile verdâtre (J'') produite par la réduction à l'état ferreux des matières ferrugineuses sous l'influence des matières organiques des dépôts tourbeux sus-jacents.

Nulle part, jusqu'ici, on n'avait, aux environs d'Anvers, constaté de coupes aussi complètes et aussi instructives des sables supérieurs à Trophon. C'est même la première fois qu'il est donné d'observer en superposition directe le banc remanié de la base et le banc normal avec coquilles en place. La zone des sables intermédiaires n'avait pas encore été signalée, pas plus que le dépôt de sable argileux recouvrant le banc coquillier.

Les coupes des cales et du Kattendyk fournissent encore une excellente preuve de l'exactitude des vues défendues par MM. Vanden Broeck et Cogels au sujet de la signification de la coloration des dépôts, considérée au point de vue de la distinction des couches.

La partie inférieure des coupes (N, M, L, K) se montre toujours colorée en gris bleuâtre ou noirâtre. Les sables moyens à *I. cor* ont partout cette teinte, ainsi que le banc coquillier, base des sables supérieurs à Trophon. Cette coloration, qui est la teinte naturelle des dépôts tant supérieurs que moyens, s'arrête généralement au sein des sables intermédiaires à Trophon. Parfois elle ne se montre qu'à quelques centimètres vers la base de ceux-ci; mais, le plus souvent, elle comprend le tiers inférieur du dépôt. En certains points, elle persiste jusqu'à la moitié de la hauteur des sables intermédiaires; parfois, elle pénètre jusqu'au sein du banc coquillier supérieur, dont la moitié supérieure est parfois rouge et la moitié inférieure grise.

La coloration jaune, due à l'altération par oxydation des sédiments pliocènes, soumis à l'infiltration des eaux superficielles, s'étend sur toute l'étendue des coupes à la partie supérieure de celles-ci (L', K', J'). Elle comprend généralement partout les sables argileux supérieurs, ainsi que le banc coquillier. Enfin elle descend à des hauteurs variables dans la masse des sables intermédiaires.

Il existe aussi au contact de l'argile rupelienne, notamment à S*-Nicolas-Waes, des dépôts caillouteux et graveleux qui renferment des ossements et des coquilles qui les ont fait assimiler aux couches pliocènes des environs d'Anvers.

Mais comme ces ossements et ces coquilles sont généralement roulés et se rapportent, d'après M. Van Beneden, à des espèces de plusieurs niveaux des environs d'Anvers, il s'ensuit que les couches qui les renferment paraissent bien être quaternaires.

La coupe suivante que j'ai relevée en avril 1874 dans la briqueterie de M. Ruyssevelt, située à Hasewinde, hameau de S*-Nicolas et un peu au S. de cette ville, montrera les anologies des couches dont elles se composent avec la succession des dépôts quaternaires de Berchem.

Coupe de Saint-Nicolas-Waes.

1. Terrains rapportés et terre végétale.

2. *Campinien.* — Sables blanchâtres et jaunâtres, très-tourbeux à la partie supérieure, parfois légèrement argileux et séparés du sable n° 3 par une couche mince de gravier et de cailloux roulés qui est quelquefois peu apparente.

3. *Diluvien.* — Sable gris, très-argileux, passant à l'argile, avec cailloux et blocs de *septaria* et débris d'ossements roulés, ravinant l'argile sous-jacente. J'ai recueilli aussi une dent d'*Oxyrhina trigonodon* à ce niveau.

4. *Oligocène rupelien.* — Argile de Boom, fossilifère (*Nucula Duchasteli, Natica Nysti*) avec marcassite, présentant un niveau de *septaria*, variant de 0^m,50 à 1^m,60 et atteignant parfois dans d'autres briqueteries jusqu'à 3 mètres d'épaisseur en présentant une disposition colonnaire toute particulière.

CHAPITRE IV

—

DES TERRAINS QUATERNAIRES DE LA BELGIQUE.

Après que les dépôts tertiaires eurent envasé le fond du grand golfe belge dans lequel ils viennent d'être étudiés, quand les sables pliocènes d'Anvers furent émergés, les manifestations géologiques prirent un tout autre caractère.

Dans les différentes régions du pays, il se forma des amas de cailloux roulés et des dépôts hétérogènes parfois limoneux et toujours stratifiés, restreints au voisinage des vallées dans la haute Belgique, mais s'étendant en nappes plus ou moins continues sur la moyenne et sur la basse Belgique.

Les roches quartzeuses et schisteuses de l'Ardenne sont généralement privées de dépôts meubles et recouvertes, seulement en de certains points, de détritus de leurs propres roches ou de dépôts fluviaux dans le voisinage des rivières.

Les roches quartzo-schisteuses et calcaires du Condroz et de l'Entre-Sambre-et-Meuse sont, au contraire, le plus souvent surmontées d'une argile jaune résultant généralement de l'altération des roches sous-jacentes par l'infiltration des eaux météoriques, et ne devant par conséquent être rattachée à la série quaternaire que lorsqu'elle a été remaniée par les eaux de cette période.

La moyenne Belgique, comprenant la Hesbaye, le Brabant et le Hainaut, est recouverte d'un manteau de ce limon fertile connu sous le nom de *limon hesbayen* et la basse Belgique, ainsi qu'une partie de la province de Limbourg présentent, au-dessus d'un mince dépôt de cailloux roulés, une nappe de *sable campinien*, limitée par les polders dans le voisinage de la mer.

Ainsi donc, des cailloux roulés avec des dépôts plus ou moins limoneux stratifiés dans toutes les régions, le sol nu ou recouvert de détritus de roches dans l'Ardenne, de l'argile jaune d'altération dans le Condroz et l'Entre-Sambre-et-Meuse, du limon sur la Hesbaye et le Hainaut, et enfin des sables sur les Flandres et la Campine : tels sont les principaux dépôts qui constituent chez nous ce qu'on appelle les *terrains quaternaires* et dont ceux à facies détritiques et d'altération continuent encore à se former de nos jours.

Les relations intimes des cailloux roulés et du limon qui les accompagne avec les limites des vallées et la configuration de celles-ci démontrent qu'elles ont été, sinon totalement creusées, au moins façonnées en grande partie à l'époque quaternaire.

Aussi M. Dupont a-t-il pu dire avec raison que l'étude des dépôts de cette époque n'est autre chose que la discussion d'un problème d'hydrographie fluviale.

Tous les faits observés conduisent, en effet, à cette conclusion.

Les vallées qui, comme celle de la Meuse, traversent d'abord dans notre pays les roches les plus dures et les plus anciennes, ont aussi façonné leur lit dans les roches tertiaires les plus récentes.

Haute Belgique. Les cailloux roulés se présentent sous deux facies, suivant qu'ils
Diluvien. appartiennent au bassin de l'Escaut ou à celui de la Meuse. Ainsi, à partir d'une ligne sinueuse allant de Binche vers Louvain, on les voit formés de silex de la craie vers l'O. et principalement de roches ardennaises vers l'E. Or, ces cailloux roulés qui, à la hauteur de Maestricht, se répandent sur une largeur de 63 kilomètres environ, n'occupent que les abords du fleuve quand celui-ci traverse les roches primaires, et sont en connexion intime avec la configuration de la vallée.

En ce qui concerne la vallée de la Meuse, l'origine de ces cailloux roulés doit être recherchée dans les terrains traversés par la vallée jusqu'à l'endroit observé, car jamais ils ne proviennent d'une région en aval.

A Dinant, par exemple, ces cailloux sont formés de débris de grès des Vosges, de roches crétacées, jurassiques, dévoniennes et ardennaises, qui proviennent des terrains que la Meuse traverse pour arriver à cet endroit.

Seulement, plus la roche est éloignée, moins elle est représentée dans le dépôt de cailloux roulés. Aussi le grès des Vosges est-il une rareté dans les cailloux de la province de Namur, tandis qu'il est très-abondant parmi ceux des environs de Sédan et de Mézières.

Toutefois cette règle est relative et dépend du degré plus ou moins grand de dureté de la roche elle-même. Ainsi tandis que dans la Campine les cailloux de quartzites ardennais sont très-abondants, ceux de calcaire et de psammite ne s'y montrent que par exception.

On remarque, en outre, que les vallées du Condroz, constituées par des roches psammitiques et calcaires, ne portent pas sur leurs flancs des couches de cailloux roulés, tandis que celle de la Lesse, qui est creusée dans le terrain dévonien inférieur, présente de puissants dépôts de cailloux roulés formés par les roches quartzeuses de ce terrain.

Notre dépôt quaternaire de cailloux roulés a une stratification fluviale analogue à celle des dépôts que forment encore les grands cours d'eau de nos jours.

Les veines de cailloux n'y sont pas continues, mais bien disposées en lentilles qui résultent des remous et des tourbillons du courant.

On n'a encore signalé à ce niveau, dans la province de Namur, que de rares ossements, notamment un fragment de défense de Mammouth.

Les cailloux sont généralement accompagnés, surtout vers le haut, par un dépôt argilo-sableux, également stratifié en lentilles.

Des veines de cailloux roulés ou subanguleux, provenant des roches situées en amont, se présentent à plusieurs niveaux dans ces terrains ; ils ont une disposition irrégulière et discontinue. On y trouve aussi, mais rarement, des cailloux roulés formés aux dépens des roches calcaires du voisinage.

Ces veines caillouteuses témoignent, comme on le verra plus loin, par l'analyse géologique des dépôts des cavernes, d'autant de crues de la rivière qu'elles sont de fois répétées dans une même coupe.

En étudiant la répartition de ces dépôts dans la province de Namur, Terrasses. M. Dupont a fait remarquer, en premier lieu, que les vallées de cette région présentent sur leurs flancs plusieurs dépressions.

Deux de ces dépressions sont constantes : l'une très-large (4 à 6 kilomètres sur la Meuse) et relativement peu profonde sur le bord du plateau (90 à 150 mètres au-dessus du fond de la vallée), l'autre à 50 mètres au-dessus de l'étiage du cours d'eau et se distingue de la précédente par une moindre disproportion entre sa hauteur et sa largeur, celle-ci ne dépassant guère un kilomètre à la hauteur de Dinant.

Ce second lit se distingue aussi du premier en ce que, au lieu d'avoir une direction rectiligne comme celui-ci, il est sinueux, ce qui fait qu'une de ses berges est toujours à peu près verticale, tandis que l'autre est en pente plus ou moins douce suivant la *loi des méandres*.

Quant au lit inférieur qui ressemble au lit moyen par son allure, quoique moins large, moins profond et plus sinueux, son fond est en partie comblé par des cailloux roulés et des alluvions au milieu desquelles coulent nos rivières actuelles avec une largeur de 60 mètres à Dinant et de 15 à 20 mètres pour la Lesse vers son embouchure.

C'est ce que l'on a appelé les *terrasses* de la vallée, et c'est exclusivement sur ces terrasses et sur leurs flancs que se trouvent les dépôts fluviaux dont il s'agit.

Ces terrasses elles-mêmes ne paraissent pas pouvoir être interprétées autrement dans leur mode de formation que par l'action érosive d'un courant fluvial assez violent pour se creuser un lit dans des roches aussi dures et pour pulvériser les roches calcaires et psammitiques qu'il entraînait. Seulement pour certains géologues ce courant fluvial occupait toute la surface recouverte par les cailloux, tandis que pour d'autres la grande largeur de la zone occupée par ces cailloux provient des déplacements latéraux et successifs d'un cours d'eau de dimensions relativement restreintes.

Cavernes.   M. Dupont a montré que la même interprétation peut également s'appliquer aux dépôts des cavernes si abondantes dans les terrains de calcaire des provinces de Namur et de Liége, et qui ont fait depuis quarante ans l'objet d'importantes découvertes sur notre faune et sur nos populations quaternaires. Ces cavernes se montrent à toutes les hauteurs sur le flanc des vallées. Leur sol est généralement recouvert d'un dépôt d'argile rougeâtre qui avait été considérée jusqu'ici comme étant d'origine interne mais qui ne paraît être encore que le résultat d'altérations sur place.

On était d'autant plus porté à admettre cette origine interne que la corrosion des parois du souterrain et son allongement dans le sens des failles qui se sont produites dans ces parois, semblaient bien devoir les faire attribuer à des sources corrodantes qui, en s'échappant par les failles, auraient creusé le roc et déposé les argiles.

Ces sources corrodantes ne sont en réalité, comme l'a montré M. Vanden Broeck, que les eaux météoriques chargées d'acide carbonique.

Souvent des cailloux roulés recouvrent les argiles, mais le limon stratifié n'y manque que très-exceptionnellement et voici dans quelles conditions il s'y présente ordinairement.

Des veines ossifères accompagnées de nappes de stalagmite divisent horizontalement ce limon en plusieurs niveaux successifs. Elles ne sont autre chose que les témoins de l'habitation de la caverne soit par l'homme, soit par les animaux.

Comme elles sont séparées par des dépôts fluviaux représentés par le limon stratifié, il s'ensuit que la rivière a dû inonder la caverne une première fois pour y déposer les cailloux roulés qui reposent sur l'argile rougeâtre dite argile de filon, puis revenir dans cette caverne autant de fois qu'il y a de veines ossifères séparées par des couches de limon.

C'est ainsi qu'elle a formé huit dépôts successifs dans le *Trou de la Naulette* sur la Lesse.

On ne peut admettre que ces cours d'eau aient pu avoir un volume suffisant pour s'élever jusqu'à ces souterrains dont quelques-uns sont à une hauteur de 80 mètres au-dessus de l'étiage actuel. On ne peut non plus admettre que le régime de ces cours d'eau fût tel, que pendant cette époque la Meuse ou la Lesse, rentrant dans leur lit actuel, aient pu se gonfler un grand nombre de fois jusqu'à atteindre nos plateaux pour y déposer les cailloux roulés qui viennent d'y être indiqués.

Ni la configuration des vallées, ni la présence des dépôts de cette époque sur les hautes terrasses, ni la formation des dépôts des cavernes avec leurs veines ossifères répétées ne peuvent s'interpréter par un cours d'eau soumis à ces lois. Mais ces faits sont la conséquence naturelle d'un creusement successif de nos vallées, à l'époque quaternaire, par des fleuves sujets à des crues fréquentes.

Le dépôt de cailloux roulés et le dépôt de limon stratifié contiennent, tant dans les cavernes qu'à ciel ouvert, les restes de nombreux ossements de mammifères.

Ces ossements se rapportent à plus de cinquante espèces que M. Dupont range dans trois catégories, suivant qu'elles ont subi une extinction complète ou locale, ou bien encore suivant qu'elles se sont maintenues dans le pays.

Voici les principales espèces de chacune de ces catégories :

1° Espèces éteintes :

Elephas primigenius ou Mammouth.	*Hyæna spelæa.*
Rhinoceros tichorinus.	*Ursus spelæus.*
Hippopotamus major.	*Cervus megaceros.*

2° Espèces émigrées (avec l'indication de leur patrie actuelle) :

Cervus tarandus.	Renne (zone glaciale).
Gulo luscus.	Glouton (id.).
Antilope rupicapra.	Chamois (Alpes et Pyrénées).
Arctomys marmota	Marmotte (id.).
Ursus ferox.	Ours (monts rocheux de Californie).
Felis spelæa.	Lion (Afrique).

3° Espèces des régions européennes tempérées, septentrionales :

Ursus arctos.	Ours brun.	*Cervus capreolus.*	Chevreuil.
Canis lupus.	Loup.	*Bos urus.*	Bœuf urus.
Canis vulpes.	Renard.	*Bison europæus.*	Aurochs.
Cervus elaphus.	Cerf.	*Castor fiber.*	Castor.

Les ossements de Mammouth ou *Elephas primigenius* sont généralement abondants dans les dépôts de cailloux roulés et de limon fluvial et servent à les désigner géologiquement.

De nombreuses traces de l'existence de l'homme se manifestent dans nos dépôts de l'âge du Mammouth. Ce sont eux qui ont fourni le crâne d'Engis et la mâchoire de la Naulette.

Des silex taillés, des os travaillés et des débris de repas de l'homme vivant à l'état sauvage ont permis à M. Dupont de reconstituer les mœurs et l'industrie de ces antiques populations.

La coupe, figure 50, montre les relations de ces différents dépôts sur l'un des flancs de la vallée de la Meuse, et celle, figure 51, du *Trou du Frontal* montre de son côté les relations de la coupe d'Agimont avec les dépôts des cavernes.

L'argile jaune a, comme on le voit, des caractères bien distincts de ceux des dépôts fluviaux, ce qui provient, comme il est dit plus haut, qu'elle n'est, en général, qu'un résidu d'altération des roches avoisinantes.

La formation de cette argile d'altération peut être, dans certains cas, antérieure au phénomène de remaniement qui l'a déposée là où on l'observe actuellement.

Elle empâte sans stratification des blocs anguleux formés aux dépens des roches voisines, que celles-ci soient calcaires, psammitiques ou schisteuses.

Le limon qui la recouvre est très-quartzeux et, outre son aspect et sa structure analogues à ceux du limon de la Hesbaye, il présente encore avec celui-ci le caractère commun à tout dépôt altéré, d'être sans stratification apparente.

FIG. 50. — *Coupe du terrain quaternaire à Agimont.*

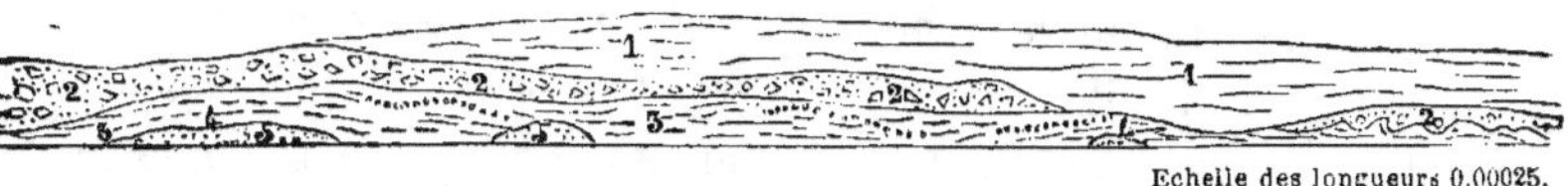

Echelle des longueurs 0.00025.
Id.   des hauteurs 0,00125

1. Loess.
2. Dépôt à blocaux.
3. Dépôt argilo-sableux avec veines de cailloux et de schistes roulés.
4. Sable graveleux.
5. Cailloux roulés.

D'après M. ÉD. DUPONT (*Bull. de l'Acad. roy. de Belgique*, t. XXI, p. 566 ; 1866).

FIG. 51. — *Coupe géologique du* Trou du Frontal.

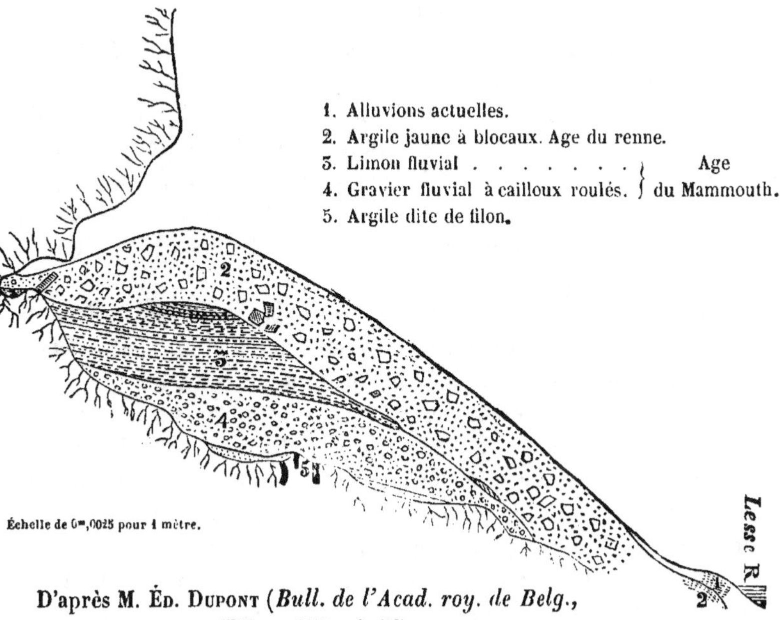

D'après M. ÉD. DUPONT (*Bull. de l'Acad. roy. de Belg.*, t. XX, p. 850, pl. III).

Le dépôt des cavernes, auquel on pourrait, comme on vient de le voir, raccorder l'argile à blocaux de l'extérieur, a les mêmes caractères que celle-ci : argile jaune et blocs anguleux provenant de roches voisines et réparties confusément dans la masse.

Ce dépôt contient à la base de ces cavernes une faune de mammifères qui est caractérisée par l'absence d'espèces perdues, par la persistance d'espèces aujourd'hui refoulées dans d'autres régions et par la présence de celles qui habitent encore nos climats.

Il suffira de réunir le groupe des espèces émigrées et celui des espèces encore vivantes dans notre pays, tels qu'ils sont indiqués plus haut dans la faune de l'âge du Mammouth, pour se représenter les principaux mammifères dont notre pays jouissait alors.

Il faudra cependant en exclure l'*Ursus ferox* et le *Felis spelœa*, qui n'ont pas été retrouvés dans l'argile à blocaux de nos cavernes.

De nombreux vestiges de l'existence de l'homme vivant à l'état sauvage ont été, comme pour l'époque précédente, recueillis dans les cavernes. C'est notamment dans l'argile à blocaux du *Trou du Frontal* qu'on a découvert les *crânes de Furfooz*.

Moyenne Belgique.
Diluvien.

L'argile à blocaux ne paraît pas être généralement représentée dans la Hesbaye et le Hainaut.

Dans cette dernière province, les tranchées de Spiennes et de Mesvin, si bien étudiées par MM. Briart et Cornet, montrent le terrain quaternaire commençant par le dépôt de cailloux roulés dans lequel ont été recueillis bon nombre de silex taillés du type de Saint-Acheul, en France, et des ossements abondants de Mammouth, de Rhinocéros, etc.

A la surface des plateaux élevés formant la partie sud de la province, MM. Briart et Cornet et plus récemment M. Rutot ont reconnu l'existence d'un facies particulier du Quaternaire diluvien.

Dans la tranchée de Frameries, il consiste en un limon brunâtre traversé par des alternances très-argileuses de couleur verdâtre et qui repose directement sur les couches crétacées ou éocènes landeniennes sous-jacentes par l'intermédiaire d'un épais cailloutis de silex, tantôt anguleux et tantôt roulés. Ce dépôt doit être considéré comme étant le prolongement dans notre pays d'une masse limoneuse stratifiée, largement développée dans le nord de la France, où M. Ladrière l'a minutieusement étudiée, principalement dans les environs de Bavai.

Dans cette région, les couches en question acquièrent un développement beaucoup plus considérable et consistent en alternances de strates limoneuses de colorations diverses dont la persistance sur de grandes étendues est des plus remarquables.

L'âge diluvien des dépôts dont il s'agit est clairement démontré dans la tranchée de Frameries, où ils sont immédiatement recouverts par une épaisseur de plusieurs mètres de limon hesbayen (ergeron et terre à briques) avec lit de cailloux roulés à la base.

A ce sujet, on verra plus loin que la grande tranchée au N. de Tongres (fig. 52) montre également au sein du Quaternaire diluvien une zone limoneuse D avec *Succinea oblonga* et *Helix hispida* présentant beaucoup d'analogie avec les dépôts observés à Frameries.

Le limon fluvial qui dans le Hainaut surmonte le dépôt diluvien est jaune, sableux, stratifié et calcareux à la base; on lui donne le nom d'ergeron dans le pays. Il renferme de nombreuses coquilles appartenant aux espèces suivantes : *Succinea oblonga*, *Pupa muscorum* et *Helix hispida*.

A la partie supérieure, le limon devient plus plastique, prend une coloration jaune-rougeâtre plus foncée. Il n'est plus ni calcareux, ni stratifié, mais possède la propriété de s'étendre en nappes sur toutes les ondulations du sol, lorsqu'il est soumis à l'action des eaux pluviales. C'est la terre à briques. Cette zone, qui n'est, comme l'ont fait remarquer MM. Rutot et Vanden Broeck, que le résultat de l'altération sur place de la partie supérieure, plus fine et plus argileuse de l'ergeron, n'a pas de valeur stratigraphique. Il arrive parfois que les glissements qui ont amené ce dépôt au-dessus de l'ergeron normal ont aussi apporté des cailloux qui ont induit en erreur certains auteurs en leur faisant croire à l'existence d'une véritable discordance entre les deux dépôts.

Lorsqu'on passe du Hainaut dans le Brabant, dans les Flandres et dans la basse Belgique on constate que les dépôts quaternaires ont une constitution plus uniforme et une allure plus régulière.

La coupe, figure 52, relevée par MM. Rutot et Vanden Broeck dans la grande tranchée située au N. de Tongres, sur la nouvelle ligne de Tongres à Saint-Trond, donnera la composition et l'allure des couches quaternaires dans cette partie de la Belgique.

Il résulte de ce qui précède que, dans la moyenne Belgique, il existe dans nos dépôts quaternaires deux divisions bien tranchées qu'on peut regarder comme de véritables systèmes et que j'ai désignées par les noms de *diluvien* et de *hesbayen* pour me conformer à la nomenclature adoptée dans cet ouvrage.

Le *système diluvien* ou diluvium caillouteux est toujours constitué par des éléments arrachés aux roches immédiatement sous-jacentes. Il ravine fortement ces dernières et est surmonté par l'ergeron et son dérivé par altération, le limon, qui constituent le *système hesbayen*.

Il existe entre les roches de ces deux systèmes une ligne de ravinement avec cailloux roulés, qui n'est pas toujours bien apparente, mais qu'un examen attentif permet de bien constater.

On a vu par ce qui précède, que c'est à la base du système diluvien qu'ont été rencontrés les ossements recueillis en dehors des cavernes. J'ajouterai que lorsqu'en 1878 je relevai les belles coupes des tranchées du nouveau chemin de fer de Tongres à Saint-Trond, il me fut donné de recueillir dans l'une des tranchées de Kerniel, à 80 mètres environ à l'O. du pont de Colen (*voir* fig. 46), une défense d'Éléphant et un tibia ? de Rhinocéros, dans un amas coquillier de la base du Quaternaire.

Basse Belgique. Diluvien. Dans la basse Belgique le Quaternaire diluvien est représenté par les cailloux du *Diluvium*, souvent associés à des amas de coquilles tertiaires remaniées et d'ossements de mammifères éteints, comme on a vu ci-dessus, page 265, que le Kiel en fournit un remarquable exemple.

Campinien. Les sables de la Campine prennent, dans le Limbourg et dans la basse Belgique, exactement la place du limon hesbayen; ils ne contiennent aucune trace de fossiles et reposent sur les couches argilo-sableuses fluviales dont ils ne sont séparés que par un petit lit de cailloux et de gravier, comme le montre la coupe, figure 48. On les a regardés comme étant contemporains du limon de la Hesbaye, mais on a récemment émis l'idée que, tout en étant également de l'époque quaternaire, ils pourraient bien être cependant un peu plus récents que ce limon.

Tout récemment MM. van Ertborn et Cogels ont constaté par des sondages qu'il existe à Menin et à Courtrai entre les sables campiniens et les cailloux diluviens avec dépôts fluviaux, une dizaine de mètres de roches de limon jaune qu'ils rapportent au *limon hesbayen*, mais qui, d'après leurs caractères minéralogiques, doivent être plutôt regardés comme le prolongement des dépôts limoneux diluviens signalés plus haut dans le nord de la France et à Frameries.

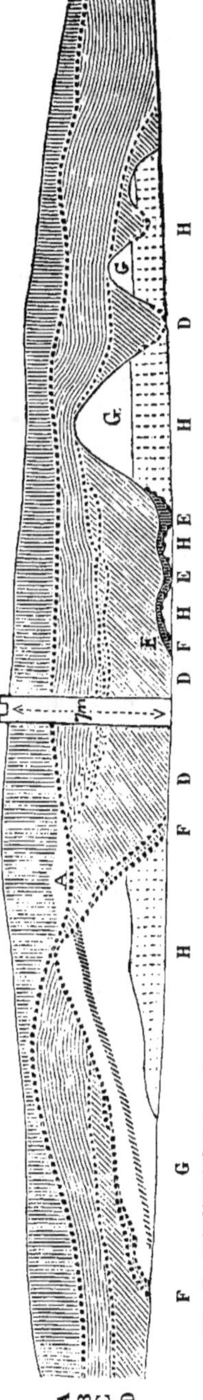

FIG. 52. — *Coupe de la grande tranchée au N. de Tongres.*

Coupe de la grande tranchée au N. de Tongres
(FIG. 52).

QUATERNAIRE HESBAYEN.

A. Limon ou terre à briques, altération sur place de la couche d'ergeron dont on voit encore en A', au point de la plus grande épaisseur, une partie non altérée, encore calcareuse. Il n'y a aucune séparation entre l'ergeron et son dérivé par altération, le limon.

B. Lit mince de cailloux de silex roulés, ravinant les couches sous-jacentes et formant la base de l'ensemble du limon et de l'ergeron.

QUATERNAIRE DILUVIEN.

C. Couche de sable jaunâtre, meuble, demi-fin, en stratification assez nette et ondulée. Vers le bas et surtout des deux côtés du pont, il présente des lignes irrégulières de gravier composé de petits cailloux de quartz, de cailloux de silex concassés et de débris de coquilles oligocènes.

Le défaut de continuité de ce gravier ne permet de lui assigner qu'une importance très-secondaire et tout à fait locale.

A l'extrémité orientale de la coupe, les sables C stratifiés renferment des lentilles irrégulières d'argile sableuse, brune, foncée.

D. Couche variable, constituée principalement par un limon brun argileux avec nombreux *Succinea oblonga* et *Helix hispida*. Elle est surtout bien représentée vers les deux extrémités de la coupe. Vers le milieu, au contraire, le limon argileux devient très-sableux et passe même au sable pur et meuble, traversé par quelques bandes un peu argileuses. Sous son facies sableux, la couche D renferme également des Succinées et des Helix identiques à celles qui viennent d'être citées.

E. Le bas de la couche D est formé d'un lit assez mince d'argile grise foncée, renfermant une très-grande quantité de coquilles d'eau douce et terrestres parmi lesquelles on remarque beaucoup de Succinées, de Pupa et d'Helix.

Bien qu'appartenant pour la plupart à des espèces encore actuellement vivantes, ces coquilles présentent des formes qui s'éloignent beaucoup des types actuels et assignent ainsi au dépôt une haute antiquité.

F. En dessous du limon argileux D et de l'argile grise E, passe un lit épais de gravier, composé principalement d'un très-grand nombre de cailloux de silex roulés et de débris de coquilles oligocènes, empâtés dans un sable grossier. Ce lit de gravier ravine très-énergiquement les assises sous-jacentes et y a opéré une dénudation profonde.

Toutes les couches comprises depuis le haut jusqu'au lit de cailloux F inclus, appartiennent au terrain quaternaire.

OLIGOCÈNE MOYEN, RUPELIEN FLUVIO-MARIN.

G. Masse de l'argile de Henis, composée comme suit, de haut en bas :

Argile verte finement sableuse contenant par place de petits lits lenticulaires de coquilles en place . . . . 1^m,00

Lit de coquilles en place (Cérithes, Cyrènes, Cythérées, etc.) se continuant latéralement en un lit d'argile noire, ligniteuse . . . . 0,^{m}30 à 0^m,40

Argile grise, compacte . . . . 3^m,50

OLIGOCÈNE INFÉRIEUR, TONGRIEN.

H. Sables de Neerrepen blanchâtres, assez gros, glauconifères, devenant rougeâtres ou brun chocolat, par altération. La ligne supérieure de séparation avec l'argile de Henis est nette.

Campinien
(suite).

Il paraît bien établi, comme l'a montré M. Winkler, que les sables campiniens représentent le *zand-diluvium* de la grande plaine baltique et ont une origine marine bien distincte, par conséquent, de celle du limon hesbayen.

L'origine de ce dernier paraît, en effet, devoir être attribuée, d'après MM. Rutot et Vanden Broeck, à la précipitation verticale d'éléments limoneux apportés en suspension par des eaux d'inondation générale.

Rappelons enfin que MM. Vanden Broeck et Cogels ont signalé dans les sables campiniens à Merxem, un horizon inférieur, sédimentaire marin, surmonté d'un dépôt meuble de dunes qui s'étend surtout vers le littoral sud de la région de la mer campinienne.

CHAPITRE V

—

DES TERRAINS MODERNES DE LA BELGIQUE.

Dans la haute et dans la moyenne Belgique, les dépôts modernes, dont la majeure partie se forme par suite d'alluvionnements fluviaux, ne présentent qu'un développement relativement faible par suite de la localisation et du peu d'étendue latérale des vallées favorables à leur formation.

A l'occasion du nouveau levé géologique du pays, M. Dupont a constaté que la couche détritique des plateaux du Condroz et de l'Entre-Sambre-et-Meuse est brusquement interrompue par des nappes allongées et étroites d'un limon demi-fin, gris-jaunâtre, paraissant renfermer de l'humus et finement mais irrégulièrement stratifié. Comme la présence de ces nappes limoneuses coïncide avec les dépressions du terrain, M. Dupont en a conclu qu'elles y ont été déposées, conformément aux lois de la dynamique, par les écoulements intermittents et séculaires des eaux de la pluie. Elles constituent ce que ce géologue appelle les *alluvions torrentielles,* par opposition aux *alluvions fluviales* dues à des cours d'eau et plus spéciales aux vallées.

Le sol des plaines de la moyenne Belgique se montre généralement constitué par le Quaternaire diluvien plus ou moins développé, mais presque toujours recouvert par le manteau continu du Quaternaire hesbayen, sans aucun autre dépôt recouvrant.

Mais les vallées de ces régions montrent une série de limons locaux variables et irrégulièrement développés, produits par les phénomènes d'alluvionnement ayant remanié et déplacé les sédiments quaternaires et tertiaires affouillés par les eaux courantes.

Certains de ces limons modernes, qui se forment aussi sous l'action des pluies ruisselant le long des flancs des vallées, par éboulement, glissement, entraînement mécanique, etc., ont parfois été considérés à tort comme se rattachant à la période quaternaire.

Dans les plaines de la basse Belgique où l'horizontalité du sol a permis aux alluvions fluviales de s'étendre sur des surfaces plus grandes, les dépôts modernes présentent souvent un développement considérable.

Argile d'Ostende. C'est ainsi que, le long de la côte de Flandre, les alluvions modernes forment une large bande, connue sous le nom d'*argile d'Ostende*, qui s'étend jusqu'à Anvers et se prolonge dans la Zélande et la Hollande.

Sol de la plaine Saint-Sébastien à Ostende.

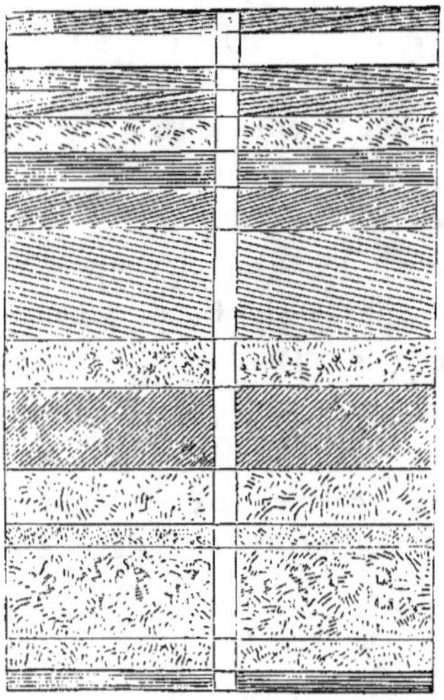

$0^m,25$ terre végétale.
$1^m,15$ sables fins gris.
$0^m,50$ argile très-sablonneuse grise jaunâtre.
$0^m,80$ argile grise.
$2^m,40$ sables gris mélangés de coquilles et d'un peu de tourbe.
$1^m,35$ tourbe.
$2^m,71$ argile sablonneuse, gris bleuâtre.

$6^m,08$ sable gris bleuâtre, mouvant.

$2^m,86$ sable avec coquilles assez nombreuses.

$4^m,85$ argile gris foncé.

$3^m,55$ sable gris bleuâtre, mouvant avec coquilles.

$0^m,50$ débris de coquilles.

$5^m,00$ débris de coquilles avec cailloux roulés.

$0^m,70$ cailloux roulés.
$0^m,40$ sable gris verdâtre.

Terrains modernes et quaternaires.

Fig. 53.　　　$33^m,10$　　　Échelle de 1 à 500 mètres.

Elle consiste principalement en une argile plus ou moins plastique, grisâtre, calcarifère, quelquefois sableuse, formant une couche horizontale qui atteint parfois plus de 3 mètres d'épaisseur.

Cette argile recouvre généralement une couche de tourbe atteignant jusqu'à 6 mètres et qui est composée, d'après l'observation de M. Belpaire, de deux parties distinctes : la supérieure, de végétaux terrestres, et l'inférieure, de végétaux aquatiques.

Sous la tourbe, on trouve encore quelquefois de l'argile, mais le plus souvent ce sont des sables renfermant des coquilles analogues à celles de la mer actuelle.

Ce dépôt occupe généralement un niveau inférieur à celui des hautes marées, et comme il est très-favorable à la culture, on le protége des inondations par des digues.

L'argile d'Ostende se lie intimement à celle qui constitue ce qu'on appelle les *polders* ou poldres qui se forment encore actuellement.

Dumont faisait déjà remarquer en 1838 que la présence dans ces argiles de coquilles semblables à celles qui vivent sur nos côtes montre bien qu'à une époque peu reculée la mer s'avançait dans les terres jusque près de Dixmude, Ghistelles, Bruges, Assenede, etc.

M. Belpaire est arrivé aux mêmes résultats en étudiant les objets d'art et autres documents historiques que renferment ces argiles dont il fixe l'origine de la formation à l'époque de la domination romaine.

La coupe, fig. 53, de la partie supérieure du puits artésien d'Ostende montre quelle est la composition des différentes couches de nos dépôts modernes et quaternaires traversées par ce puits.

Sous l'argile des polders, il existe encore dans nos régions basses d'autres dépôts modernes comme le montre la coupe suivante résumant les recherches de MM. Vanden Broeck et Cogels :

Coupe des dépôts modernes aux nouvelles cales sèches et au bassin formant le prolongement du Kattendyck, à Anvers.

(Fig. 49.)

Les dépôts modernes de l'espace occupé à Anvers par les trois cales sèches et le bassin formant le prolongement du Kattendyck forment trois groupes bien distincts :

Au-dessus des dernières couches pliocènes, J', J'', s'étend sur la plus grande partie de l'espace observé un gravier I avec nombreuses coquilles tertiaires remaniées, cailloux, etc., sur lequel repose un dépôt sableux blanchâtre ou jaunâtre H à grains moyens et non stratifié. Sur ces sables repose un banc continu et épais de tourbe G, avec tronc d'arbres horizontaux, très-nombreux.

Des racines tourbeuses décomposées descendent du banc tourbeux jusqu'à la base des sables blancs H et y ont déterminé la formation sur place de lentilles d'argile verte H', d'origine purement chimique.

Une deuxième série de dépôts modernes, plus localisée, forme au sein de la première, une zone étroite et sinueuse qui représente, sans nul doute, le lit d'un ancien cours d'eau ayant affouillé les sables et démantelé le banc tourbeux du premier groupe.

Cette série se compose d'un gravier F différant essentiellement du gravier I du dépôt primitif, par la présence de lentilles et de galets tourbeux remaniés D et surtout par celle d'une énorme quantité de coquilles fluviatiles, qui manquent complétement dans la série ancienne. Au-dessus se développent des sables fins grisâtres E, souvent stratifiés obliquement et contenant, avec de minces lits tourbeux remaniés, les mêmes coquilles qu'en F.

Au-dessus des sables fins stratifiés s'étendent dans les dépressions, d'épaisses lentilles de limon stratifié noir C, riche en *Volvata piscinalis* et contenant parfois de petits amas localisés d'autres coquilles fluviatiles. Ce limon renferme de minces lits sableux intercalés ainsi que de minces zones de galets tourbeux.

Le gravier F, qui forme le fond et les bords de ces poches d'alluvions sablo-limoneuses, s'observe parfois très-nettement sur le bord supérieur découpé en biseau du banc tourbeux *in situ*, ainsi que le montre la figure 49.

L'argile des polders A, B forme enfin la troisième et dernière série des dépôts modernes et ce limon, qui recouvre à la fois les deux autres groupes de sédiments modernes, présente ici cette particularité qu'il renferme un mince niveau saumâtre, caractérisé par une accumulation d'*Hydrobya ulvae* et de petits *Cardium edule* bivalves et *in situ*, compris entre deux niveaux très-riches en coquilles fluviatiles.

Le remaniement des cailloux roulés, les alluvions que déposent toutes nos rivières à l'époque des crues, tant dans leur lit actuel que sur leurs bords, les dépôts torrentiels qui se forment dans les ravins ou sur les pentes lors des orages, et enfin les *dépôts détritiques*, qui varient suivant les régions où on les observe et surtout d'après les roches qu'ils recouvrent et aux dépens desquelles ils ont en général pris naissance : telles sont les principales manifestations géologiques des terrains modernes qui sont souvent très-difficiles à distinguer des terrains quaternaires avec lesquels ils se lient intimement.

Dunes. Dans les plaines de la Flandre, l'argile d'Ostende est recouverte le long du littoral par une chaîne de *dunes*, c'est-à-dire de petites collines de sables fins plus ou moins mobiles et se prolonge quelquefois, ainsi que la couche de tourbe qu'elle recouvre, jusque dans le lit de la mer.

Celle-ci exerce sur nos côtes une action bien différente suivant qu'on l'examine en deçà ou au delà de Nieuport.

En effet, tandis qu'elle tend continuellement à gagner sur les côtes à partir de cette ville jusqu'à l'embouchure de l'Escaut et au delà, elle perd, au contraire, sensiblement sur ces mêmes côtes dans la direction opposée, c'est-à-dire de Nieuport vers Boulogne.

Il est à remarquer que les dunes ne se rencontrent pas seulement au bord de la mer, mais qu'il s'en forme encore de nos jours aux dépens de nos sables quaternaires dans l'intérieur du pays, comme cela se voit surtout dans la région campinienne située au S. du Demer.

Il nous reste encore à citer parmi les manifestations géologiques de l'époque actuelle, les dépôts tourbeux, ferrugineux et calcareux.

Dépôts tourbeux. Les *dépôts tourbeux* sont principalement répandus dans la Campine et sur les plateaux de l'Ardenne appelés *Hautes Fagnes* ou *Hautes Fanges*.

Nous avons déjà vu qu'ils se rencontrent également sur notre littoral où ils atteignent une épaisseur variant de 1 à 6 mètres.

Cette couche côtière est plus compacte à sa partie inférieure et renferme souvent des restes de roseaux disposés verticalement et de gros troncs d'arbres, tels que bouleaux, coudriers, hêtres, pins et mêmes chênes, le plus souvent couchés et rarement debout.

On y trouve aussi des mousses, telles que *Camptothecium nitens*, *Hypnum giganteum*, *Sphagnum cymbifolium*.

Les dépôts tourbeux les plus récents qui ont été mis à découvert aux nouveaux bassins des cales sèches et du Kattendyck à Anvers et qui sont décrits ci-dessus, page 297, ont fourni une petite faune conchyliologique dont toutes les espèces vivent encore actuellement en Belgique.

J'y ai recueilli notamment, outre un exemplaire du *Dreissena polymorpha* et une valve de *Mytilus edulis*, les espèces fluviatiles suivantes :

Planorbis carinatus, *P. complanatus*, *P. corneus*, *P. nautileus*, *P. nitidus*, *Limnea fragilis*, *L. limosa*, *Succinea elegans*, *Littorina littorea*, *Paludina contecta*, *Bythinia tentaculata*, *Physa fontinalis*, *Cyclas cornea*, *Valvata piscinalis*.

Les *dépôts ferrugineux* ne forment tantôt que des amas superficiels provenant de sources acidules comme en Ardenne, et tantôt ils sont assez abondants pour être exploités comme limonite, notamment le long des deux Nèthes, du Demer et des affluents de ces rivières.

Dépôts ferrugineux.

Des échantillons de cette limonite ou *mine brune* provenant de Boekryk, entre Asch et Maeseyck, et analysés tout récemment par M. Rommelaere ont donné jusque près de 45 p. % de fer.

Quant aux *dépôts calcareux*, ils sont représentés par des tufs qui, à Marche-les-Dames et à Rouillon près de Namur, sont venus combler en partie des vallées latérales.

Dépôts calcareux.

Ils renferment des empreintes de feuilles, des fragments de tronc d'arbre, des coquilles terrestres et fluviatiles.

A Carnières, dans le Hainaut, on voit encore actuellement se former un tuf à structure pisolitique, et l'on connaît également dans notre pays un certain nombre d'autres amas de tuf dont les plus importants sont ceux de la Cranière dans le bois de Lahaye, de Hollogne-aux-Pierres, des bords du Hoyoux près de Barse et d'autres moins considérables à Goffontaine et à Nessonvaux, à Roly, à Richevaux vis-à-vis de Sclayn, à Vodelée, etc.

Les dépôts ferrugineux et calcareux dont il vient d'être parlé m'amènent à dire ici quelques mots de nos eaux minérales. Celles-ci viennent toutes au jour sur la rive droite de la Meuse en traversant nos terrains anciens.

Sources minérales.

Les unes sont thermales comme celles de Chaudfontaine, les autres sont ferrugineuses et froides et, enfin, il y aussi les eaux sulfureuses qui sortent du schiste houiller aux environs de Liége, mais qui sont sans importance.

Les sources ferrugineuses sont minéralisées par le carbonate ferreux tenu en dissolution par un excès d'acide carbonique, et les plus célèbres de ces sources sont celles de Spa dont la réputation est depuis long-temps européenne.

Voici les résultats des analyses des eaux du Pouhon à Spa et de celles de Chaudfontaine :

SUBSTANCES.	POUHON A SPA.				CHAUDFONTAINE.		
	Struve. 1824	Monheim. 1825	Plateau. 1830	Martens. 1838	Delvaux. ?	Fr. Dewalque. 1865	Chandelon. 1867
Chlorure sodique	0,585	0,266	0,256	0,23	1,042	0,446	1,073
— potassique	. . .	. . .	. . .	. . .	. . .	0,095	. .
Sulfate sodique	0,049	0 !	0,203	0,10	0,144	. . .	0,093
— potassique	0,103	0 !	0,080	. . .	0,022	. . .	0,020
— calcique	. . .	. . .	. . .	. . .	0,410	0,589	0,440
Carbonate potassique . . .	. . .	. . .	0,080	. . .	. . .	. . .	. . .
— sodique.	0,960	1,179	0,894	0,98	. . .	0,442	. . .
— calcique.	1,283	0,977	1,202	1,16	1,404	1,142	1,398
— magnésique. . .	1,462	0,407	1,104	1,26	0,310	0,699	0.296
— ferreux.	0,488	1,139	0,518	0,64	0,019	0,013	. . .
— manganeux . . .	0,068	. . .	traces.	. . .	. . .	. . .	. . .
Silice	0,469	0,366	0,629	0,56	0,195	0,179	0.180
Alumine.	?	0,027	traces.	. . .	. . .	0,025	. . .
Total	5,675	4,581	4,966	4,96	3,546	3,630	3,520
Densité	1,00098	1,001	. . .	. . .	1,0006	1,0005	1,001
Acide carbonique en excès .	1,100	0,642	1,086	1,025	0,058	. . .	0,069

En publiant les résultats de ces analyses et de plusieurs autres encore dans son *Prodome*, M. Dewalque fait remarquer que les résultats si différents qu'elles présentent proviennent de ce qu'elles ont été faites à diverses époques par les différents auteurs. Comme cela avait déjà été constaté au siècle dernier, l'influence de la saison, surtout des pluies, a une grande action sur le débit et la richesse de ces sources.

M. Dewalque a montré que toutes les sources mentionnées ci-dessus semblent disposées sur des lignes de dislocation orientées de 119° à 124°, en moyenne 122°, direction qui ne diffère que de 1° de celle du système de soulèvement du Thuringerwald et du Morvan.

La faune de l'époque moderne diffère notablement dans notre pays de la faune précédente dont bon nombre des représentants ont émigré. Tels sont : le renne, le renard bleu et le glouton, vers les régions boréales ; le chamois et la marmotte, vers les hautes montagnes du centre de l'Europe ; l'antilope saïga vers la Tartarie.

Toutefois, au début de cette époque, on y compte encore, à côté du cerf, du chevreuil, du sanglier, du loup, du renard, etc., l'ours brun, le lynx, le bœuf urus, l'aurochs, l'élan et le castor.

Mais avec les progrès de la civilisation, de même que l'homme modifiait la nature du sol pour l'approprier à ses besoins, de même aussi la nécessité de pourvoir à sa subsistance lui faisait détruire une grande partie de cette faune.

Les populations indigènes en étaient encore à l'âge de la pierre au commencement de l'époque géologique moderne ; mais elles avaient réalisé de grands perfectionnements dans la fabrication de leurs ustensiles.

Elles étaient parvenues à polir le silex dont elles faisaient surtout des haches.

On trouve rarement les débris de ces objets dans les cavernes, mais ils sont plus répandus à la surface du sol. On en a recueilli surtout un grand nombre sur les champs de Spiennes qui furent occupés par un atelier de fabrication d'ustensiles en silex.

MM. Briart et Cornet ont montré, par une belle coupe, qu'en creusant la grande tranchée de Spiennes, on a mis à découvert, dans la partie orientale de cette tranchée, les puits et les galeries dont s'est servi l'homme de l'âge de la pierre pour exploiter le silex de la craie.

L'âge du bronze et l'âge du fer succèdent à ces âges de la pierre à une époque antérieure à l'invasion romaine.

Après avoir exposé l'état de la géologie en Belgique en faisant la
description succincte de chacun des terrains que l'on y rencontre,
je résumerai dans le tableau suivant les progrès accomplis dans notre
pays, en montrant quelle est la succession des assises qui ont été
reconnues jusqu'ici dans chacun de nos terrains depuis les plus
récents jusqu'aux plus anciens.

La carte géologique qui accompagne cet ouvrage montrera, en outre,
quelle est la répartition des principaux groupes de ces assises sur le
territoire belge.

TABLEAU SYNOPTIQUE DES TERRAINS BELGES.

Terrains modernes . . . . { Alluvions fluviales et torrentielles. — Argile d'Ostende et des poldres. — Dunes. — Dépôts ferrugineux, calcareux, tourbeux et détritiques. } Syst. moderne.

Terrains quaternaires . . .
- Sables de la Campine . . . . Syst. campinien.
- Ergeron et son dérivé par altération le limon, terre à briques . . . . Syst. hesbayen.
- Dépôts argilo-sableux fluviaux . . . . . . }
- Diluvium caillouteux à *Elephas primigenius*. } Syst. diluvien.

Terrains tertiaires.

Terrain pliocène . . .
- Sables à *Trophon antiquum* . . . . . . Syst. scaldisien.
- Sables à *Isocardia cor* . . . . }
- Sables à Bryozoaires et à Térébratules . . . } Syst. anversien.

Terrain mio-pliocène. . .
- Sables graveleux à Hétérocètes. . . . . . }
- Sables à *Pectunculus pilosus* . . . . . . } Syst. diestien (pars) de Dumont.
- Sables à *Panopœa Menardi* . . . . . . }

Terr. oligocène.

Supér. (*Lacune*).

Moyen.
- Sables blancs du Bolderberg . . . . . . }
- Argile de Boom et argile à Nucules de Bergh . }
- Sables à Cérithes de Vieux-Jonc et sables à Pétoncles de Bergh . . . . } Syst. rupelien.
- Argile de Henis. . . . . }

Infér.
- Sables de Neerrepen . . . . }
- Sables de Grimmertingen à *Ostrea ventilabrum*. } Syst. tongrien.

Terr. éocène.

Supér.
- Sables et grès ferrugineux . . . . }
- Sables chamois. . . . . }
- Argile glauconifère . . . . } Syst. wemmelien.
- Sables de Wemmel à *Num. Wemmelensis* . . }
- Gravier à *Num. variolaria* . . . . . . }

Moyen.
- Couche à *Ditrupa* et *Orbitolites* . . . . }
- Gravier à *Num. lœvigata* roulées . . . . } Syst. laekenien.
- Sables à grès calcareux . . . . }
- Sables à grès siliceux . . . . . . } Syst. bruxellien.

Infér.
- Sables à *Cardita planicosta* d'Aeltre . . . }
- Sables blancs glauconifères des Flandres . . }
- Sables argileux et psammites du mont Panisel. } Syst. paniselien.
- Gravier ou argile . . . . }
- Sables à *Num. planulata* . . . . . . }
- Argile des Flandres . . . . } Syst. ypresien.
- Sables et lignites. — Couches d'Ostende et de Gand à *Cyrena cuneiformis*. . . . . . }
- Tuffeau de Lincent à *Pholadomya Konincki* . } Syst. landenien.
- Marnes de Gelinden à végétaux . . . . . }
- Sables à *Cyprina planata* . . . . } Syst. heersien.
- Calcaire grossier de Mons . . . . Syst. montien.

Terrain	Subdivision	Étage	Couche / Zone	Localité	Système
Terrain crétacé	Supérieur	6e étage.	Tuffeau de Maestricht et de Ciply à Mosasaures.		Système maestrichtien (Dumont).
			Poudingue de la Malogne à *Thecidea papillata*.		
			Craie brune de Ciply à *Fissurirostra Palissii*.		
		5e étage.	Craie de Spiennes à *Ananchites ovata*.		Système sénonien (Dumont).
			Craie de Nouvelles à *Magas pumilus*		
			Craie d'Obourg à *Belemnitella quadrata*.		
			Craie de Saint-Vaast à *Ostrea sulcata*.		
			Craie de Maisières (gris des mineurs)		
	Moyen	4e étage.	Silex de Saint-Denis (Rabots).		Système nervien (Dumont).
			Dièves et fortes toises du Hainaut		
			Tourtia de Mons à *Pecten asper*.		
		3e étage.	Tourtia de Tournai et de Montignies-sur-Roc à *Terebratula nerviensis*.		Système hervien (Dumont).
		2e étage.	Meule de Bracquegnies et de Bernissart à *Trigonia dœdalea*		
	Inférieur	1er étage.	Sables et argile d'Hautrage; niveau des Iguanodons		Système wealdien.
Terrain jurassique	Portlandien		(*Lacune*).		
	Oxfordien		(*Lacune*).		
	Bathonien		Zone de l'*Ammonites Murchisonœ*	Calcaire de Longwy	S. bathonien.
	Liasien	Étage supér.	Zone à *Belemnites compressus*	Limonite oolitique de Mont-Saint-Martin	Syst. liasien.
				Marne de Grandcourt	
		Étage moyen.	Zone de l'*Ostrea cymbium*	Marne d'Arlon	
				Macigno d'Aubange.	
				Schiste d'Ethe	
				Grès de Virton	
		Étage inférieur.	Zone de l'*Ostrea arcuata*	Calc. sableux d'Orval	
				Marne de Strassen	
			Zone de l'*Ammonites complanatus*	Grès de Luxembourg	
				Marne de Jamoigne.	
			Zone de l'*Am. planorbis*.	Marne d'Helmsingen	
	Rhétien		Zone de l'*Av. contorta*.	Grès de Martinsart.	Syst. rhétien.
T. triasique	Keuper ou marnes irisées			Marnes bigarrées de la Semois	S. keuprien.
	Muschelkalk ou terrain conchylien		(*Lacune*).		
	Bunter Sandstein ou grès bigarré			Poudingue de Malmédy	S. pœcilien.

Terrains secondaires.

Supér. pénéen ou permien. (*Lacune*).

Terrain carbonifère.

Moyen.
- Étage supér. Houilles du Hainaut et de la province de Liége . — Système houiller.
- Étage infér. Poudingue de Monceau-sur-Sambre . . . . / Ampélite de Chokier. — Phtanites de Hozémont et du Hainaut . . . . — Système houiller.

Supér. — Calcaire carbonifère ou de Falmignoul :
- Assise VI. Calcaire de Visé à *Productus* . . .
- Assise V. Calcaire de Namur à *Euomphalus* .
- Assise IV. Calcaire de Waulsort à *Sp. striatus* .
- Assise III. Calcaire d'Anseremme à *Orthis resupinata* . . . .
- Assise II. Calcaire de Dinant . . . . .
- Assise I. Calcaire des Écaussinnes à *Syringopora distans* . . . . . .

Système condrusien calcareux (Dumont).

Terrain dévonien.

Supér. — Psammites du Condroz. :
- Assise IV. Psammites et macigno d'Évieux . .
- Assise III. Psammites à pavés de Monfort . .
- Assise II. Macigno de Souverain-Pré. . . .
- Assise I. Psammites stratoïdes d'Esneux . .

Supér. — Schistes de la Famenne. :
- Schistes de la Famenne à *Cyrthia Murchisoniana*
- Schistes de Matagne à *Cardium palmatum* . .
- Schistes et calcaire de Frasne à *Rh. cuboïdes* .

Système condrusien quartzo-schisteux (Dumont).

Moyen. Calcaire de Givet à *Stringocephalus Burtini* . . . . . . — Système eifelien calcareux (Dumont).

Schistes et calcaire de Couvin à *Calceola sandalina* . . .

Schistes de Hierges :
- à *Spirifer cultrijugatus* . . . .
- à *Spirifer arduennensis* . . . .

Système eifelien quartzo-schisteux (Dumont).

Poudingue de Burnot. . . . .

Grès noir de Vireux et grès vert de Wépion . . . . . . — Système ahrien.

Infér.
- Phyllades de Houffalize (Hundsrückien) . . . .
- Grès d'Anor. — Grès du bois d'Ausse (Taunusien) . . . .

Syst. coblentzien.

- Phyllades bigarrés d'Oignies . . . .
- Phyllades de Mondrepuits . . . .
- Arkose de Weismes et de Dave.
- Poudingue de Fepin et d'Ombret. . . . .

Système gedinnien.

Terr. silurien.

Supér. . (*Lacune*).

Infér.
- Assise IV. Phyllades quartzifères à *Calymene incerta* de Gembloux . . . .
- Assise III. Phyllades bigarrés d'Oisquercq. . . . . .

Syst. coblentzien du Brabant (Dumont).

- Assise II. Quartzites et phyllades aimantifères de Tubize. .
- Assise I. Quartzites de Blanmont . . . .

Syst. gedinnien du Brabant (Dumont).

Terrain cambrien.

- Phyllades violets à coticule de Salm-Château . . . . . .
- Quartzophyllades de la Lienne à *Dictyonema sociale* . . .

Système salmien (Dumont).

- Quartzites et phyllades noirs pyritifères des Hautes-Fanges et de Revin à *Dictyonema sociale* . . . .

Système revinien (Dumont).

- Quartzites et phyllades blanc-verdâtre de Deville et de Grand-Halleux à *Oldhamia radiata* . . . .

Système devillien (Dumont).

- Quartzites des rochers de Hourt . . . .

Terrain cristallophyllien . . . (*Lacune ?*).

Fig. 54. — *Esquisse géognostique de la Belgique, d'après les cartes d'André Dumont.*

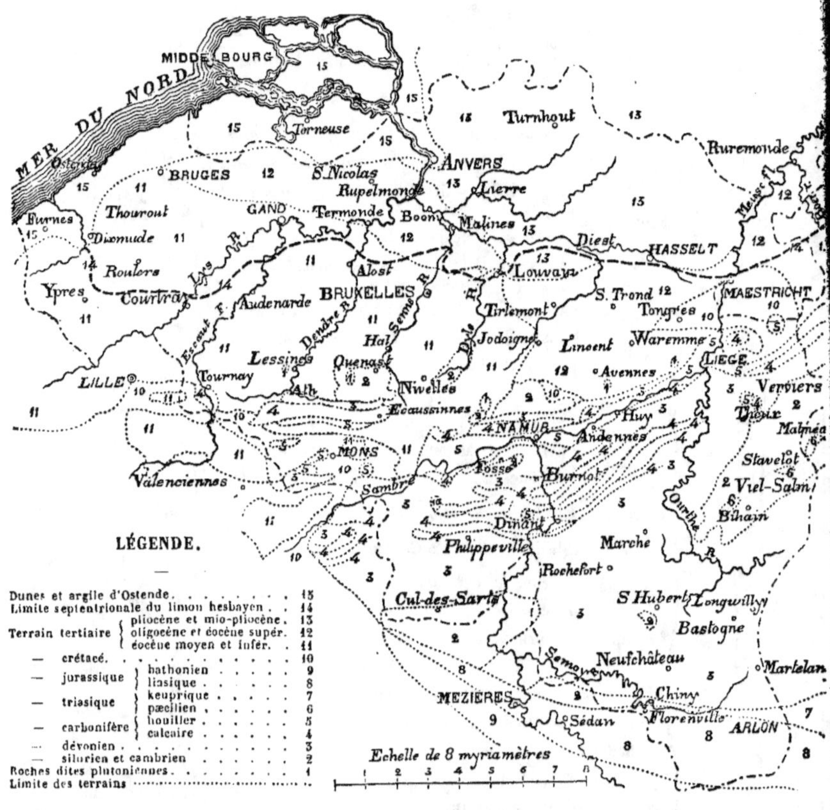

Fig. 55. — *Coupe géologique théorique montrant la disposition générale des terrains à travers la Belgique.*

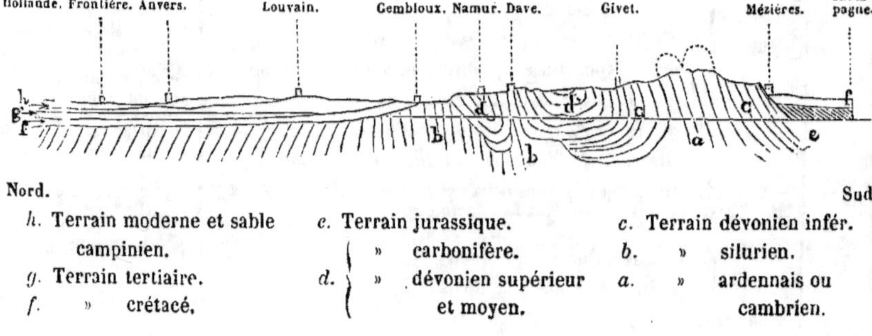

h. Terrain moderne et sable campinien.
g. Terrain tertiaire.
f.   »   crétacé.

e. Terrain jurassique.
   »   carbonifère.
d.   »   dévonien supérieur et moyen.

c. Terrain dévonien infér.
b.   »   silurien.
a.   »   ardennais ou cambrien.

TABLE ALPHABÉTIQUE DES MATIÈRES

A

Pages.

Aeltre, sable d' 218
Aiguigeois 116
Aix-la-Chapelle, sables d'. 181
Albite. 30
— phylladifère. 44
Alluvion fluviale. 295
— torrentielle 295
Altérations des roches éocènes . . . 221
— — dévoniennes . 101
— — houillères . . 122
Alunogène 30
Alvaux, calcaire d'. 74
Ampélite de Chokier 118
Amphibole 30-42
Amphibolite 29
Andalousite. 30
Anthracite 30, 65, 87, 105
Anticlinal, pli 25
Apatite. 42-43
Aragonites 63
Ardoisières du Cambrien 36
— du dévonien 63-64
Argile plastique 122
Asbeste 42
Assise d'Anseremme 109
— de Blanmont 46
— de Dinant. 109
— de Gembloux 48
— de Monfort 92
— de Namur. 110
— des Écaussinnes 109
— d'Esneux 91
— de Souverain-Pré. 91
— de Tubize. 47
— d'Évieux 93
— de Visé. 110

Pages.

Assise de Waulsort. 110
— d'Oisquercq. 47
Axinite. 42
Azurite. 30, 67, 105

B

Baeleghem, carrière de 239
Bagshot sands 258
Bande d'Anseremme 99
— de Couillet 120
— de Courcelles 120
— de Dinant. 130
— de la Semois 135
— de Monceau s/Sambre . . . 120
— de Rhisne 80
— d'Hastière 100
Barytine 63, 67, 73, 87, 105, 124
Bassin de Namur 74, 96
— de Theux. 95
Bergh, marne de. 256
— sables de. 251
Bernissart, meule de 154
Blanc d'Espagne. 172
Blanmont, assise de 46
Blende. 30, 105
Bolderberg, sables du. 256
Bone-bed. 140
Boom, argile de. 256
Bornite. 42
Bousalle, roche de 61
Bovesse, roches de 81
Brabant, sables du 225
Bracquegnies, meule de. 154
Bruxelles, sables de 225
Bryozoaires, sables. à 277
Bunter Sandstein 134

C

Pages.

Calamine. 106
Calcite. 30, 42, 43, 63, 87, 124
Cassel, coupe de. 243
Cavernes. 115, 286
Cérusite 63
Chalkosine 30
Chalkopyrite . . 30, 42, 63, 73, 78, 105
Challes, diabase de. 28
Champ St-Véron, diorite de 43
Chlorite. 30, 42
Chlorophyre 42, 44
Chokier, ampélite de 118
Chloritoïde. 30
Colonie 193
Comble du Midi 128
  — du Nord. 128
Cornstones 60
Coticule 33
Craie blanche du Hainaut. 168
  — brune de Ciply 174
  — de Hesbaye 184
  — de Maisières 168
  — de Nouvelles. 171
  — d'Obourg 170
  — de Saint-Vaast 169
  — de Spiennes 175
  Cuivre natif 30

D

Davreuxite 30
Dewalquite 30
Diabase 28, 43
Diallogite ferrifère 39
Dictyonema sociale, roches à . 31, 33, 34
Dielle 184
Diest, sables de 266
Dièves 166
Diorite. 29
Diorite quartzifère. 41, 43
Discordance de stratification, défini-
  tion 26
Droiteure. 121
Dunes 298
Dyas. 134

E

Pages.

Échelle stratigraphique des psam-
  mites du Condroz 91
Échelle stratigraphique du calcaire
  carbonifère 109
Edeghem, sables d' 263
Enclaves liquides. 42
Enghien, eurite d' 44
Eozone canadense, roches à. . . . 21
Épidote rouge 42
  — thallite 42
Équivalents stratigraphiques, théorie des. 101
Eurite 44
Étage bathonien 144
  — houiller inférieur 118
  — — supérieur 121
  — hundsrückien 63
  — landenien fluvio-marin. . . . 204
  — — marin 201
  — liasien 142
  — rhétien 140
  — rupelien fluvio-marin 251
  — — marin 256
  — taunusien 61
  — triasique inférieur 137
  — — supérieur 139
  — ypresien inférieur. 209
  — — supérieur 210

F

Faille, définition. 25
Faille du Midi. 128
Fer aimant 30
Flandres, argile des 209
  — sables des. 303
Flôtzleerer Sandstein 117
Fluorine 73, 105
Fontaine-l'Évêque, coupe de . . . 213
Fortes toises 166
Frasne, roches de 76
Fuller's earth. 146

G

Pages.

Galène. 42, 63, 75, 87, 106
Galénite 30, 42
Gand, coupe de 241
Gembloux, assise de 48
Géogénie, définition 20
Géologie, définition. 19
Gneiss 20
Granite 20
Grandglise, grès de 204
Grand-Manil, eurite de 44
Grimmertingen, sables de 230
Grisou. 124
Gypse 105
Gyrolithes 182

H

Harlech, grès de. 36
Hasselt, puits de. . . . 196, 202, 258
Hatcheline 124
Hautrage, argile d'. 148
Henis, argile de 251
Heydeken, coupe d'. 258
Houdain, calcaire limonitifère d'. . 164
Houille. 125, 131
— daloïde. 125
Hozémont, diabase d'. 43, 48
Hyalophyre. 28

I

Ilménite 42, 43
Insectes fossiles. 125, 144
Isocardia cor, sables à 276

J

Jelle. 184

K

Kaolin. 42
Kerniel, coupe de 254
Keuper. 154
Kleyn-Spauwen, sables de. . . . 251
Kupferschiefer 134

L

Pages.

Laifour, porphyroïde de. 29
Landen, lignite de 204
Lacunes.. . . . . 90, 110
Lede, sables de 251
Lembeek, diorite de 43
Lessines, diorite de. 41
Libéthénite. 30
Limonite . 30, 42, 63, 87, 105, 145, 251
Lingula flags 31
Littoral paniselien 217
Llanberis, ardoises de 36
Lunnite 30

M

Mairus, porphyre de 29
Malachite. 30, 48, 87, 105
Manganèse 39, 63
Manganite 30
Marcassite 30
Marquois. 150
Massif de Maestricht 180
— de Rocroy. 37
— de Serpont 39
— de Stavelot 38
— du Hainaut 145
Matagne, schistes de 82
Mazy, roches de. 81
Mehaigne, porphyroïde de la. . . 44, 48
Melanterie 30
Métamorphisme. 20
Meule 154
Micaschiste. 20
Millérite 124
Millstone grit 119
Minéralogie, définition 20
Mispickel. 63
Moët-Fontaine, manganèse de . . . 39
Monceau, poudingue de. 119
Mons, calcaire de 192
Mons-en-Pévèle, sable de 210
Mont des Récollets, coupe du . . . 243
Mont Panisel, psammites du 214
Morlanwelz, argilite de 211
Mur 121
Muschelkalk. 154

N

Pages.

Naye 128
Naux, calcaire de 60
Neer-repen, sables de 250
Nivelles, eurite de 44

O

Oisquercq, assise d' 47
Oldhamia radiata, roches à . . 31, 33
Oligiste . . . 30, 42, 63, 69, 73, 85, 105
Orchies, argile d' 210
Orgues géologiques 130, 188
Orthose 30
Ostende, argile d' 296
— puits artésien d' . . . 24, 296
Ostricourt, sables d' 204
Ottrélite 28, 30

P

Paléontologie, définition. 20
Panopæa Menardi, sables à . . . 263
Pectunculus pilosus, sables à. . . 265
Pellenberg, coupe du. 255
Petherwin group. 89
Petit blanc 172, 186
Petit granit 105
Phillipsite 30
Pholérite. 30, 63, 124
Phtanites. 105, 119
Physe, calcaire à 98
Pierre à rasoir 33
Pierre de grotte 251
Piroy, eurite quartzeuse de . . . 50
Pitet, albite phylladifère de. . . . 44
Plateure 121
Polders 297
Porphyre quartzifère. 28
Porphyroïdes 29, 44
Poudingue de la Malogne 175
Poudingue de Monceau 119
Predikheerenberg, carrière du . . 257
Puits artésien d'Ostende. . . . 24, 296
— de Bruxelles. . . . 40
— de Hasselt . 196, 202, 258

Q

Quartz 30, 42, 43, 105, 124
Quenast, diorite de 41

R

Rabots 167
Rhisne, bande de 80
Roche à Fepin 59
Rothliegende 134
Roubaix, argile de 210
Rutile 30

S

Sains, schistes de 101
Saint-Denis, rabots de 167
Saint-Homme, puits du 129
Saint-Nicolas-Waes, coupe de . . . 282
Sel marin 121
Septaria 256
Septarien-thon 256
Sidérite . . . 30, 39, 42, 63, 73, 87, 124
Smectite de Herve. 182
Sources minérales 299
Sperkise 42, 105
Staurotide 30
Stéaschiste 20
Steengelagen, coupe de. 267
Steenkuyp, porphyroïde de 44
Stibine 65

Pages.

Puits artésien de Laeken 40
— de Louvain 40
— de Menin 40
— de Sᵗ-Trond . . . 40
— de Tirlemont . . . 90
— d'Utrecht 277
Puits du Sᵗ-Homme 129
Puits naturels 130, 188
Pyrite . . . 30, 42, 43, 63, 105, 124
Pyrolusite 30, 105
Pyromorphite 63
Pyrophyllite. 30
Pyrrhotine 30

Pages.

Stratigraphie, définition   20
Synclinal, pli   25
Système aachenien. 148, 181
—   ahrien   65
—   anversien. 261, 276
—   bolderien   256
—   bruxellien   225
—   coblentzien   61
—   condrusien quartzo-schis-
      teux.   76
—   condrusien calcareux . . .   104
—   des schistes de Hierges . .   68
—   des schistes de la Famenne.   76
—   des schistes et calcaire de
      Couvin.   69
—   des psammites du Condroz.   85
—   devillien   32
—   diluvien 284, 290
—   du calcaire carbonifère . .   104
—   du calcaire de Givet . . .   75
—   du poudingue de Burnot .   66
—   eifelien calcareux   73
—   —   quartzo-schisteux .   66
—   gedinnien   57
—   keuprien   136
—   heersien   195
—   hervien. 154, 159, 182
—   hesbayen   292
—   houiller   117
—   huronien   21
—   infra-landenien   195
—   laekenien.   231
—   landenien.   200
—   laurentien.   21
—   maestrichtien 175, 186
—   montien   192
—   paniselien.   214
—   pæcilien   135
—   revinien   32
—   rupelien   251
—   salmien.   33
—   scaldisien.   278
—   sénonien 164, 168
—   tongrien   250
—   wemmelien   234
—   ypresien   208

T

Pages.

Talc.   105
Terrain anthraxifère   54
—   ardennais   27
—   cambrien.   27
—   carbonifère.   104
—   crétacé.   147
—   cristallophyllien   20
—   dévonien.   54
—   —   inférieur.   55
—   —   moyen   72
—   —   supérieur   75
—   éocène   190
—   —   inférieur   190
—   —   moyen   220
—   —   supérieur.   233
—   geyserien   106
—   houiller   117
—   jurassique   140
—   miocène inférieur   247
—   —   supérieur   261
—   mio-pliocène   261
—   moderne.   293
—   oligocène.   247
—   pliocène   272
—   —   diestien   261
—   quaternaire.   283
—   rhénan.   55
—   silurien   40
—   —   de Sambre et Meuse.   50
—   —   du Brabant   41
—   —   des environs de Dour   53
—   tongrien.   247
Terrasse   285
Thanet sands   202
Tirlemont, puits de   208
Toit   121
Torrent.   148
Tourbe.   298
Tourmaline.   42
Tourtia de Mons.   164
—   de Tournai.   159
Trémadoc, schistes de   36
Trophon, sables à   278
Tubize, assise de.   47
Tuffeau de Ciply.   175
—   de Maestricht.   186

<table>
<tr><td colspan="2" align="center">V</td><td colspan="2" align="center">W</td></tr>
<tr><td></td><td>Pages.</td><td></td><td>Pages.</td></tr>
<tr><td>Vallée de la Meuse . . . . . .</td><td>98</td><td>Wad . . . .</td><td>63</td></tr>
<tr><td>— de l'Ourthe . . . . . .</td><td>93</td><td>Wavellite . . . .</td><td>30</td></tr>
<tr><td>Vert-Chasseur, chlorophyre de . .</td><td>44</td><td>Wépion, grès vert de . . . . . .</td><td>65</td></tr>
<tr><td>Vieux-Jonc, sables de . . . . .</td><td>251</td><td colspan="2"></td></tr>
<tr><td>Vieux pliocène . . . .</td><td>275</td><td colspan="2" align="center">Y</td></tr>
<tr><td>Vireux, grès noir de . . . . . .</td><td>65</td><td>Ypres, argile d' . . . . . .</td><td>209</td></tr>
<tr><td>— schistes rouges de. . . .</td><td>66</td><td colspan="2" align="center">Z</td></tr>
<tr><td>Vliermael, sables de . . . . . .</td><td>250</td><td></td><td></td></tr>
<tr><td></td><td></td><td>Zand-diluvium. . . . .</td><td>294</td></tr>
<tr><td></td><td></td><td>Zechstein . . . .</td><td>134</td></tr>
</table>

TABLE ANALYTIQUE DES PLANCHES ET DES FIGURES

<table>
<tr><td></td><td></td><td align="right">Pages.</td></tr>
<tr><td>Pl.</td><td>I. — Coupes microscopiques de roches cambriennes</td><td align="right">30</td></tr>
<tr><td>»</td><td>II. —   —   —   — siluriennes</td><td align="right">44</td></tr>
<tr><td>Fig.</td><td>1. — Coupe géologique du puits artésien d'Ostende</td><td align="right">24</td></tr>
<tr><td>»</td><td>2. — Plis avec faille et renversement de couches</td><td align="right">26</td></tr>
<tr><td>»</td><td>3. — Coupe théorique du massif ardennais de Rocroy</td><td align="right">34</td></tr>
<tr><td>»</td><td>4. — Coupe du massif ardennais de Stavelot</td><td align="right">37</td></tr>
<tr><td>»</td><td>5. — Coupe du terrain silurien dans la vallée de la Senne</td><td align="right">49</td></tr>
<tr><td>»</td><td>6. — Coupe du terrain silurien dans les tranchées du chemin de fer, sur la ligne du Luxembourg</td><td align="right">52</td></tr>
<tr><td>»</td><td>7. — Coupe du terrain dévonien sur la Meuse, entre Fepin et Givet</td><td align="right">56</td></tr>
<tr><td>»</td><td>8. — Coupe du terrain dévonien inférieur sur la Meuse, près de Fooz (Wépion)</td><td align="right">58</td></tr>
<tr><td>»</td><td>9. — Coupe théorique de la Roche à Fepin</td><td align="right">59</td></tr>
<tr><td>»</td><td>10. — Coupe des schistes et calcaire à calcéoles, de Nismes</td><td align="right">70</td></tr>
<tr><td>»</td><td>11. — Coupe du terrain dévonien supérieur au N. de Givet</td><td align="right">77</td></tr>
<tr><td>»</td><td>12. — Coupe des calcaires dévoniens à Wépion</td><td align="right">79</td></tr>
<tr><td>»</td><td>13. — Coupe théorique du massif calcaire de Philippeville</td><td align="right">80</td></tr>
<tr><td>»</td><td>14-15. — Diagrammes de la disposition des assises des psammites du Condroz sur l'Ourthe et sur la Meuse</td><td align="right">94</td></tr>
<tr><td>»</td><td>16. — Coupe des psammites du Condroz entre Theux et Franchimont</td><td align="right">95</td></tr>
<tr><td>»</td><td>17. — Coupe du terrain dévonien en face de l'abbaye de Marche-les-Dames</td><td align="right">96</td></tr>
<tr><td>»</td><td>18. — Coupe des psammites du Condroz sur la rive gauche de la Meuse, au S.-O. du haut-fourneau de Moniat</td><td align="right">99</td></tr>
<tr><td>»</td><td>19-20. — Diagrammes de la disposition des assises du calcaire carbonifère sur la rive droite de la Meuse</td><td align="right">112</td></tr>
<tr><td>»</td><td>21. — Coupe du calcaire carbonifère sur la Sambre, près de Landelies</td><td align="right">116</td></tr>
<tr><td>»</td><td>22. — Coupe de la tranchée du chemin de fer au N.-O. d'Assesse</td><td align="right">122</td></tr>
<tr><td>»</td><td>23. — Diagramme de la disposition des couches du terrain houiller à l'O. de Mons</td><td align="right">127</td></tr>
<tr><td>»</td><td>24. — Coupe de la bure du Saint-Homme</td><td align="right">129</td></tr>
<tr><td>»</td><td>25. — Coupe du Trias dans le ravin de Parfondruy près Stavelot</td><td align="right">137</td></tr>
</table>

Pages.

FIG. 26. — Diagramme de la disposition des couches triasiques et jurassiques entre Villers-sur-Semois et Étalle 141

» 27. — Diagramme d'Eischen à Habay-la-Neuve, passant à côté d'Arlon. . . 142

» 28. — Diagramme d'Arlon à Habay, suivant le tracé du chemin de fer . . . 145

» 29. — Coupe relevée dans la carrière de M. Dapsens au Cornet (Tournai) . . 150

» 30. — Coupe à 1000 mètres à l'E.-N.-E. de Vaulx, près de Tournai 152

» 31. — Coupe passant par les sondages, à l'O. de Bracquegnies. 158

» 32. — Coupe du terrain crétacé suivant un plan passant par le clocher de Spiennes, le tierne d'Harmignies et les carrières de Givry. 179

» 33. — Coupe suivant une surface courbe traversant la ville de Mons du S.-O. au N.-E. 194

» 34. — Coupe des couches tertiaires inférieures au N. d'Orp-le-Grand. . . . 199

» 35. — Coupe d'une carrière au S de Huppaye, canton de Jodoigne 206

» 36. — Coupe de la carrière de l'Épinette (Huppaye) 206

» 37. — Diagramme destiné à montrer l'action des infiltrations sur les dépôts éocènes des deux rives de la Senne 223

» 38. — Coupe à Forest-lez-Bruxelles 227

» 39. — Coupe près la station de Calevoet sur la commune d'Uccle. 229

» 40. — Coupe prise à l'avenue Brugmann, à Uccle 230

» 41. — Coupe des couches éocènes du Parc royal de St-Gilles-lez-Bruxelles. . 232

» 42. — Diagramme de la disposition des couches tertiaires sur les deux rives de la Senne 237

» 43. — Coupe d'une carrière au S.-E. de l'église de Baeleghem. 239

» 44. — Coupe de Gand. 241

» 45. — Coupe prise dans la tranchée à l'O. de la station de Looz 252

» 46. — Coupe des tranchées de Kerniel, au N.-E. de Looz 254

» 47. — Coupe de la colline du Pellenberg, près de Louvain. 255

» 48. — Coupe de Berchem-lez-Anvers 269

» 49. — Diagramme de la disposition des couches pliocènes et modernes aux cales sèches et au nouveau bassin du Kattendyck, à Anvers. . . . 280

» 50. — Coupe du terrain quaternaire à Agimont 289

» 51. — Coupe géologique du *Trou du Frontal*. 289

» 52. — Coupe de la grande tranchée au N. de Tongres 293

» 53. — Coupe de la partie supérieure du puits artésien d'Ostende. 296

» 54. — Esquisse géognostique de la Belgique, d'après les cartes d'André Dumont. 306

» 55. — Coupe géologique théorique montrant la disposition générale des terrains à travers la Belgique. 306

TABLE ANALYTIQUE DES MATIÈRES

Pages.

Avant-propos 3

Introduction. (Historique) 5

De la géologie en général 19

Chapitre Ier. — Des terrains primaires
    de la Belgique 23

Terrain cambrien 27

    Roches réputées plutoniennes. 28

    Système devillien 32

    Système revinien 32

    Système salmien 33

    Observations 34

Terrain silurien 40

    Terrain silurien du Brabant . . 41

    Roches réputées plutoniennes. 41

    Assise I. — De Blanmont . . 46

    Assise II. — De Tubize . . . 47

    Assise III. — D'Oisquercq . . 47

    Assise IV. — De Gembloux . 48

    Bande silurienne de Sambre-et-
        Meuse 50

    Roches réputées plutoniennes. 50

    Environs de Dour 53

Terrain dévonien 54

    Terrain dévonien inférieur . . . 55

    I. Système gedinnien 57

        Tableau indiquant le classe-
        ment stratigraphique des
        couches du syst. gedinn. . 60

    II. Système coblentzien. . . . 61

        Étage taunusien ou inférieur. 61

        Étage hundsrückien ou supé-
        rieur 63

    III. Système ahrien 65

    IV. Syst. du poudingue de Burnot. 66

    V. Syst. des schistes de Hierges. 68

Pages.

    VI. Système des schistes et cal-
        caire de Couvin. 69

      Observations 71

    Terrain dévonien moyen 72

    Système du calcaire de Givet . . 73

    Terrain dévonien supérieur. . . 75

    I. Système des schistes de la
        Famenne 76

        Schistes et calcaire de Frasne
        à *Rh. cuboïdes* 76

        Bande de Rhisne. 80

        Schistes de Matagne à *Car-
        dium palmatum* 82

        Schistes de la Famenne pt dts
        à *Cyrtina Murchisoniana.* 83

    II. Syst. des psammites du Condroz 85

        Échelle stratigraphique . . . 91

        Vallée de l'Ourthe 93

        Bassin de Theux 95

        Bassin de Namur 96

        Vallée de la Meuse 98

        Bande d'Hastière 100

        Théorie des équivalents strati-
        graphiques. 101

Terrain carbonifère 104

    I. Système du calcaire carbonifère. 104

        Échelle stratigraphique . . 109

    II. Système houiller 117

        Étage inférieur 118

        Ampélite de Chokier 118

        Phtanites houillers 119

        Poudingue de Monceau-sur-
        Sambre. 119

        Étage supérieur. 121

Chapitre II. — Des terrains secon-
    daires de la Belgique . . . 133

	Pages.
Terrain triasique	134
Bande triasique de la Semois	135
Système pœcilien	135
Système keuprique	136
Lambeaux triasiques de Malmédy.	136
Étage inférieur	137
Étage supérieur	139
Terrain jurassique	140
Étage rhétien ou Bone-Bed	140
Étage liasien	142
Étage bathonien	144
Terrain crétacé	147
Massif du Hainaut	147
Sables et argiles d'Hautrage	148
Meule de Bracquegnies	154
Tourtia de Tournai	159
Tourtia de Mons	164
I. Tourtia de Mons pt dt.	165
II. Dièves et fortes-toises du Hainaut	166
III. Silex ou rabots de St-Denis.	167
IV. Craie de Maisières	168
Craie blanche du Hainaut	168
I. Craie de Saint-Vaast.	169
II Craie d'Obourg.	178
III. Craie des Nouvelles	171
IV. Craie de Spiennes.	173
V. Craie brune de Ciply.	174
Tuffeau de Ciply	175
Poudingue de la Malogne.	175
Massif de Maestricht	180
Sables d'Aix-la-Chapelle	181
Smectite de Herve.	182
Craie de Hesbaye	184
Tuffeau de Maestricht	186
Chapitre III. — Des terrains tertiaires de la Belgique	189
Terrain éocène.	190
Terrain éocène inférieur.	191
I. Système montien.	192
II. Système heersien.	195
Description des couches éocènes heersiennes du puits artésien de Hasselt.	196
III. Système landenien	200
Étage marin.	201
Description des couches landeniennes des puits artésien de Hasselt	202
Étage fluvio-marin.	204
IV. Système ypresien.	208
Étage inférieur.	209
Étage supérieur.	210
Argilite de Morlanwelz	211
V. Système paniselien	214
Terrain éocène moyen	220
Altérations des roches bruxelliennes et laekeniennes.	221
I. Système bruxellien	225
II. Système laekenien.	231
Terrain éocène supérieur	233
Système wemmelien	234
Tableau synchronique des couches éocènes de Belgique, de France et d'Angleterre.	246
Terrain oligocène.	247
Système tongrien	250
Système rupelien	251
Étage inférieur	251
Étage supérieur.	256
Description des couches oligocènes du puits artésien de Hasselt.	258
Terrain mio-pliocène.	261
Sables à *Panopœa Menardi*	263
Sables à *Pectunculus pilosus*	265
Sables de Diest.	266
Sables graveleux à Hétérocètes.	268
Terrain pliocène	273
Système anversien.	276
Sables à *Isocardia cor*	276
Sables à Bryozoaires	277
Système scaldisien.	278
Sables à *Trophon antiquum*.	278
Coupe de Saint-Nicolas-Waes.	282
Chapitre IV. — Des terrains quaternaires de la Belgique	283
Haute Belgique. Diluvien	284
Terrasses	285

	Pages.
Cavernes	286
Moyenne Belgique. Diluvien.	290
Hesbayen	291
Basse Belgique. Diluvien.	292
Campinien.	292
Chapitre V. — Des terrains modernes de la Belgique	295

	Pages.
Argile d'Ostende et des poldres.	296
Dunes	298
Dépôts tourbeux	298
Dépôts ferrugineux	299
Dépôts calcareux	299
Sources minérales	299
Tableau synoptique des terrains belges	303

ERRATA.

Page 112, lire : *1878* au lieu de *1879* au bas des deux coupes, fig. 19 et 20.

— 223, — dans la légende, en regard de G : *sables grès* au lieu de *sables gris*.

— 293, — *A′* au lieu de *A*, vers le milieu de la coupe, fig. 52.